石油和化工行业"十四五"规划教材

机械故障诊断
理论及应用

崔玲丽　　王华庆　　编著

U0216784

化学工业出版社

·北京·

内容简介

本书结合作者团队在高端装备智能运维领域积累多年的研究成果与最新研究进展，系统地介绍了机械状态监测与故障诊断的基本理论、主要方法和关键技术，内容由浅入深，既有基础理论，也有学术前沿；既有方法阐述，也有案例分析，具有很强的可读性，兼顾了系统性、基础性、学术性和实用性的统一。

本书可作为高等学校机械类工科专业高年级本科生和研究生的专业教材或参考书，也可供智能运维、机械故障诊断领域及相关行业的科研与工程技术人员参考使用。

图书在版编目（CIP）数据

机械故障诊断理论及应用/崔玲丽，王华庆编著. —北京：
化学工业出版社，2022.12（2024.9重印）
ISBN 978-7-122-42613-0

Ⅰ.①机… Ⅱ.①崔…②王… Ⅲ.①机械设备-故障诊断
Ⅳ.①TH17

中国版本图书馆 CIP 数据核字（2022）第 230599 号

责任编辑：丁文璇	文字编辑：孙月蓉
责任校对：刘曦阳	装帧设计：张　辉

出版发行：化学工业出版社（北京市东城区青年湖南街 13 号　邮政编码 100011）
印　　装：北京七彩京通数码快印有限公司
787mm×1092mm　1/16　印张 12½　字数 307 千字　2024 年 9 月北京第 1 版第 2 次印刷

购书咨询：010-64518888　　　　　　售后服务：010-64518899
网　　址：http://www.cip.com.cn

凡购买本书，如有缺损质量问题，本社销售中心负责调换。

定　　价：49.00 元

序 言

工欲善其事，必先利其器。高端装备是国家核心竞争力的重要标志，是装备制造业升级的重要引擎。现代工业生产日趋大型化、高速化、自动化和智能化，设备可靠运行对安全和生产成本降低起到了越来越重要的作用。设备故障是其安全运行的"隐形杀手"，一旦发生，易造成重大经济损失和人员伤亡，甚至造成灾难性的安全、环保重大事故。从20世纪60年代开始，国际工程科技界开发了设备状态监测诊断技术，在军事装备和工业企业逐步推行预知维修和智能维修。状态监测和故障诊断是装备安全服役的关键核心技术，是为装备可靠运行保驾护航的"利器"，其理论和方法研究也是国家科技发展的重大战略需求。

北京工业大学崔玲丽教授与我团队王华庆教授，长期从事设备故障诊断相关研究工作，在故障机理与动力学行为分析、信号特征提取以及深度学习智能诊断与预测方法等方面做了大量卓有成效的基础性研究工作，取得了一系列学术成果。我和两位学者非常熟悉，很高兴见到他们专注于总结提升故障诊断领域方法和技术，结合多年课程教学和学术研究成果，编著《机械故障诊断理论及应用》一书。该书系统地介绍了旋转机械设备故障诊断领域的基本理论、方法和技术，同时融入最新科研成果，将工程意识、科学伦理、科学家独立思考和创新能力的培养有机融合。内容由浅入深，既有基础理论，也有学术前沿；既有方法技术，也有工程应用，具有很强的实用性和可读性，较好地兼顾了基础性、系统性、学术性和实用性的统一，是一本很好的教学及参考用书，也是工程一线技术人员提升理论和技术水平的工具书。

机械故障诊断是一门新兴的交叉学科，它源于工程实践又应用于工程实践。机械故障诊断技术要接受工程实践的检验，如同医学的理论和方法要靠临床诊疗去验证一样。状态监测与诊断涉及多方面的专业技术，现场实际问题错综复杂、千变万化，要顺利完成机器故障诊断任务并取得实效并不容易。坚实的理论基础、广博的专业知识、深入的现场实践，以及科学的思维方法，这是当代高素质维修工程技术人员必备的基本素质，是解决复杂工程问题不可或缺的基本条件。

本书适合作为高等学校机械类工科专业高年级本科生和研究生的教材或参考书，也可供从事机械故障诊断领域的科研人员与工程技术人员参考。希望更多的专家学者和专业技术人员，特别是一线工程技术人员，共同参与故障诊断领域的工程实践总结、理论探讨和学术交流。深信本书的出版能够在推广和普及机械设备故障诊断技术、培养更多从事故障诊断的工程技术人才和后备力量方面发挥重要作用。是为序。

中国工程院院士、北京化工大学教授

高金吉

2023 年 3 月

前　言

　　智能制造是国家竞争力的重要标志和抢占发展制高点的关键技术，我国正在全面推进实施制造强国战略，由制造大国向制造强国进军。智能运维是智能制造新模式关键要素，而机械设备故障诊断是智能运维的核心技术之一，是保障高端装备安全可靠运行的关键。随着高端装备向集成化、复杂化、精密化、智能化方向发展，发展有效的状态监测与故障诊断技术，已成为保障这些装备安全运行的必要举措，也是国家的重大战略需求。

　　机械设备故障诊断是涉及机械、力学、测试、信息和人工智能等多学科交叉的研究领域，近年来，国内外学者针对机械设备故障诊断，进行了大量的基础性理论与方法研究工作，取得了众多成果，也初步形成了较为完备的科学体系。党的二十大提出"教育是国之大计、党之大计""育人的根本在于立德"，高质量教材是培养德才兼备高素质人才的重要途径。本书是编者在多年课程教学总结和学术研究积累的基础上编写的，吸收了近年来故障诊断领域学术前沿，体现了领域最新进展。本书系统地阐述了旋转机械设备故障诊断的基本理论、主要方法和关键技术，兼顾基础性、系统性、学术性和实用性，内容由浅入深，既有基础理论，也有学术前沿；既有方法阐述，也有案例分析。本书为《设备状态监测与故障诊断》在线开放课程选用教材，该课程上线国家高等教育智慧教育平台研究生教育板块，且已在学堂在线平台上线。

　　本书共九章。第1章绪论介绍了故障诊断的内涵以及发展历程，第2章介绍了机械振动力学基础，第3章介绍了机械测试技术基础，第4章介绍了机械振动信号分析基础，第5章介绍了旋转机械典型故障机理与诊断方法，第6章介绍了滑动轴承的故障机理与诊断方法，第7章介绍了滚动轴承故障机理与诊断方法，第8章介绍了齿轮故障机理与诊断方法，第9章概述了新一代人工智能诊断方法。

　　本书由崔玲丽和王华庆编著。第1、5、7章由崔玲丽和王华庆共同编写，第2、4、9章由王华庆编写，第3、6、8章由崔玲丽编写。

　　在本书编著过程中，北京工业大学赵德尊、刘东东、王鑫、刘银行、李文杰、王鹏达、王海博、北京化工大学宋浏阳、李国正、王芃鑫、韩长坤、林天骄等做了大量的编辑及绘图工作，在此表示感谢。

　　我国著名设备诊断工程专家、中国工程院院士、北京化工大学高金吉教授为本书作序勉励，在此向高金吉院士致以诚挚的感谢和敬意。

　　本书还获得北京化工大学研究生教材项目和北京工业大学研究生精品教材项目资助，特此感谢。

　　由于本书涉及的学科与内容广泛，部分诊断方法和技术仍处于发展和完善阶段，同时限于编者水平，书中难免有疏漏之处，敬请各位专家和读者批评指正。

编者

2023 年 3 月

目　录

第 4 章　机械振动信号分析基础　　47

第 5 章　旋转机械故障机理与诊断　　81

第1章 绪 论

📖 **学习目标**

1. 了解机械故障的概念和故障诊断的内涵。
2. 了解设备运行正常、异常及故障三种状态。
3. 掌握设备四种常用维修策略的特点。
4. 了解故障诊断领域存在的主要问题以及未来优先发展方向。

本章主要介绍机械故障的概念与分类、故障诊断的内涵及设备维修策略,简述故障诊断的意义及其发展历程,概要介绍故障诊断领域的研究前沿与重大科学问题以及未来优先发展方向。

1.1 故障诊断的概念和内涵

机械故障诊断是借助机械、力学、电子计算机、信号处理和人工智能等学科方面的技术对连续运行机械装备的状态和故障进行监测、诊断的一门现代化科学技术,并且已迅速发展成为一门新兴学科。

1.1.1 机械故障的概念

从系统的观点来看,机械故障主要包含故障(fault)和失效(failure)两层含义。故障是指机械系统偏离正常功能,它的形成原因主要是机械系统的工作条件(含零部件)不正常,但通过参数调整或零部件修复又可以恢复正常功能。失效则是指机械系统连续偏离正常功能,且其程度不断加剧,不能保证机械设备的基本功能。一般零件失效可以更换,关键零件失效,往往导致整机功能丧失。

根据机械设备出现故障后能不能修复的区别,可以把设备划分为可修复的和不可修复的两大类。而在机械设备中,大多数是属于可修复的,因而,机械设备故障诊断的研究对象多指"故障",而非"失效"。

1.1.2 机械故障的分类

机械故障的分类有多种,可从故障性质、产生原因、发展速度、持续时间、严重程度、影响后果等不同角度对故障进行分类。

按故障的性质可分为人为故障和自然故障。人为故障是由于人员操作失误造成的故障。自然故障指设备运行时,由于设备自身的原因(发展规律)发生的故障。

按故障产生的原因可分为先天性故障和使用故障。先天性故障是由于设计、制造不当造成的设备固有缺陷引起的故障。使用故障是由于维修、运行过程中使用不当或自然产生的故障。

按故障发展速度可分为突发性故障和渐进性故障。突发性故障通常指发生前无明显可察觉征兆，突然发生的故障，不能依靠事前检测等手段来预测。渐进性故障是某些零件的技术指标逐渐恶化，最终超出允许范围而引起的故障，其发生与发展有一个渐变过程，可以通过事前监测等手段提前预测。

按故障持续时间可分为间断性故障和持续性故障。间断性故障是故障发生后，在没有外界干涉的情况下可以自行恢复的故障。持续性故障是故障发生后，只有在外界采取措施、更换劣化部件后才能恢复、达到原有功能的故障。

按故障的程度可分为局部故障和完全性故障。局部故障通常指设备部分性能指标下降，但未丧失其全部功能的故障。完全性故障是设备或部件完全丧失其功能的故障。

按故障造成的后果可分为轻微故障、一般故障、严重故障和恶性故障。轻微故障是设备略微偏离正常的规定指标、影响轻微的故障。一般故障指设备个别部件劣化，部分功能丧失，造成运行质量下降，导致能耗增加、环境噪声增大等的故障。严重故障是关键设备或关键部件劣化，整体功能丧失，造成停机或局部停产甚至整个生产线完全停产的故障。恶性故障指设备遭受破坏，造成重大经济损失，甚至危及人身安全或造成严重污染的故障。

1.1.3 故障诊断的内涵

举一个生活小例子来理解设备故障诊断，如图1.1所示。通常人体检查都会抽血，然后做血液化验，再由医生根据化验结果初步判断人体是否有异常，即有无病症，如果有，就做进一步治疗。工业中常见齿轮箱的检修，通常通过采集润滑油油样，进行油品检测，再由设备工程师根据检测结果判断该设备是否有异常，即是否有故障。如果有，需要进行维修维护。简单地说，设备故障诊断就是为设备"体检"，给设备"看病"。设备故障诊断与人类健康诊断原理大多是相同的。比如设备的振动噪声测试与人体的听心音、看心电图都是通过分析振动信号的规律来进行诊断；又如，设备和人体都可通过超声、X射线等图像分析方法，确定内部结构损伤。

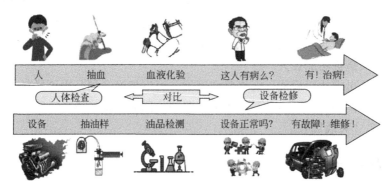

图 1.1 设备检修与人体检查类比

设备运行状态通常可分为正常状态、异常状态和故障状态。正常状态指设备没有缺陷或缺陷在允许的范围之内；异常状态是设备缺陷进一步扩展，设备性能指标发生变化，偏离正常状态，设备性能开始劣化，但仍能维持正常功能；而故障状态是指异常状态进一步加剧，设备性能指标严重降低，已无法维持正常功能。机械故障诊断一般包含"状态监测"和"故障诊断"两层意思，又称为机械设备状态监测和故障诊断，常简称为故障诊断。

故障诊断的内涵就是用一定的仪器、手段，定性、定量描述设备运行状态，识别故障、分析故障发生原因，根据运行状态的变化预测故障的发展趋势，并给出维修策略。主要过程包括数据采集、状态识别、故障诊断和预测维护等方面。故障诊断的实质是了解和掌握设备在运行过程中的状态，评价、预测设备的可靠性，及时发现故障，并对其原因、部位、危险程度等进行识别，预测故障的发展趋势，并针对具体情况做出维修决策。

设备故障诊断方法众多，根据诊断原理可分为基于数据、基于知识、基于模型以及基于推理的诊断方法。按信号处理方法可分为时域、频域、时频域及其他诊断方法。按照诊断模式有人工诊断、在线监测诊断、离线监测诊断。从检测手段上看主要有振动检测、油样检测、温度检测、无损检测、噪声检测、金相检测以及红外检测技术等等。

1.1.4　设备维修策略

从设备故障维修策略转变上看，设备监测诊断技术的发展，也促进了设备维修策略从事后维修到定期维修，进而向预知维修与主动维修的转变。

事后维修（breakdown maintenance，BM）也称被动维修（reactive maintenance，RM），是设备发生故障后再进行维修，先"任其损坏"，才进行修理。其优点是不需要安排计划，不必在状态监测上投资，不会出现过度维修，适用于少数非重点设备；其缺点是意外停机会带来生产损失，甚至造成灾难性的事故，且库存备件投资多，维修费用高。

定期维修，也称为基于时间的维修（time-based maintenance，TBM），是指按预定的时间间隔或检修周期对设备进行维修，属于预防性维修（preventive maintenance，PM），相当于"定期体检"。其优点是机器运行寿命相对较长，可减少意外停机，备件库存较少；但其也有局限性，即难以避免非计划性停机，造成生产损失，也会出现过度维修，导致维修费用增加，引起人为维修故障。

预知维修（predictive maintenance，PdM），也称为基于状态的维修（condition-based maintenance，CBD），基于设备状态监测，预测其健康状况，决定维修时间，即"没有故障就不修"。这种维修策略优点是减少非计划停机，延长维修时间间隔，最大限度地减少过度维修；不足之处是需要监测系统、服务费用，不能延长设备寿命。

主动维修（proactive maintenance，PaM）可查明根源，精确维修，基于可靠性，立足于根除故障，根本改善系统功能。主动维修应用与故障根源分析相结合的全部预防/预知维修技术，这种维修策略可以延长设备寿命，增加设备可靠性，减少故障。但是这种维修策略对监测系统和人员提出了更高的要求。

1.2　机械故障诊断的意义

智能制造是国家竞争力的重要标志和抢占发展制高点的关键技术，工业国家高度重视智能制造水平。美国 2011 年实施先进制造伙伴计划（AMP），2016 年发布《智能制造系统标准》，实施制造业复兴，全面提升智能制造水平；2013 年，德国率先提出"工业 4.0"概念，将制造业向智能化转型，工业进入智能化时代，由此国际上引发了新一轮的工业转型竞赛；2015 年，我国印发《中国制造 2025》，部署全面推进实施制造强国战略，由制造大国向制造强国进军。故障诊断技术是智能制造新模式关键要素之一，是实现远程运维、保障重大装备可靠性的重要核心技术。国家自然科学基金委编制的《机械工程学科发展战略报告（2021～2035)》也将机械系统动态监测、诊断与维护列入重要研究方向。

机械故障诊断理论与技术一直是国内外的研究热点。统计结果显示，2011 到 2021 年，标题中含有故障诊断（fault diagnosis）的文献有 49032 篇，每年论文数量如图 1.2 所示，整体上呈现逐年递增的趋势。

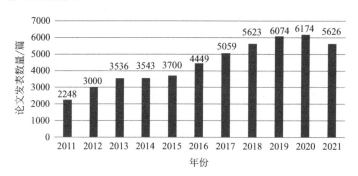

图 1.2　2011～2021 年故障诊断相关论文发表数量统计结果

高端装备状态监测与故障诊断，也是国家重大战略需求。比如在航空航天、交通运输、能源电力等重要领域中，高端装备一旦发生故障将造成重大的经济损失和人员伤亡，甚至引发灾难性事故。1988 年 1 月 18 日，西南航空公司伊尔-18 客机在飞行途中，因发动机故障导致坠机，飞机随之解体，机体发生大规模爆炸燃烧，机上旅客 98 人和机组 10 人全部遇难。1998 年 6 月 3 日，从慕尼黑到汉堡的德国高速列车，在途经小镇艾雪德时突然脱轨，短短 100 多秒，速度 200km/h 的火车冲向桥梁，300 吨重的双线路桥被撞得完全坍塌，列车的八节车厢依次相撞在一起，仅剩一节车厢的长度，事后证实事故原因是车轮故障造成高铁脱轨，该事故致 101 人遇难。2003 年 2 月，美国"哥伦比亚"号航天飞机由于表面泡沫材料安装时存在缺陷，机体表面隔热保护层受损，未能及时发现，导致航天飞机在返航进入大气层中，因超高温空气入侵而解体，七名宇航员不幸遇难。

安全可靠运行是机械装备发挥功效、创造价值的前提，故障是机械装备安全可靠运行的"隐形杀手"，故障诊断技术是提高装备运行安全性、可靠性的重要手段，是为其"保驾护航"的关键核心技术。随着高端装备朝向集成化、复杂化、精密化、智能化方向发展，发展有效的状态监测与故障诊断技术，已成为保障机械装备安全运行的必要举措，也是国家的重大战略需求。

1.3　机械故障诊断的发展历程

美国是最早研究故障诊断技术的国家。1967 年，在美国宇航局（National Aeronautics and Space Administration，NASA）和美国海军研究办公室（Office of Naval Research，ONR）的倡导和组织下，成立了美国机械故障预防小组，开始有计划地对故障诊断技术分专题进行研究，主要研究故障机理及故障检测、诊断和预测技术，可靠性设计和材料耐久性评估。麻省理工学院综合利用混合智能系统实现核电站大型复杂机电系统的在线监测、故障诊断和预知维修。美国密歇根大学、辛辛那提大学等在美国国家科学基金（NSF）资助下，联合工业界共同成立了智能维护系统（intelligent maintenance system，IMS）中心，旨在进行机械系统性能衰退分析和研究预测性维护方法。

欧洲国家对故障诊断技术的研究始于 20 世纪 60 年代末。英国机器保健和状态监测协会较早开始研究故障诊断技术，有力地促进了英国故障诊断技术研究和推广工作，在机器摩擦磨损，特别是飞机发动机监测和诊断方面具有领先优势。欧洲的其他国家也取得了许多进展，如瑞典 SPM 仪器公司的轴承监测技术、丹麦 B&K 公司的传感器技术、德国西门子公司的监测系统等都很有特色。

日本的诊断技术研究始于 20 世纪 70 年代，其做法是密切注视世界各国的发展动向，特别注意研究和引进美国故障诊断技术的进展，提出了全面生产维护（total productive maintenance，TPM）的概念，开发了机器寿命诊断的专家系统等，注重研制监测与诊断仪器，如日本的新日铁公司自 1971 年开发了设备故障诊断技术，1976 年达到实用化。

我国故障诊断技术方面的研究起步稍晚，开始于 20 世纪 70 年代末，通过学习国外先进经验和自己艰苦探索，经历了从无到有稳步发展和全面繁荣的不同阶段。刚开始时，只有一些简单仪器仪表和从国外学来的先进思想，通过大量的工程应用研究和理论探讨，逐步奠定了我国状态监测与故障诊断的基础。后来，随着计算机和信息处理技术的迅速发展，许多高校及企业开始研究开发以计算机为中心的监测与诊断系统，建立相关学科体系，培养了大量故障诊断方面的人才，通过理论上的深入研究和工程应用的大量实践，故障诊断技术稳步发展，研发出许多实用的故障诊断系统。近十年来，随着人工智能、计算机网络以及现代信号处理等技术的全面发展，故障诊断理论和方法不断丰富和发展，故障诊断技术逐步走向成熟。目前，我国学者在机械系统状态监测、故障演化机理、故障智能诊断与自愈、智能运维与健康管理等先进故障诊断技术方面，开展了大量卓有成效的基础性理论与方法研究工作，取得了众多成果，初步形成了较为完备的科学体系。故障诊断技术在我国的化工、冶金、电力、铁路、航空航天、国防等行业得到了广泛的应用，我国自主研发的监测诊断系统已完全可以满足实际生产的需要，部分领域处于国际领先水平。

1.3.1　故障诊断技术的发展阶段

纵观故障诊断技术的发展过程，依据其技术特点可分为以下五个阶段。

（1）早期阶段

早期故障诊断始于 19 世纪末期，这个时期由于机器装备比较简单，故障诊断主要依靠装备使用专家或维修人员通过感官经验和简单工具，对故障进行诊断并维修。

（2）基于传感器与计算机技术的诊断阶段

基于传感器与计算机技术的故障诊断始于 20 世纪 60 年代的美国。在这一阶段，传感器技术和动态测试技术的发展，使得对各种诊断信号和数据的测量变得容易和快捷，且计算机和信号处理技术的快速发展，弥补了人类在数据处理和图像显示上的低效率和不足，从而出现了各种状态监测和故障诊断方法，涌现了状态空间分析诊断、时域诊断、频域诊断、时频诊断、动态过程诊断和自动化诊断等方法。机械信号检测、数据处理与信号分析的各种手段和方法，构成了这一阶段装备故障诊断技术的主要研究和发展内容。

（3）智能化诊断阶段

智能化诊断技术始于 20 世纪 90 年代初期。这一阶段，由于机器装备日趋复杂化、智能化及光机电一体化，传统的诊断技术已经难以满足工程发展的需要。随着微型计算机技术和智能信息处理技术的发展，人们将智能信息处理技术的研究成果应用到故障诊断领域中，以常规信号处理和诊断方法为基础，以智能信息处理技术为核心，构建智能化故障诊断模型和系统。故障诊断技术进入了新的发展阶段，传统的以信号检测和处理为核心的诊断过程，被以智能处理为核心的诊断过程所取代。虽然智能诊断技术还远远没有达到成熟阶段，但智能诊断的开展大大提高了诊断的效率和可靠性。

（4）健康管理阶段

20世纪90年代中期，随着测试技术、信息技术和决策理论的发展，开始强调基于装备性能劣化监测、故障预测和智能维修的研究。进入21世纪以来，故障诊断的思想和内涵进一步发展，出现了故障预测与健康管理（prognostic and health management，PHM）技术。从概念的内涵上讲，PHM技术从外部测试、机内测试、状态监测和故障诊断发展而来，涉及故障预测和健康管理两方面内容。故障预测是根据系统历史和当前的监测数据诊断、预测其当前和将来的健康状态、性能退化与故障发生的方法；健康管理是根据诊断、评估、预测的结果等信息，可用的维修资源和设备使用要求等知识，对任务、维修与保障等活动做出适当规划、决策、计划与协调。PHM技术是装备管理从事后处置、被动维护，到定期检查、主动维护，再到事先预测、综合管理不断深入的结果，实现从基于传感器的诊断向基于智能系统的预测转变，从静态任务规划向动态任务规划转变，从定期维修到视情维修转变，从被动保障到自主保障转变。

（5）新一代智能运维阶段

随着21世纪工业革命新浪潮的到来，信息物理系统的推广会使得各种各样的传感器和终端集成到装备中，获取大量的工业数据和实现设备的互联，制造业所产生的数据将呈爆炸性增长。智能运维就是实现智能制造中数据转换的关键技术，其核心支撑技术包括状态监测、故障诊断、趋势预测与寿命评估等。机械故障诊断已由机械系统早期故障、微弱故障和复合故障信号特征提取，故障部位、类型和程度的定量分析转变为：大数据监测及多源信息融合环境下以数据为中心，通过智能数据分析与决策对复杂装备系统监测与关键特征挖掘，利用人工智能及大数据监测分析技术全面掌握重大装备整体健康状态，通过智能运维，完善重大装备的自愈功能。

1.3.2 故障诊断领域存在的主要问题

近年来，国内外学者及研究机构针对机械装备状态监测及故障智能诊断，进行了大量的基础性理论与方法研究工作，取得了众多成果，也初步形成了较为完备的科学体系，但仍有不少问题尚未解决，还需进一步深入研究。

① 新型重大装备故障机理不明。重大装备的振动特性越来越复杂，振动问题越来越突出，已成为运行安全保障面临的主要挑战。尽管研究者在非线性系统建模、故障机理分析方面开展了大量研究，但是针对新型重大装备系统级故障机理研究尚显不足，导致复杂机电系统响应信号健康状态与内外激励之间的作用规律尚不明确，振动传递、故障溯源机理不清，难以为复杂系统故障诊断提供科学依据。需进一步研究机械系统核心零部件精确建模、复杂机电系统故障的数值建模、动力学建模、唯象建模等多尺度与多场耦合建模技术。

② 时变工况强噪声下耦合故障特征提取困难。强噪声下耦合故障特征微弱，难以提取，而复杂多变的运行工况又加剧了故障特征提取的难度，故障激励、内源激励、外部激励相互耦合。因此，亟待发展有效的信号处理技术，从强背景噪声下的测试信号中提取各激励源分

量，辨明故障模式。

③ 大数据下故障诊断与预测技术研究有待深入。机械装备量大面广、测点多、采样频率高、服役历时长，海量的监测数据推动故障诊断与预测迈入大数据时代，监测大数据驱动下的故障诊断与预测技术面临诸多挑战。如何提高系统故障识别精度与寿命预测精度，攻克大数据背景下故障诊断与预测难题，还有待进一步深入研究。

④ 高价值数据和故障样本稀缺，故障预测难。在工程实际中，高价值数据和故障样本稀缺，导致智能诊断模型对机械系统健康状态的识别精度低。因此，有待深入研究深度学习、迁移学习等新一代人工智能技术；研究数字孪生建模技术，通过可靠感知虚实共生的数字孪生数据，实现变复杂度模型之间的转换；融合人-机-物-环境多源异构数据，发展基于孪生数据融合的故障诊断与预测技术。

1.4 机械故障诊断研究前沿与优先发展领域

随着重大装备向集成化、复杂化、精密化、智能化方向发展，诊断与运维的装备群呈现规模大、测点多、数据收集历时长等特点，故障诊断进入了大数据时代。机械故障诊断在科学和技术层面面临着严峻挑战，在"集聚力量进行原创性引导性科技攻关"的背景下也迎来了新的发展机遇。

1.4.1 研究前沿与重大科学问题

《机械工程学科发展战略报告（2021～2035）》将大数据驱动的稀疏诊断与智能监控作为机械系统动力学领域 2021～2035 年研究前沿与重大科学问题的三大方面之一，将新一代人工智能驱动的机械故障诊断、面向重大装备的大数据智能监控与运维列入研究前沿与热点，将重大装备稀疏表达与智能解析机制、故障机理与迁移诊断原理作为重大科学问题。

1.4.1.1 故障诊断领域前沿与热点

（1）新一代人工智能驱动的机械故障诊断

在理论方面，加强监控大数据智能分析识别、自主协同决策与控制等基础理论研究，突破无监督学习、深度学习、迁移学习、强化学习在重大装备大数据驱动的稀疏表征、学习特征可解释性、跨域迁移智能识别、剩余寿命精准预测等难点问题，为重大装备智能维护和诊断提供理论和方法。在技术方面，突破大数据下重大装备故障知识的碎片化处理、信息流对能量流和物质流的作用过程、装备虚实融合的数字孪生建模、诊断过程及结果的可视化理解等人工智能故障识别与预测的核心技术难题，为重大装备诊断与维护提供有效可靠的技术手段。

（2）面向重大装备的大数据智能监控与运维

围绕重大装备等建设智能监控大数据中心、终端与云端协同的新一代人工智能远程诊断与运维的软硬件服务平台，结合数据压缩感知、数据质量评估与清洗、边缘计算等核心技术，开发基于装备边缘端的传感数据在线预警软件，实现特征提取及数据异常检测；借鉴信息物理系统的技术优势，协同重大装备的工作环境与健康运维系统的网络环境，实现装备监测大数据的实时感知、动态分析、早期预警、趋势预测与维护决策，促进重大装备运维的全面智能化。

1.4.1.2 故障诊断领域重大科学问题

（1）重大装备大数据稀疏表达与智能解析机制

挖掘装备故障演化过程与其大数据的实时映射关系，是重大装备故障信息智能表征与诊断的基础。针对多工况交替、多故障信息耦合、模式不明且多变的装备大数据，突破振动快变信号时频特征提取，以新一代人工智能为手段，表达信号内在稀疏信息，解析装备大数据特性，分析提取大数据中反映重大装备故障本质、演化机理信息，进而阐述重大装备大数据稀疏表达与智能解析机制，获取装备故障与数据的映射关系，是实现重大装备智能诊断的重大科学问题之一。

（2）重大装备故障机理与迁移诊断原理

重大装备健康状态信息往往蕴含于多变模式的大数据信息载体中，这些信息的核心是故障机理的表征。通过理论或大量试验分析得到反映重大装备故障状态信号与系统参数之间的规律，始终是研究的关键。因此，如何结合故障机理，利用迁移学习缩小重大装备健康状态在大数据中表征的差异性，在共特征空间中表征多变模式大数据中的共性故障信息，揭示装备状态信息的共特征空间智能表征与迁移诊断原理，也是实现大数据下重大装备智能监控的重大科学问题之一。

1.4.2 优先发展领域

机械系统动态监测与诊断方向近5～15年优先发展领域，主要包括复杂机电系统动力学建模与故障机理、先进动态测试与多源信息感知、新一代人工智能故障诊断、性能退化评估及寿命预测、重大装备智能运维等方面。

（1）复杂机电系统动力学建模与故障机理方面

故障机理反映故障征兆与故障源之间的因果关系，是状态监测和故障诊断的基石。通过建立复杂机电系统的动力学模型，旨在揭示机电系统的故障产生机理及演化规律。重点研究内容有：复杂机电系统多体动力学模型构建，系统响应信号、健康状态与内外激励作用机理研究，多尺度、多场耦合损伤模型构建，以及系统故障演变与服役性能动态退化内在机制研究。

（2）先进动态测试与多源信息感知方面

机械故障的产生通常表现在多个物理场中，即故障信息是多源信息，包括声音、振动、温度、声发射、视觉等。因此，需要通过先进动态测试和多源信息感知技术测试各个场的运行状态信息，为故障诊断提供准确可靠的数据。重点研究内容有：智能传感器网络的结构布局优化，新型主动/被动式智能传感技术开发，极端环境下的多源信息压缩感知与存储，强噪声背景下的早期复合故障特征提取。

（3）新一代人工智能故障诊断方面

人工智能诊断通过快速准确地分析机械系统的监测大数据，自动识别机械系统故障，再主动调控、精准抑制、消除故障。数字孪生建模技术可有效揭示不同故障模式与信号特征之间的复杂映射关系，为故障诊断提供理论依据。重点研究内容有：监测大数据可靠性评价与质量提升理论与方法，基于深度学习、迁移学习理论的故障智能诊断，数字孪生模型驱动的机械系统故障定量诊断方法，基于人工自愈与容错控制的自主健康管理与方法。

（4）性能退化评估及寿命预测方面

寿命预测是预测性维修的基础和前提，可为维修决策提供最为关键的信息。重大装备各零部件之间衰退相互影响，多物理场相互耦合，性能退化过程监测困难，加剧了机械系统寿命预测的难度。重点研究内容有：多种随机因素耦合下的机械系统退化机制，数字孪生驱动的机械系统性能退化评估方法，变工况下数模联动混合策略寿命预测，基于深度学习的多源数据融合智能寿命预测。

（5）重大装备智能运维方面

重大装备远程智能运维管理是实现智能制造的必由之路。由于寿命预测、运维决策等核心功能模块不足，人们对运维知识反馈的设计制造改进研究偏少，导致全生命周期深度融合研究不够。因此，需要开展基于边缘计算、云计算的剩余寿命预测、智能决策等智能运维及健康保障技术。重点研究内容有：高端装备智能保障技术，基于边缘计算的自动化检测与智能机器人检测技术，大数据远程智能运维建模与云平台工业软件，"设计-制造-运行"全生命周期深度融合与智能维护。

第 2 章　机械振动力学基础

机械振动是指机械系统在某一位置（通常是静平衡位置）附近做的往复运动，其强弱可以用系统的位移、速度及加速度等振动参量表征。振动是一种常见的力学现象，物体只要有惯性和弹力，在激励作用下就会发生振动。振动力学通过对机械振动进行简化、建模、分析，找到其内在规律，这是机械故障诊断重要的理论支撑。本章主要介绍机械振动基础知识，包括机械振动概述、分类及振动力学基础。

2.1　机械振动概述

早在古代，人们就已经对振动有了一定认识，如古代乐器中的笛、弦乐器和编钟等，如图 2.1 所示。我国北宋沈括曾就圆钟、扁钟提出观点："钟圆则声长，扁则声短。声短则节，声长则曲。节短处皆相乱，不成音律。"古希腊数学家毕达哥拉斯对铁匠工作发出的声音进行实验研究，将其振动与音乐和物理联系起来，阐明了单弦的乐音与弦长关系。

(a) 新石器时代的骨哨　　　　(b) 埃及的竖琴　　　　(c) 曾侯乙编钟

图 2.1　古代对振动的认识示例

我国东汉时期杰出天文学家张衡在公元 2 世纪发明了地动仪，用以检测和记录地震，如图 2.2 所示。

振动作为自然界常见现象，在许多领域有着广泛的应用，如压路机利用振动压实路面、人造耳蜗通过振动改善听力缺陷等。振动也会对人类的生活造成影响，甚至带来危害。如冰箱空调等电器因振动而产生的噪声；桥梁受到风载产生共振时会剧烈晃动甚至断裂。美国的塔科马海峡大桥在风速约为 42 英里（67 千米）每小时的情况下扭曲、倒塌，如图 2.3 所示，事故原因就是发生了力学上的扭转变形，中心不动，两边因有扭矩而扭曲，并不断振动。这种共振是横向的，由于空气弹性振颤引起的。塔科马海峡大桥的坍塌使得空气动力学和共振实验成为了建筑工程学的必修课。

图 2.2　张衡及地动仪　　　　　　　　图 2.3　塔科马海峡大桥

研究振动的目的，就是想找到方法来减少振动的危害，通过研究振动来掌握机械振动的规律，从而利用振动为人类造福。

机械振动广泛应用于设备故障诊断，以机械系统在某种激励下的振动响应作为诊断信息的来源，通过对所测振动参量（振动位移、速度及加速度等）进行各种分析处理，判断机械设备运行状态，进而给出机械的故障部位、故障程度以及故障原因等方面的诊断结论。

2.2　机械振动分类及描述

机械振动是一种比较复杂的物理现象。为了研究方便，需要根据不同特征将振动进行分类。本节简要介绍机械振动分类及对典型振动的描述。

2.2.1　机械振动分类

（1）按产生振动原因分类

根据机器产生振动的原因，可将机械振动分为自由振动、受迫振动和自激振动三种类型。

① 自由振动。给系统一定的初始能量后所产生的振动。若系统无阻尼，则系统维持等幅振动；若系统有阻尼，则系统为自由衰减振动。

② 受迫振动。元件或系统的振动是由周期变化的外力作用所引起的，如不平衡、不对中所引起的振动。

③ 自激振动。在没有外力作用下，只是由于系统自身的原因所产生的激励引起的振动，如旋转机械的油膜振荡、喘振等。

机械故障领域所研究的振动，多属于受迫振动和自激振动。对于减速箱、电动机、低速旋转设备等机械故障，主要以受迫振动为主，通过对受迫振动的频率成分、振幅变化等特征参数分析，来鉴别故障；对于高速旋转设备以及能被工艺流体所激励的设备，如汽轮机、旋转空气压缩机等，除了需要监测受迫振动的特征参数外，还需监测自激振动的特征参数。

（2）按激振频率与工作频率的关系分类

按激振频率与工作频率的关系，机械振动可分为同步振动和亚同步振动两类。

① 同步振动。机械振动频率与旋转频率同步（即激振频率等于工作频率），由此产生的振动称为同步振动。例如转子不平衡会激起转子的同步振动。

② 亚同步振动。振动频率小于机械的旋转频率的振动称为亚同步振动，滑动轴承的油膜涡动频率约为同步旋转频率的一半，是典型的亚同步振动。

（3）按振动所处频段分类

按照振动频率 f 的大小，通常把振动分为如下三个频段。

① 低频振动，$f < 1\text{kHz}$。采用低通滤波器（截止频率 $f_b < 1\text{kHz}$）滤除高频信号，进行谱分析等处理。这个频段通常包含设备的直接故障频率成分，故不需要太复杂的信号处理手段，缺点是各种部件的故障频率混叠在一起，一些部件的微弱故障信号分离与识别困难。

② 中频振动，$f = 1 \sim 20\text{kHz}$。采用高通或带通滤波器滤除低频信号，再进行相关谱分析等处理。这个频段通常包含设备的结构共振故障频率成分，可采用加速度传感器获得。通常需要采用包络解调或细化等特殊信号处理方法，提取结构共振频率调制的低频故障信息，避免其他部件的低频段故障频率的影响。

③ 高频振动，$f > 20\text{kHz}$。这个频段常用于滚动轴承诊断的冲击脉冲法，采用加速度传感器的谐振频率来获取故障的冲击能量等。

应当指出，目前，频段划分的界限尚无严格规定和统一标准。不同行业，或同一行业中对不同的诊断对象，其划分频段的标准都不尽一致。

（4）按描述系统的微分方程分类

可分为线性振动和非线性振动。线性振动可用常系数线性微分方程来描述，其惯性力、阻尼力及弹性力只分别与加速度、速度及位移成正比；非线性振动不存在这种线性关系，需要用非线性微分方程来描述。

（5）按振动系统的自由度分类

可分为单自由度和多自由度系统。自由度是指在任意时刻确定机械系统位置所需的独立坐标数目。

（6）按振动的运动规律分类

按振动的运动规律，一般将机械振动分为如下几种类型：

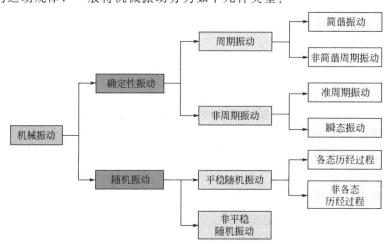

2.2.2　机械振动描述

（1）简谐振动

简谐振动可以用图 2.4 所示的弹簧质量模型来描述。当忽略摩擦阻力时，在外力作用下，质量块离开平衡点后被无初速度释放，在弹簧力的作用下，质量块会在平衡点做连续振动，取其平衡位置为原点，运动轨道为 x 轴，质点离开平衡位置的位移 x 随时间 t 的变化规律如图 2.4 所示。

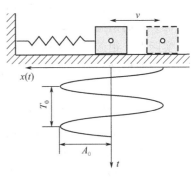

图 2.4　简谐振动

如果没有任何阻力，这种振动便会不衰减地持续下去，这便是简谐振动。简谐振动 $x(t)$ 的数学表达式为

$$x(t) = A_0 \sin(2\pi f_0 t + \varphi_0) \qquad (2.1)$$

式中，t 是时间；A_0 是振幅；f_0 是振动频率；φ_0 是初始相位。振幅 A_0 表示质量块离开平衡位置（$x=0$）最大位移的绝对值，能够反映振动或故障的强弱。振幅不仅可以用位移表示，也可以用速度和加速度来表示。

由于振动是时变量，在时域分析中，通常用峰值 $|A_0|$、峰-峰值 $2A_0$ 表述瞬时振动的大小，用振幅的二次方和或有效值表示振动的能量。例如，很多振动诊断标准都是以振动烈度来制定的，而振动烈度就是振动速度的有效值。

图 2.4 中 T_0 是简谐振动的周期，即质点再现相同振动的最小时间间隔。其倒数称为频率 f_0，$f_0 = 1/T_0$，表示振动物体（或质点）每秒钟振动的次数，单位为 Hz。频率是振动诊断重要参数，在机械设备中，每一个运动的零部件都有其特定的结构固有振动频率和运动振动频率，某种频率的出现往往预示着设备存在某种特定类型的故障，可以通过分析设备的频率特征来判别设备的工作状态。

频率 f_0 还可以用角频率 ω_0 来表示，即：$\omega_0 = 2\pi f_0$。

φ_0 称为简谐振动的初相角或相位，如图 2.5（a）所示，表示振动质点的初始位置。相位测量分析在故障诊断中亦有相当重要的地位，可用于谐波分析、设备动平衡测量或振动类型识别等方面。

简谐振动的特征仅用幅值 A_0、频率 f_0（或周期 T_0）和相位 φ_0 三个特位参数就可以描述，故称其为振动三要素。

简谐振动的时域波形（也称简谐信号）如图 2.5（a）所示。从振动的三要素的频率成分来看，它只含有一个频率为 f_0、幅值为 A_0 的单一简谐振动成分，可以用图 2.5（b）所示幅频关系图来描述，称为离散谱或线谱。同理，相频关系也可用图 2.5（c）来表示。

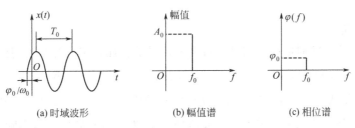

(a) 时域波形　　　　　　(b) 幅值谱　　　　　　(c) 相位谱

图 2.5　简谐信号及其频谱

在工程信号处理领域，图2.5(b) 和图2.5(c) 分别称为图2.5(a) 所示时域波形的幅值谱和相位谱，俗称频谱。可见，频谱可以把简谐曲线（由若干点组成）表示成一根谱线（一个点），具有信息简化和易于识别等特点，这是频谱表示方法的优点之一。

简谐振动（信号）是最基本的振动（信号），不可以再分割。

(2) 非简谐周期振动

实际上，很多机械振动并不具备简谐振动的特征，但在时间域上仍然呈现周期性，称为非简谐周期振动。对于非简谐周期振动，当周期为 T_0 时，对任何时间 T 应该有

$$x(t)=x(t\pm nT_0)，n=1,2,3\cdots \tag{2.2}$$

式中，T_0 是振动周期，单位为 s；$f_0=1/T_0$ 是振动频率，单位为 Hz。

图 2.6 所示是两个简谐振动信号叠加成一个非简谐周期振动信号的例子。两个简谐信号 $x_1=5\sin(2\pi\times 3t+\pi/3)$ [图 2.6(a)] 和 $x_2=8\sin(2\pi\times 4t+\pi/6)$ [图 2.6(b)] 的合成信号如图 2.6(c) 所示，虽然可以看出其具有周期信号特征，但是却难以辨别其所包含的频率成分。如按图 2.5 所示的方法可以绘出其幅值频谱图如图 2.6(d) 所示，则可以清楚看出该合成信号的频率构成和幅值分布。

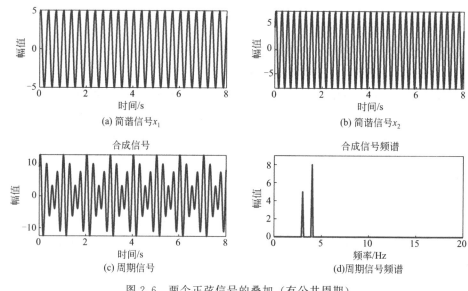
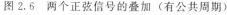

图 2.6 两个正弦信号的叠加（有公共周期）

多个振动信号叠加后的公共周期是所有叠加信号的周期的最小公倍数，因此，图 2.6 所示 $x_1(t)$ 和 $x_2(t)$ 的周期分别为 $T_1=(1/3)\mathrm{s}$、$T_2=(1/4)\mathrm{s}$，T_1、T_2 的最小公倍数为 $1=3T_1=4T_2$。即叠加后信号的合成周期为 $T_0=1\mathrm{s}$，其倒数 $f_0=1/T_0$ 称为基波频率，简称基频。

(3) 非周期振动

① 准周期振动 准周期振动信号具有周期信号的特征，实质为非周期信号。例如图 2.7(c) 所示的信号 $x(t)=2\sin(2\pi\sqrt{5}\,t)+3\sin(2\pi 4t)$，由 $x_1(t)$ 和 $x_2(t)$ 两个信号组成。$x_1(t)$ 信号的周期为 $T_1=(1/\sqrt{5})\mathrm{s}$，$x_2(t)$ 信号的周期为 $T_2=(1/4)\mathrm{s}$。由于 $\sqrt{5}$ 为无理数，T_1 和 T_2 的最小公倍数趋于无穷大，合成信号 $x(t)$ 为非周期信号。但实际上，$\sqrt{5}$ 只能取其近似值，例如当 $\sqrt{5}$ 的近似值取 2.2 时，$T_1=(1/2.2)\mathrm{s}$，此时合成周期为 $T=22T_1=$

$40T_2 = 10\text{s}$，实际信号呈现的是周期信号特征，如图 2.7（d）所示，频谱中存在表征该合成信号频率和幅值信息的峰值。另外，准周期信号还可从其频谱中［图 2.7（d）］分辨，通常两根谱线间不具备整数（公）倍数关系。

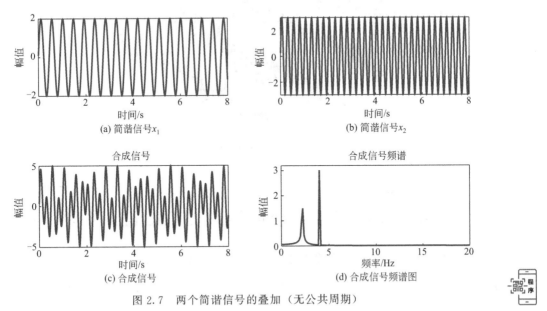

图 2.7　两个简谐信号的叠加（无公共周期）

② 瞬态振动　瞬态振动只在某一确定时间内才发生，其不具备周而复始的特性，是非周期振动信号，也可以说它的周期 $T \to \infty$。因此，可以把瞬态振动信号看作是周期趋于无穷大的周期振动信号。

自由衰减振动［图 2.8(a)］是一个典型的瞬态振动。瞬态振动信号的频谱特征是连续的，如图 2.8(b) 所示。

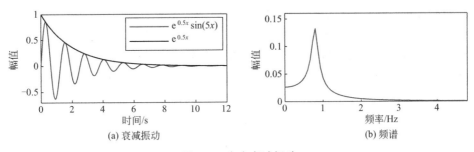

图 2.8　自由衰减振动

（4）随机振动

随机振动是一种非确定性振动，不能用精确的数学关系式描述，仅能用随机过程理论和数理统计方法对其进行处理，某设备振动时间历程曲线如图 2.9 所示。

通常把图 2.9 所示的所有可能得到的振动信号 $x_k(t)$ 的集合称为随机过程 $\{x(t)\}$，而每一条曲线 $x_k(t)$ 称为随机过程 $\{x(t)\}$ 的一个样本。

随机过程 $\{x(t)\}$ 的统计特性可由总体均值 $\mu_x(t_1)$ 和自相关函数 $R_x(t_1, t_1 + \tau)$ 来评价。其中

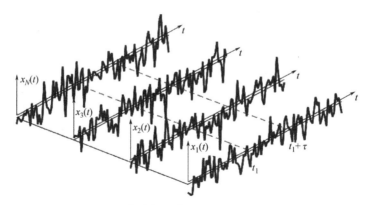

图 2.9　某设备振动时间历程曲线示意图

$$\mu_x(t_1)=\lim_{N\to\infty}\frac{1}{N}\sum_{k=1}^{N}x_k(t_1); \; R_x(t_1,t_1+\tau)=\lim_{N\to\infty}\frac{1}{N}\sum_{k=1}^{N}x_k(t_1)x_k(t_1+\tau) \quad (2.3)$$

若 $\mu_x(t_1)$ 和 $R_x(t_1,t_1+\tau)$ 不随 t_1 的变化而变化，则随机过程 $\{x(t)\}$ 为平稳的，否则为非平稳的。

也可以用随机过程 $\{x(t)\}$ 中的某个样本 $x_k(t)$ 来计算上述统计参数，如

$$\mu_x(k)=\lim_{T\to\infty}\frac{1}{T}\int_0^T x_k(t)\mathrm{d}t; \; R_x(\tau,k)=\lim_{T\to\infty}\frac{1}{T}\int_0^T x_k(t)x_k(t+\tau)\mathrm{d}t, \; k=1,2,\cdots,N$$

$$(2.4)$$

如有下式存在

$$\mu_x(t_1)=\mu_x(k)=\mu_x; \; R_x(t_1,t_1+\tau)=R_x(\tau,k)=R_x(\tau), \; k=1,2,\cdots,N \quad (2.5)$$

则该平稳随机过程是各态历经的平稳随机过程。

对于各态历经的平稳随机信号，单个样本的统计特征与总体相同，所以可以使用单个样本代替总体。也就是说，如果能够证明某个随机过程是平稳且各态历经的，则只需采集一个样本进行分析即可，这是随机信号处理的基础之一。

一般来说，工程中所见的振动信号多数是平稳且各态历经的，如电机在稳定载荷和稳定转速下的振动信号，而电机在启、停过程中的振动信号为非平稳信号。

设备在实际运行中，由故障引起的振动一般具有一定的周期成分，往往被湮没在随机振动信号之中。当设备故障程度加剧时，随机振动中的周期成分会加强，从而使整台设备振动增大。因此，从某种意义上讲，设备振动诊断的过程就是从随机振动信号中提取和识别周期性成分的过程。

2.3　单自由度系统振动

振动系统本质是一个动力系统，单自由度振动系统是最基本的振动模型，仅用一个位移坐标（即一个自由度）即可描述系统的运动，系统可由质量、弹簧和阻尼器组成。本节主要介绍单自由度振动系统的振动响应。

2.3.1　无阻尼自由振动

图 2.10 所示为单自由度无阻尼振动系统力学模型，该系统由质量和弹簧元件组成。假

设系统质量为 m，弹簧刚度系数为 k。在静止状态下，由于重力 mg 的作用，弹簧被压缩 x_0，由此产生的弹性恢复力与重力相平衡，即

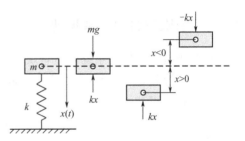

$$mg = kx_0 \qquad (2.6)$$

假设系统的坐标原点位于静平衡状态下质量的质心位置，x 坐标向下为正、向上为负，如图 2.10 所示。若弹簧被压缩，则产生向上的弹性恢复力；反之，若弹簧被拉伸，则产生向下的弹性恢复力。根据牛顿运动定律可列出如下方程

图 2.10　单自由度无阻尼振动系统力学模型

$$\sum F = mg - k(x + x_0) = m\ddot{x} \qquad (2.7)$$

根据式（2.6），可将式（2.7）整理为

$$m\ddot{x} + kx = 0 \qquad (2.8)$$

式（2.8）为无阻尼自由振动微分方程。因为 m 与 k 为正值常数，由式（2.8）可知，位移 x 与加速度 $\ddot{x}$ 方向相反，可将其变为

$$\ddot{x} + \frac{k}{m}x = 0 \qquad (2.9)$$

令 $\omega_c^2 = \dfrac{k}{m}$，代入式（2.9），则有

$$\ddot{x} + \omega_c^2 x = 0 \qquad (2.10)$$

这是齐次二阶线性微分方程，该微分方程的通解为

$$x = a\cos(\omega_c t) + b\sin(\omega_c t) \qquad (2.11)$$

式中，a、b 是待定常数，可由振动的初始条件确定。

由式（2.11）可知，无阻尼自由振动由两个角频率相同的简谐振动合成，显然合成后仍为一个同频率的简谐振动，即

$$x = A\sin(\omega_c t + \varphi) \qquad (2.12)$$

式中，A 是振幅，表示质量偏离平衡位置的最大值，$A = \sqrt{a^2 + b^2}$；φ 是初始相位，单位为 rad，$\varphi = \arctan(a/b)$。

以上公式表明，无阻尼自由振动是一个简谐振动，其振动频率 $\omega_c = \sqrt{\dfrac{k}{m}}$ 仅与系统本身质量 m 和刚度系数 k 有关，与初始条件无关，故称为系统固有频率。

下面讨论积分常数 A 和 φ 的表达式。

假设初始条件 $x(0) = x_0$，$\dot{x}(0) = v_0$，利用式（2.11）不难证明简谐振子对初始条件 x_0 和 v_0 的响应为

$$x(t) = x_0\cos(\omega_c t) + \frac{v_0}{\omega_c}\sin(\omega_c t) \qquad (2.13)$$

比较式（2.11）和式（2.13），并根据振幅 A 与相角 φ 的表达式，可以导出振幅 A 与相角 φ 为

$$A = \sqrt{x_0^2 + \left(\frac{v_0}{\omega_c}\right)^2}; \quad \varphi = \arctan\frac{x_0\omega_c}{v_0} \qquad (2.14)$$

2.3.2 有阻尼自由衰减振动

假设单自由度振动系统由质量块、阻尼器和弹簧组成，如图2.11(a)所示。与无阻尼单自由度系统相比，系统增加了一项阻尼力 $c\dot{x}$，此力方向与运动速度方向相反［图2.11(b)］。同理，可建立微分方程为

$$m\ddot{x} + c\dot{x} + kx = 0 \tag{2.15}$$

或

$$\ddot{x} + 2n\dot{x} + \omega_c^2 x = 0 \tag{2.16}$$

式中　c——黏性阻尼系数；

　　　n——衰减系数，$n = c/2m$。

令 $\xi = \dfrac{n}{\omega_c}$，称为相对阻尼系数或阻尼比。当 $n < \omega_c$ 即 $\xi < 1$，系统处于弱阻尼状态时，可求得方程的通解为

$$x = \mathrm{e}^{-nt}\left[B_1 \cos\left(t\sqrt{\omega_c^2 - n^2}\right) + B_2 \sin\left(t\sqrt{\omega_c^2 - n^2}\right)\right] \tag{2.17}$$

或

$$x = A\mathrm{e}^{-nt}\sin\left(t\sqrt{\omega_c^2 - n^2} + \varphi\right) \tag{2.18}$$

式中，$A = \sqrt{B_1^2 - B_2^2}$；$\varphi = \arctan\dfrac{B_1}{B_2}$，其中 B_1、B_2 均由初始条件决定。

由式（2.18）可知，系统振动已不再是简谐振动，其振幅被限制在指数衰减曲线 $\pm A\mathrm{e}^{-nt}$ 之内，且当 $t \to \infty$，$x \to 0$ 时振动才停止。故此振动称为自由衰减振动，n 称为衰减系数，n 越大表示阻尼越大，振幅衰减越快，如图2.12所示。严格说这已经不是周期振动，但仍然保持恒定的振动频率 ω_c，即系统的固有频率。

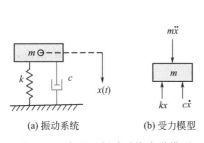

图2.11　有阻尼振动系统力学模型

(a) 振动系统　　(b) 受力模型

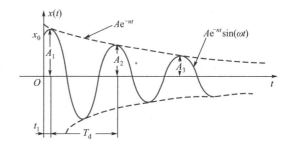

图2.12　自由衰减振动响应曲线

在机械振动信号中，很多信号都呈现这种自由衰减曲线特征。例如滚动轴承由于受到周期性的缺陷冲击，会引起轴承及支承部件的自由衰减振动，该自由衰减振动频率就是某个部件某阶振动的固有频率。

2.3.3 简谐受迫振动

（1）弹簧质量块系统的简谐受迫振动

单自由度弹簧质量块系统如图2.13所示，质量块 m 在外力 $F(t) = F_0\sin(\omega t)$ 作用下的运动方程为

$$m\ddot{x} + c\dot{x} + kx = F_0 \sin(\omega t) \qquad (2.19)$$

式中，$F_0 \sin(\omega t)$ 为简谐激振力，是系统的输入力。

式（2.19）可写成

$$\ddot{x} + 2n\dot{x} + \omega_c^2 x = f_0 \sin(\omega t) \qquad (2.20)$$

式中，$f_0 = F_0/m$。忽略阻尼，方程变为

$$\ddot{x} + \omega_c^2 x = f_0 \sin(\omega t) \qquad (2.21)$$

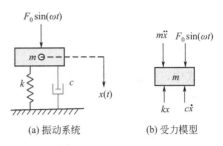

图 2.13 激振力作用下有阻尼单自由度振动系统模型

该式为非齐次方程，其全解为

$$x(t) = x_1(t) + x_2(t) \qquad (2.22)$$

其中，$x_1(t)$ 为方程通解，$x_2(t)$ 为方程特解。弱阻尼状态下的 $x_1(t)$ 就为前述的式（2.17）通解，为一个自由衰减振动，仅存在振动的初始阶段，可忽略不计。

特解 $x_2(t)$ 表示系统的在简谐激振力作用下产生的受迫振动，是持续的等幅振动，称为稳态振动。根据微分方程非齐次项是简谐函数的特性，特解 $x_2(t)$ 的形式也应为简谐函数，其振动频率与外激振力频率相等，但与外激振力之间存在一定的相位差，且受迫振动的位移变化总是滞后于激振力的变化。设方程的特解为

$$x(t) = B \sin(\omega t - \varphi) \qquad (2.23)$$

式中 B——稳态振动的振幅；

φ——相位差。

将式（2.23）代入式（2.20）得到

$$-\omega^2 B \sin(\omega t - \varphi) + 2nB\omega \cos(\omega t - \varphi) + \omega_c^2 B \sin(\omega t - \varphi) = f_0 \sin(\omega t) \qquad (2.24)$$

展开其中项，得到

$$[(\omega_c^2 - \omega^2)B - f_0 \cos\varphi]\sin(\omega t)\cos\varphi + [2n\omega\cos\varphi - (\omega_c^2 - \omega^2)\sin\varphi]B\cos(\omega t)$$
$$+ (2nB\omega - f_0 \sin\varphi)\sin(\omega t)\sin\varphi = 0 \qquad (2.25)$$

在任意的时间 t，同角的正弦、余弦不可能同时为零，因此要使得式（2.25）成立，必须有

$$\begin{cases} (\omega_c^2 - \omega^2)B - f_0 \cos\varphi = 0 \\ 2n\omega\cos\varphi - (\omega_c^2 - \omega^2)\sin\varphi = 0 \\ 2nB\omega - f_0 \sin\varphi = 0 \end{cases} \qquad (2.26)$$

可由以上方程组解出 B 和 φ 两个待定系数，即

$$B = \cfrac{F_0}{k\sqrt{\left(1 - \cfrac{\omega^2}{\omega_c^2}\right)^2 + \left(2\cfrac{n}{\omega_c} \times \cfrac{\omega}{\omega_c}\right)^2}} = \cfrac{B_0}{\sqrt{(1-\lambda^2)^2 + (2\xi\lambda)^2}} \qquad (2.27)$$

$$\varphi = \arctan\frac{2n\omega}{\omega_c^2 - \omega^2} = \arctan\frac{2\xi\lambda}{1 - \lambda^2} \qquad (2.28)$$

式中 B_0——等效于激振力 F_0 静止地作用于弹簧上产生的静变形，$B_0 = \cfrac{F_0}{k}$；

λ——频率比，等于系统激振频率 ω 与系统固有频率 ω_c 之比，$\lambda = \cfrac{\omega}{\omega_c}$。

由式（2.27）可以看出，受迫振动的振幅 B 与激振力 F_0 的振幅成正比，令

$$\beta = \frac{B}{B_0} = \frac{1}{\sqrt{(1-\lambda^2)^2 + (2\xi\lambda)^2}} \tag{2.29}$$

式中，β 是振幅放大因子，也称幅值比，表示强迫振动的振幅与静变形之比。

根据式（2.28）和式（2.29）绘制的幅频响应曲线和相频响应曲线，如图 2.14 所示。

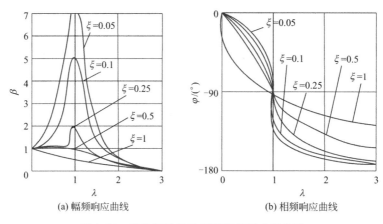

(a) 幅频响应曲线	(b) 相频响应曲线

图 2.14　受迫振动时的幅频和相频响应曲线

通常把幅频响应曲线上的幅值比最大处的频率称为共振频率。当式（2.29）对 λ 的一阶导数为零时，可求得

$$\omega_r = \omega_c \sqrt{1-2\xi^2} \tag{2.30}$$

共振频率 ω_r 随着阻尼的减小而向固有频率 ω_c 靠近。在小阻尼时，ω_r 很接近 ω_c，故常采用 ω_r 作为 ω_c 的估计值。

从相频响应曲线上可以看到，不管系统的阻尼比是多少，在 $\omega/\omega_c = 1$ 时位移始终落后于激振力 90°，这种现象称为相位共振。当系统有一定的阻尼时，位移幅频响应曲线峰顶变得平坦，共振频率既不易测准又离固有频率较远。从相频响应曲线看，在固有频率处位移响应总是滞后 90°，而且这段曲线比较陡峭，频率稍有偏移，相位就明显偏离 90°。所以用相频响应曲线来测定固有频率比较准确。

由图 2.14 还可看出，在激振力频率远小于固有频率时，输出位移随激振频率的变化只有微小变化，几乎和静态激振力所引起的位移一样。在激振频率远大于固有频率时，输出位移接近零，质量块近于静止。在激振频率接近系统固有频率时，系统的响应特性主要取决于系统的阻尼，并随频率的变化而剧烈变化。总之，就高频和低频两频率区而言，系统响应特性类似于低通滤波器，但在共振频率附近的频率区，则根本不同于低通滤波器，输出位移对频率、阻尼的变化都十分敏感。

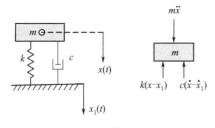

图 2.15　基础运动所引起的受迫振动

（2）由基础运动所引起的受迫振动

在许多情况下，振动系统的受迫振动是由基础运动所引起的。设基础的绝对位移为 $x_1(t)$，质量块 m 的绝对位移为 x，分析图 2.15 右边自由体上的受力状况，可得

$$m\ddot{x} = -k(x-x_1) - c(\dot{x}-\dot{x}_1) \tag{2.31}$$

或

$$m\ddot{x}+c\dot{x}+kx=c\dot{x}_1+kx_1 \tag{2.32}$$

假设基础振动是简谐振动，$x_1(t)=a\sin(\omega t)$。与式（2.22）相比，可见系统相当于 2 个激振力，可用复指数方式求出系统的振幅放大因子和相位如下

$$\beta=\frac{B}{a}=\sqrt{\frac{1+(2\xi\lambda)^2}{(1+\lambda^2)^2+(2\xi\lambda)^2}} \tag{2.33}$$

$$\varphi=\arctan\left(\frac{2\xi\lambda^3}{1-\lambda^2+(2\xi\lambda)^2}\right) \tag{2.34}$$

按式（2.33）和式（2.34）绘制的幅频响应曲线和相频响应曲线如图 2.16 所示。当激振频率远小于系统固有频率（$\omega\ll\omega_c$）时，质量块相对基础的振动幅值为零，意味着质量块几乎跟随着基础一起振动，两者相对运动极小。而当激振频率远高于固有频率（$\omega\gg\omega_c$）时，β 接近于 1，这表明质量块和壳体之间的相对运动（输出）和基础的振动（输入）近于相等，从而表明质量块在惯性坐标中几乎处于静止状态，这种现象被广泛应用于测振仪器中。

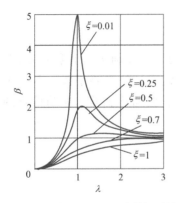 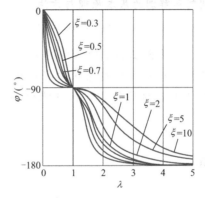

图 2.16　基础激振时的幅频响应曲线与相频响应曲线

第3章 机械测试技术基础

学习目标

1. 了解测试系统组成及基本要求。
2. 了解振动传感器的作用、组成和类型
3. 掌握常用振动传感器的工作原理及特点，能正确选用振动传感器。
4. 熟悉采样定理概念，掌握采样频率、采样点数和频率分辨率的关系。
5. 掌握信号调制和解调的基本原理与方法。
6. 了解滤波器的分类、工作原理，能正确选用滤波器。

测试技术是为了实现测试目的所采用的方式和方法，是研究各种物理量的测量原理、信号分析与处理方法，进行实验研究和生产过程参数测量的必要手段。本章主要介绍机械故障诊断测试技术基础理论知识，包括测试系统、振动传感器、振动信号的采集及预处理等。

3.1 测试系统

系统是由若干相互作用、相互依赖的事物组合而成的具有特定功能的整体，系统遵从某些物理规律。系统的特性是指系统的输出和输入的关系。在测量工作中，一般把测试装置作为一个系统来看待。

3.1.1 测试系统概述

测试系统是执行测试任务的传感器、仪器仪表和设备的总称。被处理的信号称为系统的激励或输入，而处理后的信号为系统的响应或输出，任意系统的响应均取决于系统本身及其输入。测试的内容、目的和要求不同，而测量对象又千变万化，因此测试系统的组成及其复杂程度也会有很大的差别。

系统对输入的反应称为系统的输出或响应。用弹簧秤称重静态物体，是将质量转换成与之成比例的线性位移，即输入（质量）$x(t)$、输出（弹簧位移）$y(t)$ 和弹簧特性 k 三者之间有如下关系：$y(t)=kx(t)$（k 为弹簧刚度系数）。弹簧秤不能称量快速变化的质量值，而由同样具有比例放大功能的电子放大器构成的测试系统则可以检测快速变化的物理量。为什么会产生这种使用上的差异？简单来说，这是由构成两种测试系统物理装置的物理结构性质不同造成的。弹簧秤是一种机械装置，而电子放大器是一种电子装置。这种由测试装置自身的物理结构所决定的测试系统对信号传输变换的影响称为"测试系统的传输特性"，简称为"系统的传输特性"或"系统的特性"。

任何测试系统都有自己的传输特性。为了正确地描述或反映被测的物理量，或者根据测试系统的输出来识别其输入，必须研究测试系统输出量、输入量及测试系统传输特性三者之间的关系，如图 3.1 所示。图中 $x(t)$ 为输入量（即被测信号），$y(t)$ 为对应的输出量（即测得信号）。假定测试系统具有某种确定的数学功能，在此基础上研究给定的输入信号

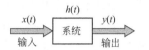

图 3.1　测试系统传输特性、输入量、输出量的关系

通过测试系统会转换成何种输出信号，进而研究测试系统应具有什么样的特性，输出信号才能如实地反映输入信号。

测试系统传输特性与输入/输出量三者之间一般有如下的几种关系。

① 预测。已知输入量 $x(t)$ 和系统的传输特性 $h(t)$，求系统的输出量 $y(t)$。

② 系统辨识。已知系统的输入量 $x(t)$ 和输出量 $y(t)$，分析系统的传输特性 $h(t)$。

③ 反求。已知系统的传输特性 $h(t)$ 和输出量 $y(t)$，测试系统的输出量 $y(t)$ 能否正确地反映输入量 $x(t)$，显然与测试系统本身的特性有密切关系。从测试的角度来看，输入量 $x(t)$ 是待测的未知量，测试人员是根据输出量 $y(t)$ 来判断输入量的。由于测试系统传输特性的影响和外界各种干扰的入侵，难免会使输入量 $x(t)$ 产生不同程度的失真，即输出量 $y(t)$ 是输入量 $x(t)$ 在经过测试系统传输、外界干扰双重影响后的一种结果。只有掌握了测试系统的特性，才能找出正确的使用方法，将失真控制在允许的范围之内，并对失真的大小做出定量分析。或者说，只有掌握了测试系统的特性，才能根据测试要求，合理选用测试仪器。

3.1.2　测试系统的基本要求

测试系统的输出信号应该真实地反映被测物理量的变化过程，即实现不失真。从输入到输出，系统对输入信号进行传输和变换，系统的传输特性将对输入信号产生影响。因此，要使输出真实反映输入的状态，理想的测试系统，其传输特性应该具有单值的、确定的输入-输出关系，即每个确定的输入量，都应有唯一的输出量与之对应，并且以输出量和输入量呈线性关系为最佳。

实际测试系统不可能是理想的线性系统。在静态测试时，测试系统最好具有线性关系，但不是线性关系也可，一般只要求测试系统的静态特性是单值函数，因为在静态测量中可用曲线校正或输出补偿技术作非线性校正。对于动态测试，目前只能对线性系统作较完善的数学处理与分析，而且在动态测试中作非线性校正相当困难，所以要求动态测试系统的传输特性必须是线性的，否则输出信号会产生畸变。然而，实际的测试系统只能在允许误差范围内和一定的工作范围内满足这一要求。

无论是动态测试还是静态测试，都是以系统的输出量去估计输入量，测试的目的是想准确了解被测物理量，但人们通过测试只能得到被测量经过测试系统的各个环节后的输出量，无法测到被测量的真值。研究系统的特性就是为了能使系统尽可能在准确、真实地反映被测量方面做得更好，同时也是为了对现有测试系统的优劣提供客观评价。

3.1.3　测试系统的主要任务

测试系统从大的方面来讲主要是由信号的传感、信号的调理、信号的显示与记录三部分

组成。测试系统的主要任务是用来获取和传递被测对象的各种参量（温度、压力、速度、位移、流量等）。为了将被测的各种参量传输给接收方或观察者，必须采用适当的转换设备将这些参量按一定的规律转换成相对应的信号，一般为电信号，再经合适的传递介质，如传输线、电缆、光缆等将信号传递给接收方。图 3.2 为一个接收物体振动信号的测试系统结构框图，图中假设被测的物理量为一物体的简谐振动，其振动的位移为 x，频率为 f_x。采用位移传感器将该振动信号转换为毫伏量级的电压信号。但同时该传感器也测量到邻近设备的高频干扰信号（噪声），干扰信号也被叠加到有用信号中。采用一个放大器将上述信号放大到一个足以方便计算机进行记录和处理的电平。同时，为了去除干扰信号，在放大之后设置了一个低通滤波器。经过滤波后的信号再送给计算机进行记录或显示。

在上述测试系统中，放大器和低通滤波器组成了系统的信号调理部分，而计算机组成了系统的显示与记录部分。对于不同的被测参量，测试系统的构成及作用原理可以不同。另外，根据测试任务的复杂程度，测试系统也可以有简单和复杂之分。一个较复杂的系统可包括数个功能部件；一个简单的测试系统可仅包括传感器本身。

根据不同作用原理，测试系统可以是机械的、电的和液压的等。尽管这些系统所处理的对象有所不同，但它们都可能具有相同的信号传递特性。实际中，在对待属性各异的各类测试系统时，常常略去系统具体的物理含义，而将其抽象为一个理想化的模型，目的是得到系统共性的规律。将系统中变化着的各种物理量，如力、位移、加速度、电压、电流、光强等称为信号，客观地研究信号作用于测试系统的变化规律，来揭示系统对信号的传递特性。

因此，信号与系统是紧密相关的。信号按一定的规律作用于系统，系统在输入信号的作用下，对其进行"加工"，并输出"加工"后的信号。通常将输入信号称为系统的激励，而将输出信号称为系统的响应。

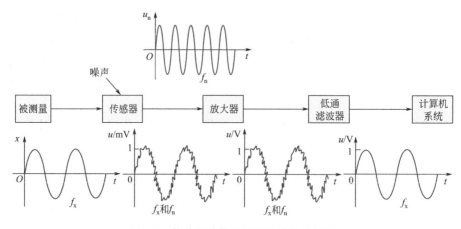

图 3.2 简谐振动信号测试系统结构框图

3.2 振动传感器

振动传感器是将机械振动这一非电量转换成电量的装置，是测试系统的首要环节。目前，典型的机械振动信号测取传感器包括电涡流位移、磁电式速度传感器和压电式加速度传感器三种，可以分别获取机械振动的位移、速度和加速度。本节主要介绍典型振动传感器的工作原理与选型等。

3.2.1 振动传感器工作原理及特点

3.2.1.1 电涡流位移传感器

（1）电涡流位移传感器工作原理

电涡流位移传感器是一种非接触式测振传感器，工作时利用了金属导体在交变磁场中的涡电流效应。金属导体置于变化的磁场中或在磁场中做切割磁力线运动时，导体内将产生呈旋涡状的感应电流，此电流为涡电流，这种现象叫电涡流效应。

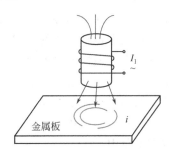

图 3.3 为电涡流位移传感器原理图，传感器主要由线圈和被测金属导体组成。根据电磁感应定律，当线圈通以正弦交变电流 I_1 时，线圈周围空间必然产生正弦交变磁场 H_1，使置于此磁场中的金属导体中产生感应涡电流 I_2，I_2 又产生新的交变磁场 H_2。根据楞次定律，H_2 将反作用于原磁场 H_1。由于涡流磁场的作用，原线圈的等效阻抗 Z 发生变化，变化程度与线圈和导体间的距离 δ 有关，并且还与金属导体的电阻率 ρ、磁导率 μ 以及线圈的激磁电流频率 f 有关。

图 3.3 电涡流位移传感器原理图

如果保持其他参数不变，只改变其中一个参数，传感器线圈阻抗 Z 就是这个参数的单值函数。通过与传感器配用的测量电路测出阻抗 Z 的变化量，即可实现对该参数的测量。

（2）电涡流位移传感器特点

电涡流位移传感器具有线性范围大、灵敏度高、频率范围宽（从零到数千赫兹）、抗干扰能力强、不受油污等介质影响等特点。其结构如图 3.4 所示，典型的测试系统如图 3.5 所示。这类传感器采用非接触方式测量，能方便地测量运动部件与静止部件的间隙变化，例如轴与滑动轴承的振动位移等。这类传感器在汽轮机组、空气压缩机组等回转轴系的振动监测、故障诊断中应用甚广。

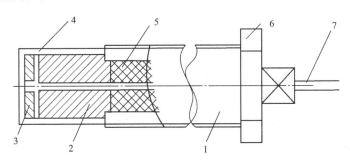

图 3.4 电涡流位移传感器结构示意图

1—壳体；2—框架；3—线圈；4—保护套；5—填料；6—螺母；7—电缆

图 3.5 电涡流位移传感器测试系统

涡流传感器在选型时最根本的依据就是被测对象表面的变化范围（即测量范围）。一般来说，电涡流位移传感器的探头直径越大，其测量范围也越宽，而其灵敏度越小。

3.2.1.2 速度传感器

（1）磁电式速度传感器工作原理

磁电式速度传感器基本原理如图 3.6 所示，有线圈和永久磁铁两个基本元件。当被测物体发生振动时，速度传感器和被测物体一起运动。速度传感器内的支承弹簧的存在，使得永久磁铁和线圈做相对运动，线圈切割磁力线，导体两端感应产生电动势。在磁通密度与导线长度一定时，此电动势与导线切割磁力线的速度成正比。

根据线圈运动方法的不同，这类传感器又可分为相对式和惯性式两种。

图 3.7 为惯性式磁电速度传感器的结构图。磁靴 2 用铝架 5 固定在外壳 4 里。线圈 7、阻尼环 3 通过芯杆连在一起，再通过弹簧片 1 和 9 悬挂在传感器的外壳上。使用时，振动传感器与被测振动体紧固在一起。当被测振动体振动时，壳体也随之振动，线圈阻尼器与壳体间产生相对运动，从而切割磁力线产生感应电动势，此电动势通过接线座 11 输出到后续测量放大电路中。

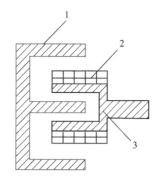 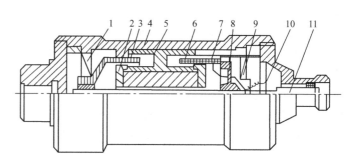

图 3.6 磁电式速度传感器原理
1—永久磁铁；2—线圈；3—运动部分

图 3.7 惯性式磁电速度传感器
1,9—弹簧片；2—磁靴；3—阻尼环；4—外壳；5—铝架；
6—磁钢；7—线圈；8—线圈架；10—导线；11—接线座

（2）速度传感器特点

速度传感器的特点是不需要外部电源，输出阻抗低，不易受电磁场的干扰，即使在复杂的现场，接很长的导线仍能有较高的信噪比。但它不适用于测定冲击振动，惯性式磁电速度传感器的频率范围一般为 8～1000Hz。

速度传感器安装十分方便，多用于移动式的定期检测与诊断场合。

3.2.1.3 加速度传感器

在机械设备故障与诊断中最常用的振动测量参数是加速度。能感受机械设备某些特征参数中加速度的变化，并转换成可用输出信号的装置称为加速度传感器（也有称加速度计）。目前测量加速度的传感器基本上都是基于质量块、弹簧和阻尼组成的惯性测量系统。压电式加速度传感器在机械振动测试中的应用最为广泛。

（1）压电式加速度传感器工作原理

压电式加速度传感器是一种惯性传感器，它的输出电荷与被测的加速度成正比。常用压电式加速度传感器的结构形式如图 3.8 所示。图 3.8(a) 是中心安装压缩型，压电元件-质量块-弹簧系统装在圆形中心支柱上，支柱与基座连接。这种结构有较高的共振频率。然而基座与测试对象连接时，如果基座有变形则将直接影响拾振器输出。此外，测试对象和环境温度变化将影响压电晶片，并使预紧力发生变化，易引起温度漂移。图 3.8（b）为环形剪切型，结构简单，能做成极小型、高共振频率的加速度传感器，环形质量块粘到装在中心支柱上的环形压电元件上。由于黏结剂会随温度增高而变软，因此最高工作温度受到限制。图 3.8（c）为三角剪切型，压电晶片被夹牢在三角形中心柱上。加速度传感器感受轴向振动时，压电晶片承受切应力。这种结构对底座变形和温度变化有极好的隔离作用，有较高的共振频率，且幅频特性线性度好。

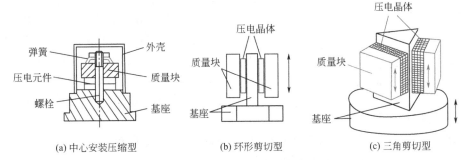

(a) 中心安装压缩型　　(b) 环形剪切型　　(c) 三角剪切型

图 3.8　压电式加速度传感器

（2）压电式加速度传感器力学模型

压电式加速度传感器的力学模型如图 3.9 所示，其壳体和振动系统固接，壳体的振动等于系统的振动。内部的质量块对壳体的相对运动量将作为力学模型的输出，供机-电转换元件转换成电量输出，该输出是振动系统的绝对振动量。不难看出，这种压电式加速度传感器实质上是遵循由基础运动所引起的受迫振动规律，其频率响应特性与二阶系统的幅频和相频特性类似。

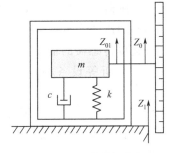

图 3.9　压电式加速度
传感器的力学模型

压电式加速度传感器的幅频特性如图 3.10 所示，在小于 1Hz 的频段中，加速度传感器输出明显减小。加速度传感器的使用上限频率取决于幅频响应曲线中的共振频率。通常传感器仅使用幅频特性的直线部分，因此有效工作频率上限远低于其共振频率，一般测量的上限频率取传感器固有频率的 1/3，这时测得的振动量的误差不大于 12%（约 1dB）。对于灵敏度较高的通用型加速度传感器，其固有频率在 30kHz 左右，故有 10kHz 的测量上限频率。

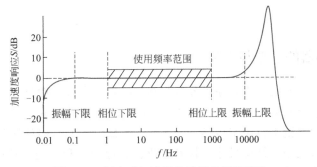

图 3.10　压电式加速度传感器的幅频特性

当振动测量用于机器设备监测与诊断时，对于检测结果的重复性和线性度要求不高，此时采用的频率范围可适当放宽。

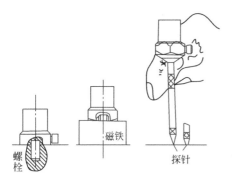

图 3.11 振动加速度传感器
的典型固定方法

图 3.10 所示的加速度传感器幅频特性是在刚性连接的情况下得到的，实际使用时往往不一定采用这种连接方式，因而共振频率和使用上限频率都会有所下降。故障诊断中加速度传感器常用的固定方法见图 3.11。其中采用钢螺栓固定，是可以使共振频率达到出厂共振频率的最好方法；手持探针测振方法在多点巡回测试时使用特别方便，但测量误差较大，重复性差，使用上限频率一般不高于 1000Hz；用专用永久磁铁固定加速度传感器，使用方便，多在低频测量中使用。例如，某种典型的加速度传感器采用上述固定方法的共振频率分别为：钢螺栓固定法约为 31kHz，永久磁铁固定法约为 7kHz，手持法约为 2kHz。

（3）加速度传感器特点

加速度传感器具有较宽的频带（0.2～10000Hz），本身质量较小（一般为 2～50g），动态范围大，灵敏度高（特别是在高频部分更显出其优于其他形式的传感器）等特点，因而在振动测试中得到广泛应用。但在选用加速度传感器时，应注意其工作频率范围，尽量使被测频率在传感器频率特性曲线的线性范围内。

（4）加速度传感器与测试仪器的连接方式

加速度传感器的输出是一个低电平、高阻抗信号，为了与动态信号分析仪等后续数据采集与分析等设备相连，加速度传感器需要用一个电荷放大器来转换电信号，如图 3.12（a）所示。另外还有一种加速度传感器 ICP（integrated circuit piezoelectric，集成电路压电传感器），能直接转换成适合的输出信号与动态信号分析仪连接，如图 3.12（b）所示。ICP 加速度传感器的主要优点是不需要用电荷放大器转换电信号，也不需要用高价的低噪声电缆做信号转换线。由于采用恒流源方式传输信号，ICP 加速度传感器需要外部提供直流电源（24V）。

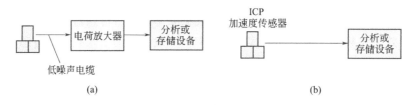

图 3.12 加速度传感器系统配置

3.2.2 振动传感器的选型与安装

在机械设备故障诊断技术中，除了分析与判断故障的类型、性质和损伤程度外，还必须研究被测量的响应、传感器特性及其对应频率范围。对于振动量的故障诊断，机械设备的结构、测量的目的和频率范围将决定传感器的类型，机械设备的结构及其动力特性将决定传感器的配置点，而机械设备的结构尺寸、临界转速、运行经历和预先估计的故障类型和内容，将决定安装多少个传感器。

3.2.2.1 振动传感器的选型原则

测量参数很大程度取决于机器设备本身。例如像汽轮机、旋转压缩机等柔性转子，转子产生的力大部分消耗在转轴和轴承之间的相对运动上，用非接触式传感器测量轴与轴承之间的相对位移是最好的测量方式。相反，对于像电动机等刚性转子，转子产生的力大部分消耗在结构运动上，则最好采用速度传感器或加速度传感器测量壳体振动。

当旋转部件处于不易接触到的设备内部时，一般只能采用速度或加速度传感器，需要时可采用积分方式得到位移信号。

机械设备状态的响应是在选择传感器过程中需要考虑的另一方面，即被测参量在机械设备状态变化时应能显示或响应最大变化量。

机械设备的频率范围是在选择传感器过程中需要考虑的第三方面。如果频率范围包括例如齿轮啮合频率一类高频成分，最好选择加速度传感器测量；如果测量仅限于运转频率，则视具体情况选择位移或速度传感器测量。

振动传感器的工作频率，应涵盖被测量的最高频率或最高有效频率。一般情况下，非接触式位移传感器的上限频率约为 2kHz；速度传感器受结构限制，其频率范围约为 $10 \sim 1500$ Hz；而加速度传感器是所有振动传感器中频率范围最宽的，它能测量的振动频率从低于 0.1Hz 到超过 20kHz。因此，应根据具体工况，合理选择振动参量和传感器，以满足测量要求。

下列情况常用位移传感器：
① 柔性转子。
② 位移幅值参数特别重要时。
③ 低频振动，此时速度或加速度数值太小，不便于采用速度或加速度传感器测量。
下列情况可采用速度传感器：
① 振动频率低时。
② 采用移动方式检测时。速度传感器的使用方法多为手持式接触测量，而非固定方式。
③ 采用振动烈度评价机械故障程度时。
下列情况可采用加速度传感器：
① 滚动轴承或齿轮振动检测，或分析高频域的叶片故障时。
② 高频振动，如果所测量的振动频率高于 1 kHz，就需采用加速度传感器。
③ 测量空间受限制，不允许传感器体积、重量大的场合，宜采用压电加速度传感器。
④ 传感器寿命要求长时。

3.2.2.2 振动传感器的安装方式

传感器选型一经确定，就需采取最合理的安装方式，确保测量过程的可靠性和安全性。仅介绍加速度传感器和电涡流位移传感器的安装方式。

（1）加速度传感器安装方式

除了振动加速度传感器与被测构件的固定方法（图 3.11）以外，还要考虑被检测与诊断部件的位置和故障类型，确定加速度传感器在设备上的合适安装位置。下面以滚动轴承为例进行介绍。

滚动轴承因故障引起的冲击振动由冲击点以半球面波方式向外传播，通过轴承零件、轴承座传到箱体或机架。由于冲击振动所含的频率很高，通过零件的界面传递一次，其能量损失约 80%，因此，测量点应尽量靠近被测轴承的承载区，应尽量减少中间环节，探测点离轴承外圈的距离越短、越直接越好。

图 3.13(a) 表示了传感器位置对故障检测灵敏度的影响。如传感器放在承载方向时灵敏度为 100%，在承载方向 ±45° 方向上降为 95%（−5dB），在轴向则降为 22%～25%（−13～−12dB）。在图 3.13(b) 中，当止推轴承有故障产生冲击向外散发球面波时，如轴承盖正对故障处的读数为 100% 时，在轴承座轴向降为 5%（−19dB）。在图 3.13(c)、(d) 中分别给出了传感器安放的正确位置和错误位置，较粗的弧线表示振动较强烈的部位，较细的弧线表示因振动波通过界面衰减导致振动减弱的情况。

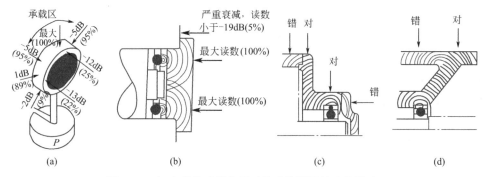

图 3.13　加速度传感器位置对故障检测灵敏度的影响

（2）电涡流位移传感器安装方式

当采用电涡流位移传感器测量轴的径向振动时，要求轴的直径 D 大于探头直径 d 的三倍以上。安装使用这类传感器时要注意在传感器端部附近除了被测物体表面外，不得有其他导体与之靠近，避免传感器端部线圈磁通有一部分从其他导体穿过，从而改变线圈与被测物的耦合状态，如图 3.14 所示。对于图 3.15 所示的支架安装方式，传感器的伸出距离为 $1.5d$ 时最佳。

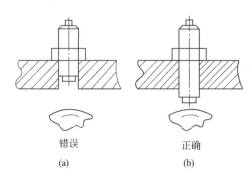

图 3.14　电涡流位移传感器的固定方式(一)

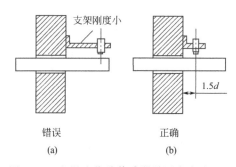

图 3.15　电涡流位移传感器的固定方式(二)

当需要测量轴心位置或轴心轨迹时，每个测点应同时安装两个传感器探头，两个探头应分别安装在轴承两边的同一平面上，相隔 90°±5°。由于轴承盖一般是水平剖分的，因此通常将两个探头分别安装在与垂直中心线成 45° 的左右两侧，如图 3.16 所示。传感器的安装位置示意图如图 3.17 所示。表 3.1 总结性地介绍了传感器测量及安装位置，但这只能作为一般的指导性建议，有些关键设备对传感器的安装要求十分严格，特别是位移和加速度传感器的安装，还应参考厂家介绍的安装方法。

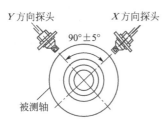

图 3.16　位移传感器的径向布置

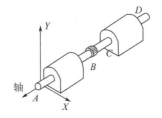

图 3.17　传感器的安装位置示意图

表 3.1　几种通用的机器测量及安装的位置

机器类型	传感器	测量及安装位置
采用滑动轴承的大型蒸汽轮机、压缩机、泵等	位移	在 A、B、C、D 点径向水平和垂直安装
采用滑动轴承的中型汽轮机、泵等	位移	在 A 和 B 点径向水平和垂直安装
	速度	在 A 和 B 点径向水平和垂直安装
采用滑动轴承的电机或风机等	位移或速度	在每个轴承端径向安装，用一个轴位移传感器检测轴向位移
采用滚动轴承的电机、泵或压缩机等	速度和加速度	在每个轴承端径向安装，通常在一台电机上用一个轴向速度/加速度传感器检测轴向振动
采用滚动轴承的齿轮箱等	加速度	传感器安装尽可能地靠近每一个轴承
采用滑动轴承的齿轮箱等	位移	在每一个轴承上径向水平和垂直检测轴向压力磨损

3.3　振动信号采集

振动信号采集是指通过振动传感器获取表征机械设备运行状态的信息，它是判断机械设备健康状态和故障诊断的基础。本节主要介绍振动信号采集过程中的相关理论知识，即采样定理、采样长度与频率分辨率以及泄漏与窗函数。

3.3.1　采样、混叠和采样定理

采样是将信号从连续时间域上的模拟信号转换到离散时间域上的离散信号的过程，采样也称为抽样，是信号在时间上的离散化，即按照一定时间间隔 Δt 在模拟信号 $x(t)$ 上逐点采取其瞬时值。它是通过将采样脉冲和模拟信号相乘来实现的。

（1）时域采样

采样过程可以看作是用等间隔的单位脉冲序列去乘模拟信号。设 $g(t)$ 是间隔为 T_s 的周期脉冲序列

$$g(t) = \sum_{n=-\infty}^{\infty} \delta(t - nT_s)，n = 0, \pm 1, \pm 2, \pm 3, \cdots \tag{3.1}$$

$x(t)$ 为需要采样的模拟信号，由函数的筛选特性可知

$$x(t)g(t) = \int_{-\infty}^{\infty} x(t)\delta(t - nT_s)\mathrm{d}t，n = 0, \pm 1, \pm 2, \pm 3, \cdots \tag{3.2}$$

经时域采样后，各采样点的信号幅值为 $x(nT_s)$。采样原理如图 3.18 所示，其中 $g(t)$ 为采样函数（单位脉冲序列）。T_s 称为采样间隔（或采样周期），$1/T_s = f_s$ 称为采样频率。

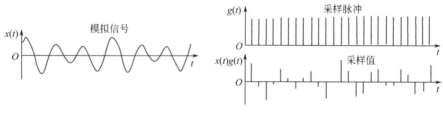

图 3.18　采样原理

由于后续的量化过程需要一定的时间 τ，对于随时间变化的模拟输入信号，要求瞬时采样值在时间 τ 内保持不变，这样才能保证转换的正确性和转换精度，这个过程即为采样保持。由于有了采样保持，因此采样后的信号是阶梯形的连续函数。

（2）采样间隔和频率混叠

采样的基本问题是如何确定合理的采样间隔 Δt 以及采样长度 T，以保证采样所得的数字信号能真实地代表原来的连续信号 $x(t)$。

一般来讲，采样频率 f_s 越高，采点越密，所获得的数字信号越逼近原信号。然而，当采样长度 T 一定时，$f_s(f_s=1/\Delta t)$ 越高，数据量 $N=T/\Delta t$ 越大，所需的计算机存储量和计算量就越大；反之，当采样频率降低到一定程度时，就会丢失或歪曲原来信号的信息。

香农（Shannon）采样定理给出了带限信号不丢失信息的最低采样频率为 $f_s \geqslant 2f_{max}$，此处，f_{max} 为原信号中最高频率成分的频率。如果不能满足此采样定理，将会产生频率混叠现象。这可以用谐波的周期性加以说明。因为有

$$\cos(2\pi fn\Delta t)=\cos(2\pi nm \pm 2\pi fn\Delta t)=\cos[2\pi n\Delta t(m/\Delta t \pm f)], \ m=0,1,2,\cdots \quad (3.3)$$

如果原来的连续信号是 $\cos(2\pi f'nt)$，并且有

$$f'=m/\Delta t \pm f=mf_s \pm f, \ m=0,1,2,\cdots \quad (3.4)$$

则采样所得的信号都可为 $\cos(2\pi fn\Delta t)$（上式中 f' 只取正值）。例如当 $f=f_s/4$ 时，f' 可为 $f_s/4$、$3f_s/4$、$7f_s/4$ 等。也就是说在原始信号的频率为 $f_s/4$、$3f_s/4$、$7f_s/4$ 等时，经采样所得的数字信号的频率均为 $f_s/4$，这意味着发生了频率混叠。这从图 3.19 可以看得很清楚，有"○"的点即为取样值，下面三个图中的虚线表示采样后的波形均产生了频率混叠。如果限制 $f' \leqslant f_s/2$ 就不会发生频率混叠现象。

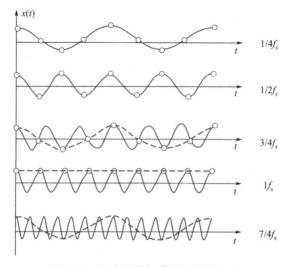

图 3.19　频率混叠与采样频率的关系

根据信号的傅里叶变换可以从另一个角度来理解频率混叠的机理。

频率混叠是由于采样以后采样信号频谱发生变化，而出现高、低频成分混叠的一种现象，如图 3.20 所示。

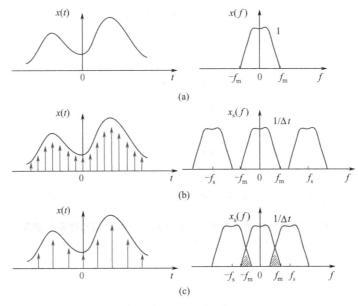

图 3.20　采样频率的混叠现象

图 3.20(a) 表明，信号的傅里叶变换为 $X(f)$，其频带范围为 $-f_m \sim f_m$，采样信号 $x_s(t)$ 的傅里叶变换是一个周期性谱图，周期为 Δt，且 $f_s = 1/\Delta t$。

图 3.20(b) 表明，当满足采样定理，即 $f_s \geqslant 2f_m$ 时，周期谱图相互分离。

而图 3.20(c) 表明，当不满足采样定理，即 $f_s < 2f_m$ 时，周期谱图相互重叠，即谱图之间高频与低频部分发生重叠，这使信号复原时产生混叠。

状态监测与故障诊断工作需要真实的数字信号，因此必须解决频率混叠的问题。从上述理论反推，可以知道解决频率混叠的办法如下。

① 提高采样频率以满足采样定理，一般工程中取 $f_s = (2.56 \sim 4)f_m$。

② 用低通滤波器滤掉不必要的高频成分以防频率混叠产生，此时的低通滤波器也称为抗混叠滤波器，如滤波器的截止频率为 f_{cut}，则 $f_{cut} = f_s/(2.56 \sim 4)$。

（3）采样定理

为了避免混叠，以便采样后仍能准确地恢复原信号，采样频率 f_s 必须不小于信号最高频率 f_m 的 2 倍，即 $f_s \geqslant 2f_m$，这就是采样定理。在实际工作中，一般采样频率应选为被处理信号中最高频率的 3～4 倍以上。

如果确知测试信号中的高频成分是由噪声干扰引起的，为满足采样定理并且不使数据过长，常在信号采样前先进行滤波预处理。这种滤波器称为抗混叠滤波器。抗混叠滤波器不可能有理想的截止频率 f_{cut}，在 f_{cut} 之后总会有一定的过渡带。由此，要绝对不产生混叠实际上是不可能的，工程上只能保证足够的精度。如果只对某一频带感兴趣，那么可用带通滤波器滤掉其他频率成分，这样就可以避免混叠并减少信号中其他成分的干扰。

3.3.2 采样长度与频率分辨率

当采样间隔 Δt 一定时，采样长度 T 越长，数据 N 就越大。为了减少计算量，T 不宜过长。但是若 T 过短，则不能反映信号的全貌，因为在作傅里叶分析时，频率分辨率 Δf 与采样长度 T 成反比

$$\Delta f = 1/T = 1/(N\Delta t) \tag{3.5}$$

显然，需要综合考虑、合理解决采样频率与采样长度之间的矛盾。

一般在信号分析中，采样点数 N 选取 2^n，使用较多的有 512、1024、2048 等。若各挡分析频率范围取 $f_c = f_s/2.56 = 1/(2.56\Delta t)$，则

$$\Delta f = 1/(N\Delta t) = 2.56 f_c/N = (1/200, 1/400, 1/800) f_c \tag{3.6}$$

表 3.2 给出了在不同分析频率范围、采样点数的采样频率和相应的频率分辨率，在满足采样定理的要求下尽可能取较低的采样频率以保证足够高的频率分辨率。

表 3.2　不同分析频率范围、采样点数的采样频率和频率分辨率

分析频率范围 f_c/Hz	采样频率 f_s/Hz	采样点数					
		512		1024		2048	
		T/s	Δf/Hz	T/s	Δf/Hz	T/s	Δf/Hz
10	25.6	20	0.05	40	0.025	80	0.0125
20	51.2	10	0.1	20	0.05	40	0.025
50	128	4	0.25	8	0.125	16	0.0625
100	256	2	0.5	4	0.25	8	0.125
200	512	1	1	2	0.5	4	0.25
500	1280	0.4	2.5	0.8	1.25	1.6	0.625
1000	2560	0.2	5	0.4	2.5	0.8	1.25
2000	5120	0.1	10	0.2	5	0.4	2.5
5000	12800	0.04	25	0.08	12.5	0.16	6.25
10000	25600	0.02	50	0.04	25	0.08	12.5

在旋转机械状态监测与故障诊断系统中，多采用整周期采样。假定对旋转频率为 f 的机组每周期均匀采集 m 个点，共采 J 个周期，则采样点数 N 为

$$N = mJ \tag{3.7}$$

$$\Delta t = \frac{1}{f} \times \frac{1}{m} = \frac{1}{mf} \tag{3.8}$$

$$\Delta f = \frac{1}{N\Delta t} = \frac{mf}{mJ} = \frac{f}{J} \tag{3.9}$$

$$J\Delta f = f \tag{3.10}$$

这就保证了关键频率的准确定位。例如对于每周期采 32 点、每次采样 32 个周期的信号，有 $N = 32 \times 32 = 1024$，$\Delta f = f/32$，$32\Delta f$ 正好是旋转频率 f。

3.3.3 泄漏与窗函数

(1) 泄漏现象

信号的时间历程是无限的，然而当运用计算机对工程测试信号进行处理时，不可能对无限长的信号进行运算，而是取其有限的时间长度进行分析，这就需要对信号进行截断。截断相当于对无限长的信号加一个权函数，这个权函数在信号分析处理中称为谱窗或窗函数。这里"窗"的含义是透过窗口能够观测到整个全景的一部分，而其余则被遮蔽（视为零）。例如图3.21所示，余弦信号 $x(t)$ 在时域分布为无限长，当用矩形窗函数 $w(t)$ 与其相乘时，得到截断信号 $X_T(t) = x(t)w(t)$。

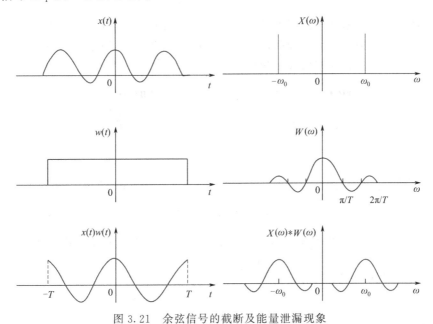

图 3.21 余弦信号的截断及能量泄漏现象

将截断信号 $X_T(\omega)$ 的谱与原始信号 $X(\omega)$ 的谱相比较可知，它已不是原来的两条谱线，而是两段振荡的连续谱。这表明原来的信号被截断以后，其频谱发生了畸变，原来集中在 ω_0 处的能量被分散到两个较宽的频带中去了，这种现象称为泄漏。

信号截断以后产生能量泄漏现象是必然的，因为窗函数 $\omega(t)$ 是一个频带无限的函数，所以即使原信号 $x(t)$ 是有限带宽信号，而在截断以后也必然成为无限带宽的函数，即信号在频域的能量与分布被扩展了。又由采样定理可知，无论采样频率多高，只要信号一经截断，就不可避免地引起混叠，因此信号截断必然导致一些误差，这是信号分析中不容忽视的问题。

如果增大截断长度 T，即矩形窗口加宽，则窗谱 $W(\omega)$ 将被压缩变窄（π/T 减小），泄漏误差将减小。当窗口宽度 T 趋于无穷大时，即不截断，就不存在泄漏误差。

泄漏与窗函数频谱的两侧旁瓣有关，如果使侧瓣的高度趋于零，而使能量相对集中在主瓣，就可以较为接近于真实的频谱，为此，在时域中可采用不同的窗函数来截断信号。

(2) 常用窗函数

实际应用的窗函数，可分为以下主要类型：

① 幂窗。采用时间变量的某种幂次的函数，如矩形、三角形、梯形或其他时间的高次幂。

② 三角函数窗。应用三角函数，即正弦或余弦函数等组合成复合函数，例如汉宁窗、

海明窗等。

③ 指数窗。采用指数时间函数，如 e^{at} 形式，例如高斯窗等。

下面介绍几种常用窗函数的性质和特点。

① 矩形窗。矩形窗属于时间变量的零次幂窗，函数形式为

$$w(t)=\begin{cases}\dfrac{1}{T} & (|t|\leqslant T)\\[2mm] 0 & (|t|>T)\end{cases}\tag{3.11}$$

相应的窗函数频谱为

$$W(\omega)=\frac{2\sin(\omega T)}{\omega T}\tag{3.12}$$

矩形窗使用最多。通常不指明加某种类型窗时，就是使信号通过了矩形窗。这种窗的优点是主瓣比较集中，缺点是旁瓣较高，并有负旁瓣，如图 3.22 所示。这种特点导致变换中带进了高频干扰和泄漏，甚至出现负频谱。

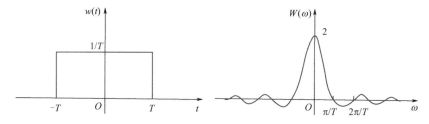

图 3.22　矩形窗函数

② 三角窗。三角窗亦称费杰（Fejer）窗，是幂窗的一次方形式，其定义为

$$w(t)=\begin{cases}\dfrac{1}{T}\left(1-\dfrac{|t|}{T}\right) & (|t|\leqslant T)\\[2mm] 0 & (|t|>T)\end{cases}\tag{3.13}$$

相应的窗函数频谱为

$$W(\omega)=\left[\frac{\sin(\omega T/2)}{\omega T/2}\right]^2\tag{3.14}$$

三角窗与矩形窗相比，主瓣宽约等于矩形窗的两倍，但旁瓣小，而且无负旁瓣，如图 3.23 所示。

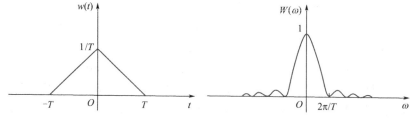

图 3.23　三角窗函数

③ 汉宁窗。汉宁（Hanning）窗又称升余弦窗，如图 3.24 所示，其时域表达式为

$$w(t)=\begin{cases}\dfrac{1}{T}\left(\dfrac{1}{2}+\dfrac{1}{2}\cos\dfrac{\pi t}{T}\right) & (|t|\leqslant T)\\[2mm] 0 & (|t|>T)\end{cases}\tag{3.15}$$

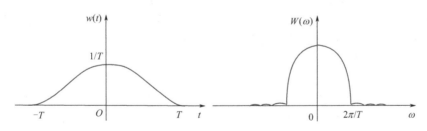

图 3.24　汉宁窗函数

相应的窗函数频谱为

$$W(\omega)=\frac{\sin(\omega T)}{\omega T}+\frac{1}{2}\left[\frac{\sin(\omega T+\pi)}{\omega T+\pi}+\frac{\sin(\omega T-\pi)}{\omega T-\pi}\right] \tag{3.16}$$

由式(3.16) 可知，汉宁窗可以看作是 3 个矩形窗函数的频谱之和，或 3 个 $\sin[\omega T]$ 型函数之和，括号中的两项相对于第一个矩形窗的频率向左、右各移动了 π，从而使旁瓣互相抵消，消去高频干扰和能量泄漏。可以看出，汉宁窗主瓣加宽并降低，旁瓣则显著减小。从减少泄漏的角度而言，汉宁窗优于矩形窗。但汉宁窗主瓣加宽，相当于分析带宽加宽，致使频率分辨力下降。

④ 海明窗。海明（Hamming）窗也是一种余弦窗，又称改进的升余弦窗，其时域表达式为

$$w(t)=\begin{cases}\dfrac{1}{T}\left(0.54+0.4\cos\dfrac{\pi t}{T}\right) & (|t|\leqslant T)\\[2mm]0 & (|t|>T)\end{cases} \tag{3.17}$$

相应的频谱为

$$W(\omega)=1.08\frac{\sin(\omega T)}{\omega T}+0.46\left[\frac{\sin(\omega T+\pi)}{\omega T+\pi}+\frac{\sin(\omega T-\pi)}{\omega T-\pi}\right] \tag{3.18}$$

海明窗与汉宁窗都是余弦窗，只是加权系数不同。海明窗的加权系数能使旁瓣达到更小。分析表明，海明窗的第一旁瓣衰减为 42dB。海明窗的频谱由 3 个矩形窗的频谱合成，其旁瓣衰减速度为 20dB/10 倍频，这比汉宁窗衰减速度慢。海明窗与汉宁窗都是实际工程中常用的窗函数。

⑤ 高斯窗。高斯窗是一种指数窗。其时域表达式为

$$w(t)=\begin{cases}\dfrac{1}{T}\mathrm{e}^{-at^2} & (|t|\leqslant T)\\[2mm]0 & (|t|>T)\end{cases} \tag{3.19}$$

式中，a 为常数，决定了函数曲线衰减的快慢。如果 a 值选取适当，可以使截断点（T 为有限值）处的函数值比较小，则截断造成的影响就比较小。高斯窗没有负的旁瓣，第一旁瓣衰减达 55dB。高斯窗的主瓣较宽，频率分辨力低。高斯窗函数常用来截断一些非周期信号，如指数衰减信号等。

除了以上几种常用的窗函数外，尚有许多种其他窗函数，如布莱克曼（Blackman）窗、帕仁（Parzen）窗、凯塞（Kaiser）窗等。由于不同的窗函数，产生泄漏的大小不同，其频率分辨力也不尽相同，因此，窗函数的选择对信号频谱分析有很大的影响。信号的截断产生了能量泄漏，利用 FFT（快速傅里叶变换，fast Fourier transform）算法计算频谱又将产生栅

栏效应，从原理上讲这两种误差都是不能消除的，但是可以通过选择不同的窗函数对它们的影响进行抑制。图 3.25 是几种常用的窗函数的时域和频域波形，其中矩形窗主瓣窄，旁瓣大，频率识别精度最高，幅值识别精度最低；布莱克曼窗主瓣宽，旁瓣小，频率识别精度最低，但幅值识别精度最高。

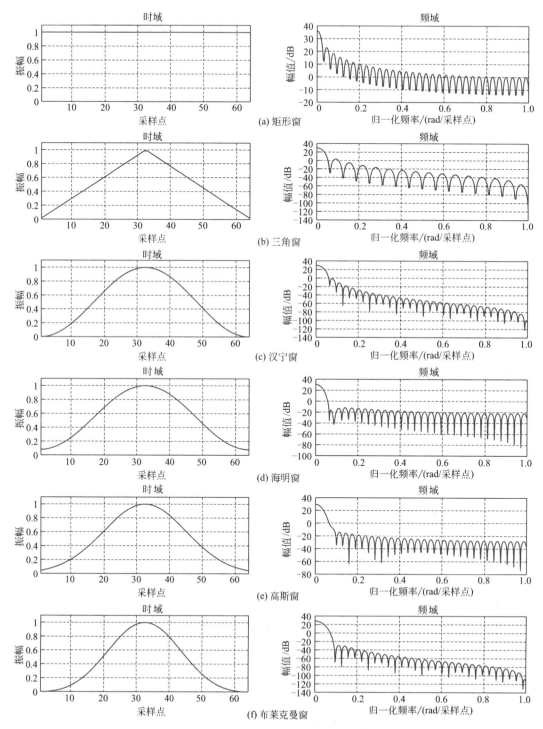

图 3.25　几种常用的窗函数的时域和频域波形

在选择窗函数时，应考虑被分析信号的性质与处理要求。如果仅要求精确读出主瓣频率，而不考虑幅值精度，则可选用主瓣宽度比较窄且便于分辨的矩形窗，例如测量物体的自振频率时等；如果分析窄带信号，且有较强的干扰噪声，则应选用旁瓣幅度小的窗函数，如汉宁窗、三角窗等；对于随时间按指数衰减的函数，可采用指数窗来提高信噪比。

例如对连续谐波信号 $f(t) = \cos(2\pi f_0 t)$ 进行截断，其中 $f_0 = 20\text{Hz}$。在采样间隔为 0.005s 进行采样处理后，在 MATLAB 中进行傅里叶变换分析。若截断长度为 0.6s，窗函数分别选择矩形窗函数、汉宁窗函数，绘制其截断后的信号时域波形及频谱图，如图 3.26 所示。

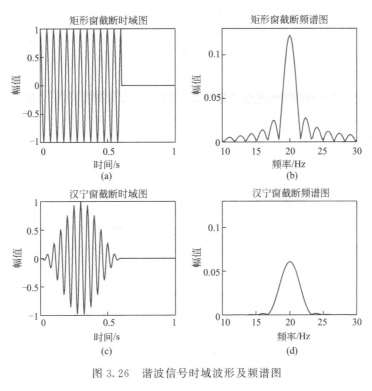

图 3.26　谐波信号时域波形及频谱图

3.4　振动信号预处理

被测量经传感器转换后通常是很微弱的非电压信号，也很难通过 A/D 转换（模数转换）器送入仪器或计算机进行数据采集，有些信号本身还伴随着不需要的干扰信息，所以传感器输出的信号需要经过预处理，将微弱的电压信号放大、抑制干扰等。振动信号预处理涉及的范围很广，本节介绍常用的信号预处理方法，如调制与解调、使用滤波器等。

3.4.1　信号调制的概念

在测试技术中，一些被测量，如力、位移、温度等，经过传感器变换后，多为低频缓变信号，且信号很微弱，无法直接推动仪表，故需要放大。若用直流放大器，由于存在零点漂移、级间耦合等问题不易解决，所以往往先把缓变信号变为频率适当的高频交流信号，然后利用交流放大器进行放大，再恢复到原来的直流缓变信号。这种变换过程称为调制与解调，其基本过程如图 3.27 所示，它被广泛用于传感器和测量电路中。

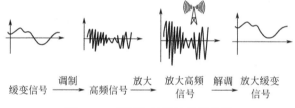

缓变信号 —调制→ 高频信号 —放大→ 放大高频信号 —解调→ 放大缓变信号

图 3.27　调制与解调过程示意图

　　调制是用人们想传送的低频缓变信号去控制或改变人为提供的高频信号（载波）的某个参数（幅值、频率或相位），使该参数随低频缓变信号的变化而变化。这样，原来的缓变信号就被这个受控制的高频振荡信号所携带，而后可以进行该高频信号的放大和传输，从而得到最好的放大和传输效果。

　　一般将控制高频振荡的低频缓变信号（被测信号）称为调制信号，载送低频缓变信号的高频振荡信号称为载波，经过调制后的高频振荡信号称为已调制波。当被控制参数分别为载波的幅值、频率和相位时，出现三种调制方式，分别称为：幅值调制（AM），即调幅；频率调制（FM），即调频；相位调制（PM），即调相。其调制后的波形分别称为调幅波、调频波和调相波。调幅波、调频波和调相波都是已调制波，测试技术中常用的是幅值调制和频率调制。

　　图 3.28 所示从上到下分别为载波信号、调制信号、调幅波、调频波。

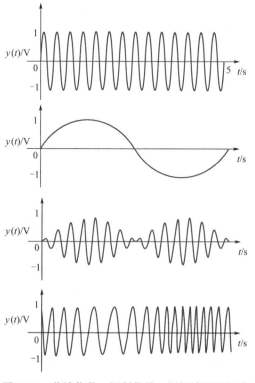

图 3.28　载波信号、调制信号、调幅波及调频波

3.4.2 调幅的原理

调幅是将一个高频载波（正弦或余弦信号）与被测缓变信号（调制信号）相乘，使载波的幅值随被测信号的变化而变化。

调幅时，载波、调制信号及已调制波的关系如图 3.29 所示。现以频率为 f_0 的余弦信号 $\cos(2\pi f_0 t)$ 作为载波进行讨论。

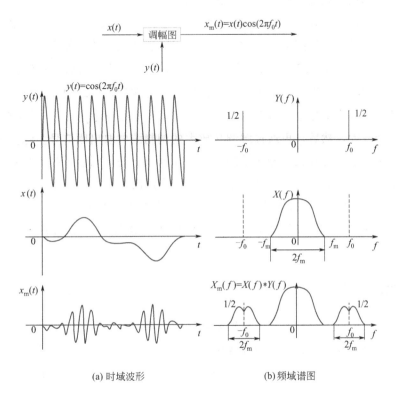

(a) 时域波形   (b) 频域谱图

图 3.29 调幅过程

设调制信号为被测信号 $x(t)$，其最高频率成分为 f_m，载波信号为 $\cos(2\pi f_0 t)$（要求 $f_0 \geqslant 2f_m$），则可得调制波

$$x(t)\cos(2\pi f_0 t) = \frac{1}{2}\left[x(t)e^{-2jf_0 t} + x(t)e^{2jf_0 t}\right], \quad j = \sqrt{-1} \qquad (3.20)$$

如果已知傅里叶变换对 $x(t) \underset{\text{IFT}}{\overset{\text{FT}}{\Longleftrightarrow}} X(f)$，根据傅里叶变换的性质：在时域中两个信号相乘，则对应频域中为两个信号进行卷积，即

$$x(t)y(t) \leftrightarrow X(f)*Y(f) \qquad (3.21)$$

而余弦函数的频域图形是一对脉冲谱线，即

$$\cos(2\pi f_0 t) \leftrightarrow \frac{1}{2}\delta(f - f_0) + \frac{1}{2}\delta(f + f_0) \qquad (3.22)$$

利用傅里叶变换的性质，可得

$$x(t)\cos(2\pi f_0 t) \leftrightarrow \frac{1}{2}[X(f)\delta(f-f_0)+X(f)\delta(f+f_0)] \tag{3.23}$$

由单位脉冲函数的性质可知，一个函数与单位脉冲函数卷积的结果，就是将其频谱图形由坐标原点平移至该脉冲函数频率处。所以，如果以高频余弦信号作载波，把信号 $x(t)$ 与载波信号相乘，其结果相当于把原信号 $x(t)$ 的频谱图形由原点平移至载波频率 f_0 处，其幅值减半［即式(3.23) 中的 1/2］，如图 3.29 所示。

这一过程即调幅，调幅过程相当于频谱"搬移"过程。

从调制过程看，载波频率 f_0 必须高于被测信号 $x(t)$ 的最高频率 f_m 才能使已调制波仍能保持原被测信号的频谱图形，不致重叠。为了减少放大电路可能引起的失真，被测信号的频宽（$2f$）相对于中心频率（载波频率 f_0）越小越好。调幅以后，被测信号 $x(t)$ 中所包含的全部信息均转移到以 f_0 为中心、宽度为 $2f_m$ 的频带范围之内，即将被测信号从低频区推移至高频区。因为信号中不包含直流分量，可以用中心频率为 f_0、通频带宽是 $\pm f_m$ 的窄带交流放大器放大，然后，再通过解调从放大的调制波中取出原信号。综上所述，调幅过程在时域上是调制信号与载波信号相乘的运算；在频域上是调制信号频谱与载波信号频谱卷积的运算，是一个频移的过程。这是调幅得以广泛应用的重要理论依据。

调幅的频移功能在工程技术上具有重要的使用价值。例如，广播电台把声频信号移频至各自分配的高频、超高频频段上，既便于放大和传递，也可避免各电台之间的干扰。

3.4.3 调幅波解调

为了从调幅波中将原被测信号恢复出来，就必须对调制信号进行解调。常用的解调方法有同步解调、整流检波解调和相敏检波解调。下面主要介绍同步解调原理。

同步解调是将已调制波 $x_m(t)=x(t)\cos(2\pi f_0 t)$ 与原载波信号 $\cos(2\pi f_0 t)$ 再做一次乘法运算

$$x(t)\cos(2\pi f_0 t)\cos(2\pi f_0 t)=\frac{1}{2}x(t)+\frac{1}{2}x(t)\cos(2\pi f_0 t) \tag{3.24}$$

则频域图形将再一次进行"搬移"，即 $x_m(t)$ 与 $\cos(2\pi f_0 t)$ 乘积的傅里叶变换

$$F[x_m(t)\cos(2\pi f_0 t)]=\frac{1}{2}X(f)+\frac{1}{4}X(f+2f_0)+\frac{1}{4}X(f-2f_0) \tag{3.25}$$

将以坐标原点为中心的已调制波频谱，再"搬移"到载波中心 f_0 处。由于载波频谱与原来调制时的载波频谱相同，第二次"搬移"后的频谱有一部分"搬移"到原点处，所以同步解调后的频谱包含两部分，即与原调制信号相同的频谱和附加的高频频谱（中心频率为 $2f_0$）。与原调制信号相同的频谱是恢复原信号波形所需要的，附加的高频频谱则是不需要的。当用低通滤波器滤去大于 f_m 的成分时，则可以复现原信号（被测信号）的频谱，也就是说在时域恢复了原波形（只是其幅值减小一半，这可用放大处理来补偿）。这一过程称为同步解调，"同步"指解调时所乘的信号与调制时的载波信号具有相同的频率和相位。图 3.30 中高于低通滤波器截止频率 f_c 的频率成分将被滤去。

调制与解调过程可以从数学分析、波形分析及频谱分析的角度进行说明，其过程示意如图 3.31、图 3.32 及图 3.33 所示。

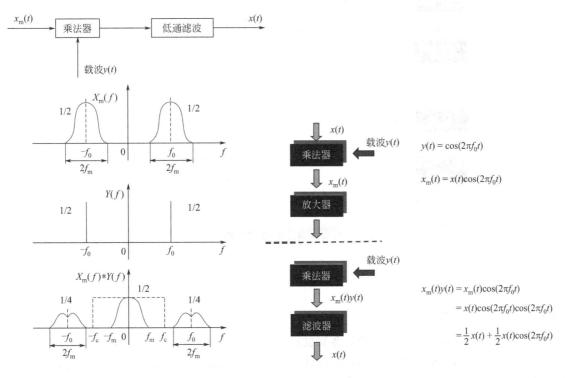

图 3.30　同步解调过程

图 3.31　调制解调过程-数学分析

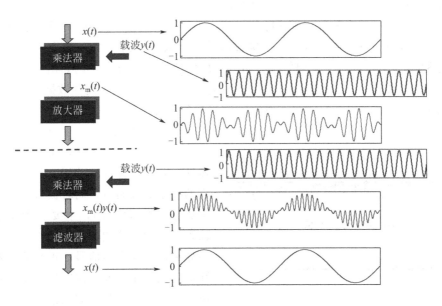

图 3.32　调制解调过程-波形分析

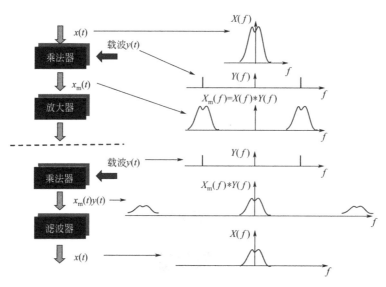

图 3.33 调制解调过程-频谱分析

3.4.4 滤波器概述及分类

3.4.4.1 滤波器概述

波、波形、信号这些概念表达的是客观世界中各种物理量的变化，也是现代社会赖以生存的各种信息的载体。信息需要传播，靠的就是波形信号的传递。信号在它产生、转换、传输的每一个环节都可能由于环境和干扰的存在发生畸变，甚至是在相当多的情况下，这种畸变还很严重，以至于信号及其所携带的信息被深深地埋在噪声中。滤波，本质上是从被噪声畸变和污染了的信号中提取原始信号所携带信息的过程。

滤波是将信号中特定波段频率滤除的操作，是抑制和防止干扰的一项重要措施。滤波一词起源于通信理论，它是从含有干扰的接收信号中提取有用信号的一种技术。"接收信号"相当于被观测的随机过程，"有用信号"相当于被估计的随机过程。例如用雷达跟踪飞机测得的飞机位置的数据中，含有测量误差及其他随机干扰，如何利用这些数据尽可能准确地估计出飞机在每一时刻的位置、速度、加速度等，并预测飞机未来的位置，就是一个滤波与预测的问题。这类问题在电子技术、航天科学、控制工程及其他科学技术领域中都大量存在。

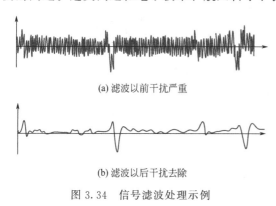

(a) 滤波以前干扰严重

(b) 滤波以后干扰去除

图 3.34 信号滤波处理示例

滤波器，顾名思义，是对波进行过滤的器件。它是一种选频装置，只允许信号中特定的频率成分通过，同时极大地衰减其他频率成分（无用信号），主要用于滤除或削弱输入信号中不希望包含的噪声、干扰等的频率分量，提取有用信号。正是滤波器的这种筛选功能，使滤波器被广泛用于消除干扰噪声和进行系统或装置的频谱分析。利用滤波器还可实现某种运算，如积分器、微分器。图 3.34 所示为滤波器的一个应用示例。

3.4.4.2　滤波器的类型

信号进入滤波器后，部分特定的频率成分可以通过，而其他频率成分极大地衰减，对于一个滤波器，信号能通过的频率范围称为该滤波器的通频带（或频率通带），受到很大衰减或完全被抑制的频率范围称为频率阻带，通带与阻带的交界点，称为截止频率。

（1）按选频范围分类

按所通过信号的频段分类：根据滤波器的不同选频范围，滤波器可分为低通、高通、带通和带阻四种滤波器，如图 3.35 所示。

① 低通滤波器。允许信号中的低频或直流分量通过，抑制高频分量的滤波器，称为低通滤波器。

在 $0 \sim f_2$ 频率之间，幅频特性平直，如图 3.35(a) 所示。它可以使信号中低于 f_2 的频率成分几乎不受衰减地通过，而高于 f_2 的频率成分都被衰减掉，故称为低通滤波器，f_2 称为低通滤波器的上截止频率。

② 高通滤波器。滤除低频信号或信号中的直流分量，允许高频信号通过的滤波器，称为高通滤波器。

当频率大于 f_1 时，其幅频特性平直，如图 3.35(b) 所示。它使信号中高于 f_1 的频率成分几乎不受衰减地通过，而低于 f_1 的频率成分则被衰减掉，故称为高通滤波器，f_1 称为高通滤波器的下截止频率。

③ 带通滤波器。它允许一定频段的信号通过，抑制低于或高于该频段的信号。

其通频带在 f_1 到 f_2 之间。信号中高于 f_1 而低于 f_2 的频率成分可以几乎不受衰减地通过，如图 3.35(c) 所示，而其他的频率成分则被衰减掉，所以称为带通滤波器。f_1、f_2 分别称为此带通滤波器的下、上截止频率。

④ 带阻滤波器。它抑制一定频段内的信号，允许该频段以外的信号通过。与带通滤波器相反，带阻滤波器的阻带在频率 f_1 到 f_2 之间，信号中高于 f_1 而低于 f_2 的频率成分受到极大的衰减，其余频率成分几乎不受衰减地通过，如图 3.35(d) 所示。

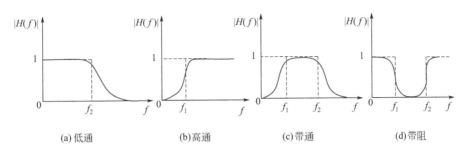

图 3.35　四种滤波器的幅值特性

（2）按所处理信号分类

根据滤波器所处理信号的性质，分为模拟滤波器和数字滤波器两种。

① 模拟滤波器。在测试系统或专用仪器仪表中，模拟滤波器是一种常用的变换装置。

② 数字滤波器。数字滤波器与模拟滤波器相对应，在离散系统中广泛应用数字滤波器。它的作用是利用离散时间系统的特性对输入信号波形或频率进行加工处理。或者说，把输入

信号变成一定的输出信号，从而达到改变信号频谱的目的。数字滤波器一般可以用两种方法来实现：一种方法是用数字硬件装配成一台专门的设备，这种设备称为数字信号处理机；另一种方法就是直接利用计算机，将所需要的运算编成程序让计算机来完成，即利用计算机软件来实现。

近年来，数字滤波技术已得到广泛应用，模拟滤波技术在自动检测、自动控制以及电子测量仪器中也得到广泛应用。

第4章　机械振动信号分析基础

学习目标

1. 了解信号的概念和分类。
2. 掌握典型时域分析方法的基本原理和特点，并能熟练应用。
3. 掌握典型幅域分析方法的基本原理和特点，并能熟练应用。
4. 掌握典型频域分析方法的基本原理和特点，并能熟练应用。
5. 了解典型时频分析方法的基本原理和特点，并能初步应用。
6. 了解变转速工况下信号处理方法及其应用。

信号分析是设备故障诊断最基本的方法，通过对信号进行分析、处理、变换、综合和识别，可以判断设备运行状态和诊断设备故障，同时也可以预测设备的运行趋势。机械振动信号分析的基本方法有时域分析、幅域分析、频域分析和时频域分析等。本章主要介绍信号概念与分类以及常用的机械振动信号分析方法。

4.1　信号的概念与分类

从不同角度看，信号有不同的定义。如从物理角度来看，信号就是承载某种或某些信息的物理量的变化历程。从数学角度来看，信号就是某一变量随时间或频率或其他变量而变化的函数。从工程角度来看，信号通常表现为随时间变化的物理量，如加速度、速度、位移、力、声、光、电等数据或波形，通常是由某一检测仪器（如传感器）从某一物理系统中检测得到。信号无处不在，日常生活中也常见各类信号，如图4.1所示。

(a) 视觉信号　　　　　(b) 触觉信号　　　　　(c) 求救信号　　　　　(d) 雷达信号

图 4.1　生活中的信号

信号的幅值不随时间变化时称为静态信号。工程中所遇到的信号多为动态信号，其幅值随时间变化。实际上，幅值随时间变化很缓慢的信号也可以看作静态信号或准静态信号。信号有很多种分类方式，从信号描述上，动态信号可以分为用确定的时间函数来表达的确定性信号和不能用时间函数来描述的随机信号（非确定性信号），一般分类如下：

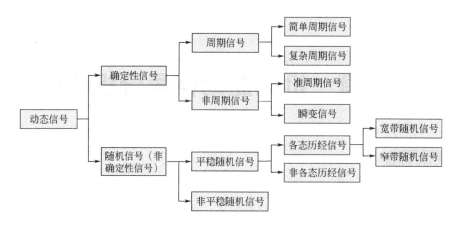

4.1.1 确定性信号与随机信号

（1）确定性信号

确定性信号是指能明确地用数学关系式来描述的信号。确定性信号还可分为周期信号、非周期信号，周期信号还可分为简单周期信号和复杂周期信号。周期信号就是经过一定时间可以重复出现的信号，如旋转机械故障转子不平衡信号就是一种以转子转动频率为周期的振动信号。周期信号还可分为简单周期信号（如简谐周期信号）和复杂周期信号（如周期性方波信号）。正弦信号是简谐周期信号，又称简谐信号或谐波信号，是最常见的简单周期信号，数学表达式是正弦函数。其他周期信号可称为非简谐周期信号。非周期信号是指不会重复出现的信号，又可以分为瞬态信号（也称瞬变信号）和准周期信号。瞬态信号即持续时间有限的信号，如锤子敲击产生的瞬态振动。瞬态振动是只在某一确定时间段内才发生的振动，可用脉冲函数和衰减函数确定。准周期信号由有限个周期信号合成，但各周期信号频率之比不是有理数关系，合成信号不满足周期条件。当几个不相关的周期性现象混合作用时，常常会产生准周期信号。如，多机组发动机不同步时的振动信号属于准周期信号，多个独立的振源激起的振动响应或一些调制信号往往是准周期信号。

在实际工程中，判断信号是确定性的还是非确定性的，通常以实验为依据。在一定误差范围之内，如果一个物理过程能够通过多次重复得到相同的结果，则可以认为这种信号是确定性的。如果一个物理过程不能通过重复实验而得到相同的结果，或者不能预测其观测结果，则可以认为这种信号是非确定性信号（随机信号）。

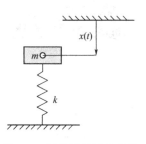

图 4.2　简单弹性质量系统

如图 4.2 所示，集中参数的单自由度系统做无阻尼自由振动时，其位移信号 $x(t)$ 是确定性的。它可以用式（4.1）来描述质量块 m 的精确位置

$$x(t) = x_0 \sin\left(\sqrt{\frac{k}{m}} t + \varphi_0\right) \qquad (4.1)$$

式中　x_0，φ_0——取决于初始条件的常数；

　　　　m——质量；

　　　　k——弹性系数；

　　　　t——时间变量。

式 (4.1) 确定了质量块 m 的瞬时精确位置，因此位移信号 $x(t)$ 是确定性信号。而且它也是最简单的周期信号，只有一个频率成分。

(2) 随机信号

不能用数学关系式描述的信号称为非确定性信号，也称随机信号。例如，对同一事物的变化过程多次地进行测量，所得的信号是不同的，波形在无限长的时间内不会重复，这类信号就是随机信号。随机信号又分为平稳和非平稳信号。机械振动随机信号大多是非平稳信号，但通常作为平稳信号简单化处理。随机信号具有某些统计特征，可用概率统计方法进行近似表述。随机信号尽管每次都不同，但可以研究其总体的规律，即其平均性质。如图 4.3 所示，机器的噪声信号就是典型的随机信号。

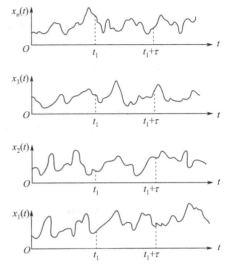

图 4.3　机器的噪声信号

4.1.2　其他信号分类与概念

除了确定性信号和随机信号外，动态信号还可分为能量信号和功率信号，时限信号和频限信号，连续时间信号和离散时间信号。

从信号能量上，信号可以分为能量信号和功率信号。能量信号就是在所分析的正负无穷区间内，能量为有限值的信号，即

$$\int_{-\infty}^{+\infty} x^2(t) \mathrm{d}t < \infty \tag{4.2}$$

一般持续时间有限的瞬态信号是能量信号。而功率信号，在所分析的正负无穷区间内，能量不是有限值，即在区间 $(-\infty, +\infty)$ 满足

$$\int_{-\infty}^{+\infty} x^2(t) \mathrm{d}t \to \infty \tag{4.3}$$

同时在有限区间 (t_1, t_2) 的平均功率是有限的，即

$$\frac{1}{t_2 - t_1} \int_{t_1}^{t_2} x^2(t) \mathrm{d}t < \infty \tag{4.4}$$

此时，研究信号的平均功率更为合适。持续时间无限的信号是功率信号。

从分析域上，信号可以分为时域有限信号、频域有限信号。时域有限信号是指信号在有限时间段内有定义，其外恒等于零的信号，如脉冲信号。周期信号、随机信号等在所有时间内都有定义，称为时域无限信号。频域有限信号是指信号在有限频率区间内有定义，其外恒等于零，如正弦信号。而白噪声、理想采样信号等，在频域都有定义，称为频域无限信号。需要注意的是，时域有限信号可在频域延伸无限远，频域有限信号可在时域延伸无限远。一个严格频带有限的信号，不能同时又是时间有限的信号，反之亦然。

从连续性上看，信号还可以分为连续时间信号、离散时间信号。连续时间信号是指在讨论的时间间隔内，所有时间点上都有定义的信号，也称为模拟信号。离散时间信号是指在若干时间点上有定义的信号，也称为时域离散信号或时间序列。采样信号就是典型的离散信号。

4.2 时域分析方法

信号处理方法是设备故障诊断最基本的方法，是对振动信号进行加工处理，提取有效信息，用于识别设备运行状态、进行故障诊断和预测。常用的方法有时域分析、幅域分析、相域分析、频域分析、时频分析等等。需要注意的是，不同的信号分析方法，只是从不同的角度去观察分析信号，分析结果反映同一个信号的不同侧面，可以更全面地解释信号的本质特征。

直接观测或记录的信号一般为随时间变化的物理量。以时间为横坐标，以信号的幅值为纵坐标绘制的曲线称为波形图。信号波形示意图如图4.4所示。

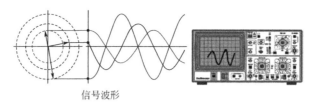

信号波形

图4.4 信号波形示意图

从时域波形中可以知道信号的周期、峰值和平均值、方差等统计参数，可以反映信号变化的快慢和波动情况。信号的时域描述简单、直观、形象，用示波器、万用表等普通仪器就可以进行观察、记录和分析。因分析是在时间域进行，所以可称为时域分析，常用方法有时域平均法、相关分析等。

4.2.1 时域平均

时域平均是从混有噪声的复杂周期信号中提取感兴趣周期分量的常用方法，可以有效地消除感兴趣频率之外的无关的信号分量，包括噪声和无关的周期信号，提取与感兴趣频率有关的周期信号，因此能在噪声环境下工作，提高信号分析的信噪比。

(1) 基本原理

设一个平稳随机信号 $x(t)$ 由周期信号 $f(t)$ 和白噪声 $n(t)$ 组成，即

$$x(t) = f(t) + n(t) \tag{4.5}$$

先以 $f(t)$ 的周期去截取信号 $x(t)$，共截得 N 段，然后将各段对应点相加，由于白噪声的不相关性，可得

$$\sum_{i=1}^{N} x(t_i) = Nf(t) + \sqrt{N}n(t) \tag{4.6}$$

再对 $\sum x(t_i)$ 求平均，便得到输出信号 $y(t)$ 为

$$y(t) = \frac{1}{N}\sum_{i=1}^{N} x(t_i) = f(t) + \frac{1}{\sqrt{N}}n(t) \tag{4.7}$$

此时输出的白噪声幅值是原来输入信号中的白噪声幅值的 $1/\sqrt{N}$，因此，信噪比提高了 $\sqrt{N}$ 倍。

(2) 时域平均方法的实现

根据实现方法，时域平均可分为硬件外部触发方法和软件自由触发方法两种。

①　硬件外部触发方法。硬件外部触发方法的基本原理如图 4.5 所示。经过滤波后的原始信号，以一定周期 T 的时标信号为间隔触发信号开始定时采集，然后将所采集到的每段信号中对应的离散点相加后取算术平均值，这样可以消除原信号中的随机干扰和非指定周期分量，保留指定的周期 T 分量及其倍频分量。

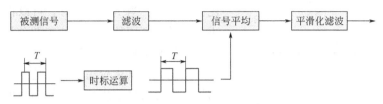

图 4.5　时域平均的硬件外部触发方法工作原理

此时需要采集两路信号，一个是原输入振动信号，另一个是时标信号。实际应用时，考虑到被测振动信号的周期往往与零件的旋转频率相关，因此，多采用轴的相位信号作为时标信号。时标信号可以用图 4.6 所示的方法产生，借助轴的键槽或突出的键（称为检相器，又称鉴相器），用电涡流传感器或电感式接近开关产生图 4.6(b) 中所示的脉冲信号，经整形或反相电路后得到上升沿很陡的矩形脉冲时标信号。也可以在轴上沿圆周方向做一个涂黑的标记，利用光电传感器产生检相信号。对于没有检相器的轴，例如在齿轮箱中的内部轴，其时标信号可以根据传动比，对时标扩展或压缩运算来获得，即可以实现该轴上齿轮信号的时域平均计算过程。

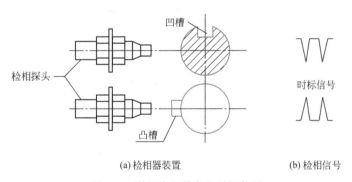

(a) 检相器装置　　　　　　　　(b) 检相信号

图 4.6　利用检相器产生时标信号

很多 A/D 采样板有外部脉冲触发采样功能，而采样频率仍然依靠内时钟频率。这种采样方法称为外部触发内时钟采样，此时每个样本的采样起始相位都是相同的。可利用上述检相器产生的时标信号触发 A/D 开始转换，利用采样系统硬件特性实现时域平均过程。

②　软件自由触发方法。有时硬件结构不允许安装检相器，此时可以采用软件自由触发方法实现时域平均。可以随机地连续采集时间序列 $x(n)(n=1,2,\cdots,NM)$，根据实际结构，可先做信号的频谱分析，确定要提取信号的周期 T。假设 T 或 T 的整数倍时间长度对应于点数 N，则可对 $x(n)$ 截取 M 段子序列，记为 $x_k(n)(n=1,2,\cdots,N;\ k=1,2,\cdots,M)$。

采用下式将这些子序列进行平均处理

$$y(t)=\frac{1}{M}\sum_{k=0}^{M}x_k(n) \tag{4.8}$$

这种方法受一次总采样点数 NM 的限制，平均次数不能太多。

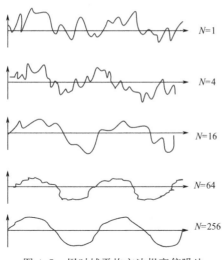

图 4.7 用时域平均方法提高信噪比

（3）时域平均方法应用实例

图 4.7 所示是某信号截取不同的段数 N 进行时域平均的效果。由图 4.7 可见，虽然原来信号（$N=1$）的信噪比很低，但经过多次平均后，信噪比大大提高。当 $N=256$ 时，可以得到接近理想的正弦信号。而原始信号中的正弦分量，几乎完全被其他信号和随机噪声所湮没。

图 4.8 为某齿轮箱振动加速度信号的时域平均结果。经过时域平均后，比较明显的故障特征可以从时域波形上直接反映出来。图 4.8（a）是正常齿轮的时域平均信号，信号由均匀的啮合频率分量组成，没有明显的高次谐波。图 4.8（b）是齿轮安装对中不良的情况，信号的啮合频率分量受到幅值调制，但调制频率较低，只包含轴转频（旋转频率）及低次谐波。图 4.8（c）是齿轮齿面严重磨损时的情况，啮合频率分量严重偏离简谐信号的形状，故其频谱上必然出现较大的高次谐波分量。由于是均匀磨损，振动的幅值在一转内没有大的起伏。图 4.8（d）为齿轮齿面有局部剥落或断齿时的信号，振动的幅值在某一位置出现了突跳现象，这是齿面局部剥落或断齿故障的典型特征。综合上述信号的故障特征，能够发现时域平均后的振动波形对于识别故障类型是很有益的，即使一时难以得出明确的结论，对后续分析和判断也是很有帮助的。

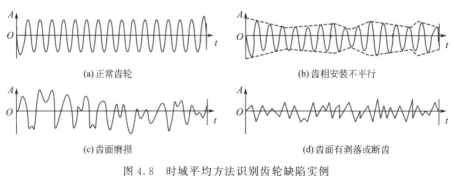

(a) 正常齿轮

(b) 齿相安装不平行

(c) 齿面磨损

(d) 齿面有剥落或断齿

图 4.8 时域平均方法识别齿轮缺陷实例

与常规频谱分析不同，时域平均不但要求输入原始时间序列数据，而且还要输入时标信号。另外，频谱分析所反映出的频率分量主要取决于该频带内能量最大的频率成分，不能略去任何输入信号。因此，一个弱的周期信号可能因其他分量太大而完全被湮没，不能在谱图上反映出来。采用时域平均则可消除或减弱与给定周期无关的全部信息，突出要提取的微弱周期信号，因而可在噪声环境下工作。

4.2.2 相关分析

相关分析是信号分析中的重要概念，它用来分析一个随机过程（信号）自身在不同时刻的状态，或者两个随机过程（信号）在某个时刻状态的线性依从关系。

4.2.2.1 相关系数

统计学中用相关系数来描述变量 x，y 之间的相关性，它是两随机变量之积的数学期望，表征了 x 和 y 间的关联程度。

相关系数计算公式为 $\rho_{xy}=\dfrac{c_{xy}}{\sigma_x\sigma_y}=\dfrac{E[(x-\mu_x)(y-\mu_y)]}{\{E[(x-\mu_x)^2]E[(y-\mu_y)^2]\}^{1/2}}$。其中 E 为数学期望；μ_x，μ_y 为随机变量 x，y 的均值；σ_x，σ_y 为随机变量 x，y 的标准差；c_{xy} 为随机变量 x,y 的协方差；ρ_{xy} 为一个无量纲的系数，其取值范围为 $[-1,1]$。当 $\rho_{xy}=1$ 或 -1 时，表示变量 x，y 完全相关；当 $0<|\rho_{xy}|<1$ 时，表示变量 x，y 部分相关，并且值越大相关性越强；当 $|\rho_{xy}|=0$ 时，表示变量 x，y 完全无关（不相关）。

确定性信号的关系可用确定的函数来分析，而两个随机变量间不具有确定的关系，但是，它们之间可能存在某种统计上可确定的物理关系。图 4.9 给出了两个随机变量 x 和 y 的几种分布情况，其中图 4.9(a) 为 x 和 y 的精确线性关系；图 4.9(b) 为部分相关，其偏差通常因测量误差引起；图 4.9(c) 为不相关，数据分布零散，说明 x 和 y 之间不存在确定性关系。

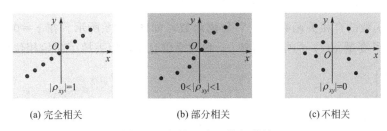

(a) 完全相关   (b) 部分相关   (c) 不相关

图 4.9 变量 x 和 y 的相关性

4.2.2.2 自相关函数

（1）自相关函数的定义

已知时间函数 $x(t)$，其自相关函数 $R_x(\tau)$ 的定义为

$$R_x(\tau)=\lim_{T\to\infty}\frac{1}{T}\int_0^T x(t)x(t+\tau)\mathrm{d}t \tag{4.9}$$

$R_x(\tau)$ 主要用来描述 $x(t)$ 与其自身延时 τ 时刻之后的 $x(t+\tau)$ 相似程度，相似程度越高，相关值越大。$R_x(\tau)$ 的计算原理如图 4.10 所示，据此可以估计信号在任意 t_b 时刻和 $t_b+\tau$ 时刻的相关性。

（2）自相关函数的性质

① $R_x(\tau)$ 为实偶函数，即 $R_x(\tau)=R_x(-\tau)$。

② 当 $\tau=0$ 时，$R_x(\tau)$ 的值最大，即 $R_x(0)\geqslant R_x(\tau)$，并等于信号的均方值 μ_x^2。

$$R_x(0)=\lim_{T\to\infty}\frac{1}{T}\int_0^T x(t)x(t+0)\mathrm{d}t=\lim_{T\to\infty}\frac{1}{T}\int_0^T x^2(t)\mathrm{d}t=\mu_x^2 \tag{4.10}$$

③ 当 $\tau\to\infty$ 时，可认为 $x(t)$ 和 $x(t+\tau)$ 之间不相关，即

$$R_x(\tau\to\infty)\to\mu_x^2 \tag{4.11}$$

若 $x(t)$ 的均值为 0，则 $R_x(\tau\to\infty)\to 0$。

性质②和③的图像如图 4.11 所示。

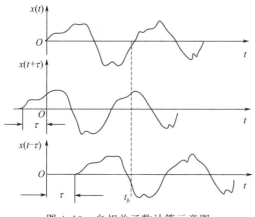

图 4.10　自相关函数计算示意图

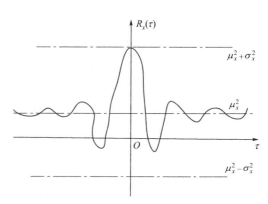

图 4.11　自相关函数图

④ 周期函数的自相关函数仍是同频率的周期函数。假设正弦函数 $x(t)=x_0\sin(\omega t+\varphi)$ 的初始相位是一个随机变量，根据自相关函数的定义，可求得自相关函数为

$$R_x(\tau)=\frac{x_0^2}{2}\cos(\omega t) \tag{4.12}$$

可见正弦函数的自相关函数是一个余弦函数，如图 4.12 所示。在 $\tau=0$ 时具有最大值 $x_0^2/2$，它保留了变量 $x(t)$ 的幅值信息 x_0 和频率信息 ω，但丢掉了初始相位信息 φ。

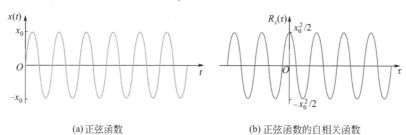

(a)正弦函数　　　　　(b) 正弦函数的自相关函数

图 4.12　正弦函数的自相关函数

自相关函数主要用于检测混淆在随机信号中的周期信号成分。周期信号的自相关函数会按原频率重复出现，而随机信号在时间位移 τ 稍大时，由于自身的相乘消除作用，自相关函数很快趋于零（假设均值 $\mu_x=0$），如图 4.13 所示。

设测得信号 $y(t)=x(t)+n(t)$，其中 $x(t)$ 为正弦信号，$n(t)$ 为噪声，$x(t)$ 与 $n(t)$ 相互独立，则有

$$R_y(\tau)=R_x(\tau)+R_n(\tau) \tag{4.13}$$

当 τ 很大时，$R_n(\tau)\to0$，因此

$$\lim_{\tau\to\infty}\frac{R_y(\tau)}{R_x(\tau)}=1 \tag{4.14}$$

即当 τ 大到一定程度时，$y(t)$ 与 $x(t)$ 完全相关。

实际工程信号多数是随机噪声和确定性周期信号的混合体，如图 4.14 所示。一般情况下，周期信号和故障特征有关，随机噪声对诊断无用。此时，可以利用随机信号的自相关函数迅速衰减，而周期函数不衰减的特性，在自相关图的右侧部分测取信号的周期。也就是说，自相关函数是从干扰噪声中找出周期信号或瞬时信号的重要手段，延长变量 τ 的取值，就可将信号中的周期分量 τ_0 暴露出来。

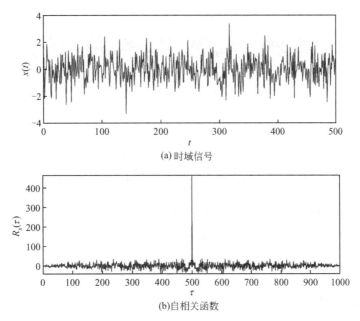

(a) 时域信号

(b) 自相关函数

图 4.13　随机信号及其自相关函数

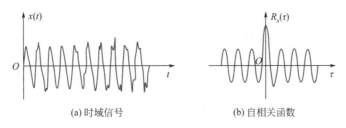

(a) 时域信号　　　　　　　　　　(b) 自相关函数

图 4.14　随机信号加周期信号的自相关函数

（3）自相关函数的计算

由于采样点数的限制，按照式(4.9)进行自相关函数的计算是不可能的，因为只能得到有限的样本曲线及有限的数据长度。对于连续的模拟信号 $x(t)$，如测量时间长度为 T，则其自相关函数可按下式计算

$$\hat{R}_x(\tau) = \frac{1}{T-\tau} \int_0^{T-\tau} x(t)x(t+0)\mathrm{d}t \quad (0 \leqslant t \leqslant T) \tag{4.15}$$

式中，$\hat{R}_x(\tau)$ 是 $R_x(\tau)$ 的估计值；时延 τ 一定要远小于 T，以保证测量精度。

对于从连续信号采样所得的离散的数字信号 $x(n)(n=1,2,\cdots,N)$，其自相关函数可按下式估算

$$\hat{R}_x(k) = \frac{1}{N-k} \sum_{n=1}^{N-k} x(n)x(n+k), \ k=0,1,2,\cdots,M; \ M \ll N \tag{4.16}$$

为了保证测量精度，同样要使最大计算时延量 M 远远小于数据点数 N，以上可由计算机实现，称为直接计算法。因其计算量很大，近代的信号分析中已不采用这种方法，而是利用自相关函数与功率谱密度函数的关系，采用快速傅里叶变换算法实现（图 4.15），这部分内容将在 4.4 节介绍。

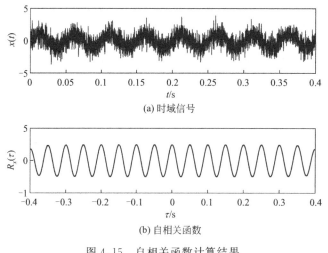

(a) 时域信号

(b) 自相关函数

图 4.15　自相关函数计算结果

4.2.2.3　互相关函数

（1）互相关函数的定义

已知两个不同的信号 $x(t)$ 和 $y(t)$，$x(t)$ 与 $y(t)$ 的互相关函数 $R_{xy}(\tau)$ 定义为

$$R_{xy}(\tau) = \lim_{T \to \infty} \frac{1}{T} \int_0^T x(t) y(t+\tau) \mathrm{d}t \tag{4.17}$$

互相关函数用于评价两个信号之间的相似程度，其计算原理如图 4.16 所示。

（2）互相关函数的性质

① 互相关函数是非奇、非偶函数，但满足 $R_{xy}(\tau) = R_{xy}(-\tau)$。

② $|R_{xy}(\tau)| \ll \sqrt{R_x(0) R_y(0)}$

即 $R_{xy}(0)$ 一般不是最大值，$R_{xy}(\tau)$ 的峰值不在 $\tau=0$ 处。$R_{xy}(\tau)$ 的峰值偏离原点的位置 τ_0 反映了两信号时移的大小，此时两信号的相关程度最高，如图 4.17 所示。例如，当 $x(t) = x_0 \sin(\omega t + \varphi)$，$y(t) = y_0 \sin(\omega t + \theta + \varphi)$ 时，其互相关函数 $R_{xy}(\tau)$ 为

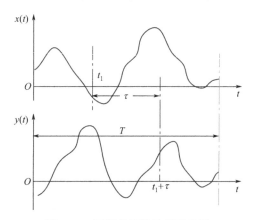

图 4.16　互相关函数计算示意图

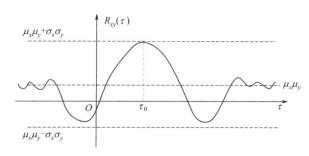

图 4.17　互相关函数的性质

$$R_{xy}(\tau) = \lim_{T \to \infty} \frac{1}{T} \int_0^T x(t) y(t+\tau) \mathrm{d}t$$

$$= \lim_{T \to \infty} \frac{1}{T} \int_0^T x_0 y_0 \sin(\omega t + \varphi) \sin[\omega(t+\tau) + \theta + \varphi] \mathrm{d}t \qquad (4.18)$$

$$= \frac{x_0 y_0}{2} \cos(\omega \tau + \varphi)$$

由此可见，在 $\tau = \varphi/\omega = \tau_0$ 处，$R_{xy}(\tau)$ 取得最大值，表明两个信号此时最相关，因为 $y(t)$ 延时 φ/ω 时刻后与 $x(t)$ 最相近。与自相关函数不同，两个同频率的谐波信号的互相关函数不仅保留了两个信号的幅值 x_0、y_0 信息，频率 ω 信息，而且保留了两信号的相位差（此处为 φ）信息。

③ 两个统计独立的随机信号，当均值为零时，则 $R_{xy}(\tau) = 0$。

④ 两个不同频率的周期信号互不相关，即互相关函数为零。假设对两个不同频率的简谐波信号 $x(t) = A_0 \sin(\omega_1 t + \theta)$，$y(t) = B_0 \sin(\omega_2 t + \theta + \varphi)$ 进行相关分析，则

$$R_{xy}(\tau) = \lim_{T \to \infty} \frac{1}{T} \int_0^{T_0} x(t) y(t+\tau) \mathrm{d}t$$

$$= \lim_{T \to \infty} \frac{1}{T} \int_0^T A_0 B_0 \sin(\omega_1 t + \theta) \sin[\omega_2(t+\tau) + \theta + \varphi] \mathrm{d}t \qquad (4.19)$$

根据正（余）弦的正交性，可知 $R_{xy}(\tau) = 0$。

⑤ 周期信号与随机信号的互相关函数为零。由于随机信号 $y(t+\tau)$ 在时间 $t \to t+\tau$ 内并无确定的关系，它的取值显然与任何周期函数 $x(t)$ 无关，因此，$R_{xy}(\tau) = 0$。

4.2.2.4　相关分析的应用

（1）自相关函数的应用

自相关函数分析主要用来检测混淆在随机信号中的确定性信号。正如前面自相关函数的性质所表明的，这是因为周期信号或任何确定性信号在所有时延 τ 值上都有自相关函数值，而随机信号当 τ 足够大以后其自相关函数趋于零（假定为零均值随机信号）。

在对汽车做平稳性试验时，在汽车车身架处检测并绘制振动加速度时间历程曲线［见图 4.18(a)］及其自相关函数［见图 4.18(b)］。由图 4.18 看出，尽管测得的信号本身呈现杂乱无章的样子，说明混有一定程度的随机干扰，但其自相关函数却有一定的周期性，其周期 T 约为 50ms，说明存在着周期性激励源，其频率 $f = 1/T = 20\mathrm{Hz}$。

在通信、雷达、声呐等工程应用中，常常要判断接收机接收到的信号当中有无周期信号，这时利用自相关分析是十分方便的。如图 4.19 所示，一个微弱的正弦信号被湮没在强干扰噪声之中，但在自相关函数中，当 T 足够大时该正弦信号能清楚地显露出来。

(a) 振动加速度时间历程曲线

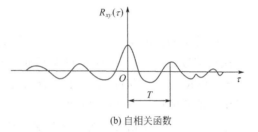

(b) 自相关函数

图 4.18　汽车车身振动的自相关分析

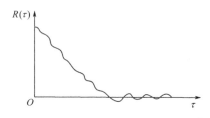

图 4.19 从强噪声中检测到微弱的正弦信号

总之，在机械等工程应用中，自相关分析有一定的使用价值。但一般说来，用它的傅里叶变换（自功率谱）来解释混在噪声中的周期信号可能更好些。另外，自相关函数中丢失了相位信息，这使其应用受到限制。

（2）互相关函数的应用

相关分析在机械设备故障诊断和振动控制中最直接的应用是传递问题，其中包括传递路径的识别和故障源的识别这两类问题，间接的应用是相关测速和相关定位问题。

设时间信号（振动或噪声）$x(t)$ 通过一个非频变线性路径进行传递，传递过程中产生时延 τ_1，并混入噪声 $n(t)$，可以用图 4.20(a) 描述。若传递路径的衰减因子为常数 α，则这个系统的输出 $y(t)$ 可表示为

$$y(t)=\alpha x(t-\tau_1)+n(t) \tag{4.20}$$

计算输入与输出信号的互相关函数为

$$
\begin{aligned}
R_{xy}(\tau) &= \lim_{T\to\infty}\frac{1}{T}\int_0^T x(t)y(t+\tau)\mathrm{d}t\\
&= \lim_{T\to\infty}\frac{1}{T}\int_0^T x(t)\big[\alpha x(t+\tau-\tau_1)+n(t+\tau)\big]\mathrm{d}t\\
&= \lim_{T\to\infty}\frac{1}{T}\int_0^T \alpha x(t)\big[x(t+\tau-\tau_1)\mathrm{d}t+\lim_{T\to\infty}\frac{1}{T}\int_0^T x(t)n(t+\tau)\big]\mathrm{d}t\\
&= R_x(\tau-\tau_1)+R_{xn}(\tau)\\
&= R_x(\tau-\tau_1)
\end{aligned}
\tag{4.21}
$$

根据互相关函数的性质⑤，式（4.21）中 $R_{xn}(\tau)=0$，结果为 $x(t)$ 在 $\tau=\tau_1$ 的互相关函数，如图 4.20(b) 所示。该图表示 $y(t)$ 在延时 τ_1 时刻后与 $x(t)$ 相关，或者说 $y(t)$ 是延时 τ_1 时刻，并且幅值衰减了的 $x(t)$。

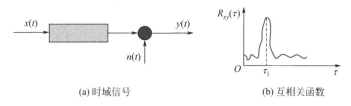

(a) 时域信号　　　　　　　　　　(b) 互相关函数

图 4.20 某信号的传递过程

故障源检测：图 4.21 给出一个用互相关函数诊断汽车驾驶员座椅振动源的例子。座椅上的振动信号为 $y(t)$，前轮轴梁和后轮轴架上的振动信号分别为 $x(t)$ 和 $z(t)$，分别求 $R_{xy}(\tau)$ 和 $R_{zy}(\tau)$。从图 4.21 上可看出 $R_{xy}(\tau)$ 有突出的谱峰，说明座椅的振动 $y(t)$ 主要是由于前轮的振动 $x(t)$ 引起的。

相关定位：用互相关分析法确定深埋地下的输油管裂损位置，如图 4.22 所示。漏损处 K 可视为向两侧传播声音的声源，在两侧管道上分别放置传感器 1 和 2。因为放置传感器的两点相距漏损处距离不等，则漏油的声响传至两传感器的时间就会有差异，在互相关函数图上 $\tau=\tau_m$ 处有最大值，这个 τ_m 就是时延，用 τ_m 就可以确定漏损处的位置。

假设 v 为声音在管道中的传播速度，则漏损处 K 距中心点 O 的距离 S 为

$$S = \frac{1}{2} v \tau_{\mathrm{m}} \tag{4.22}$$

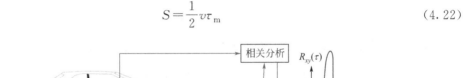

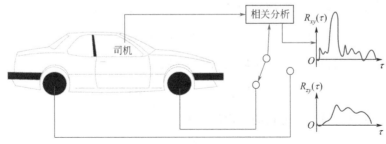

图 4.21　利用相关分析进行故障源检测

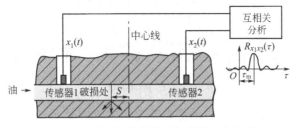

图 4.22　利用相关分析进行漏损定位实例

4.3　幅域分析方法

幅域分析是对信号在幅值上进行处理，主要对时域波形进行统计分析，又称幅值域分析，也称统计特征分析。主要方法有特征参数分析、概率密度分析等。该方法直观、简单，不需复杂的信号处理与变换，可简易识别设备状态。

4.3.1　幅域特征参数分析

幅域特征参数分析主要利用振动信号的幅值统计特征参数来进行分析和诊断。应用比较广泛的有均方根值、峰值、波形和峭度等指标。信号的幅域分析也属于时域分析，和相关分析等时域分析方法不同，幅域分析不考虑原始信号的时序，仅与信号的幅值大小及分布有关。幅域参数包括有量纲幅域参数和无量纲幅域参数两大类。

（1）有量纲幅域参数

随机信号的幅值域参数与幅值概率密度函数有密切关系。对于各态历经的平稳信号，可以由幅值概率密度函数计算如下统计参数。

均值：表示集合平均值或数学期望值。反映了信号变化的中心趋势，也称之为直流分量。在故障诊断中，可用于描述随机过程的静态分量。计算公式为

$$\mu_x = \int_{-\infty}^{+\infty} x p(x) \mathrm{d}x \tag{4.23}$$

均方根值：均方根（root mean square，RMS）值也称有效值，是指在数据统计分析中，将所有值平方求和，求其均值，再开平方的结果。表示信号的能量，多用于评价振动等

级或烈度。计算公式为

$$x_{\text{rms}} = \sqrt{\int_{-\infty}^{+\infty} x^2 p(x)\,\mathrm{d}x} \tag{4.24}$$

方差：反映了信号绕均值的波动程度，是随机过程的动态分量。计算公式为

$$\sigma_x^2 = \int_{-\infty}^{+\infty} (x - \mu_x) p(x)\,\mathrm{d}x = x_{\text{rms}}^2 - \mu_x^2 \tag{4.25}$$

绝对平均值：指简谐振动在一个周期内的平均值。计算公式为

$$|\overline{x}| = \int_{-\infty}^{+\infty} |x| p(x)\,\mathrm{d}x \tag{4.26}$$

方根幅值：定义为算术平方根的平均值的平方。

$$x_r = \left[\int_{-\infty}^{+\infty} \sqrt{|x|}\, p(x)\,\mathrm{d}x \right]^2 \tag{4.27}$$

歪度：表示信号的幅值概率密度函数 $p(x)$ 对纵坐标的不对称性。具体计算公式为

$$\alpha = \int_{-\infty}^{+\infty} x^3 p(x)\,\mathrm{d}x \tag{4.28}$$

峭度：是反映随机变量分布特性的数值统计量，是归一化 4 阶中心矩。公式为

$$\beta = \int_{-\infty}^{+\infty} x^4 p(x)\,\mathrm{d}x \tag{4.29}$$

其中，信号的均值 μ_x 反映信号中的静态部分，多数情况下表示振动的平衡位置；均方根值反映信号的能量大小，相当于电学中的有效值，多用于评价振动等级或烈度；方差仅反映了信号 $x(t)$ 中的动态部分，反映振动信号以平衡位置为中心的幅值变化程度。若信号 $x(t)$ 的均值 μ_x 为零，则均方值（均方根值的平方）等于方差。

歪度 α 表示信号的幅值概率密度函数 $p(x)$ 对纵坐标的不对称性，α 越大，越不对称。峭度 β 表示正态分布曲线的性状，当 β 较小时表示分布曲线瘦而高，成为正峭度；当 β 较大时，分布曲线具有负峭度，此时正态分布曲线峰顶的高度低于正常正态分布曲线。

以上参数是理论上的统计真值，实际工程信号采样长度有限，一般采用下述的估计值。本书以后不提示统计真值和估计值的区别，实际计算过程均为有限长度的估计值，有的为了说明问题方便，也常常使用统计真值的理论公式。

对于时间序列信号 $x_1, x_2, \cdots, x_N$，有量纲幅域参数估计值的计算公式如下：

平均值
$$\overline{x} = \frac{1}{N}\sum_{i=1}^{N} x_i \tag{4.30}$$

均方根值（有效值）
$$x_{\text{rms}} = \sqrt{\frac{1}{N}\sum_{i=1}^{N} x_i} \tag{4.31}$$

平均幅值
$$|\overline{x}| = \frac{1}{N}\sum_{i=1}^{N} |x_i| \tag{4.32}$$

方根幅值
$$x_r = \left(\frac{1}{N}\sum_{i=1}^{N} \sqrt{|x_i|}\right)^2 \tag{4.33}$$

最大值
$$x_{\max} = \max\{|x_i|\} \tag{4.34}$$

峰-峰值
$$x_{\text{p-p}} = \max\{x_i\} - \min\{x_i\} \tag{4.35}$$

歪度
$$\alpha = \frac{1}{N}\sum_{i=1}^{N} x_i^3 \tag{4.36}$$

峭度
$$\beta = \frac{1}{N}\sum_{i=1}^{N}x_i^{\ 4} \tag{4.37}$$

（2）无量纲幅域参数

有量纲幅域参数的大小与信号（振动）绝对幅值有关。也就是和振动产生的工作条件有关。不同工作条件下的有量纲幅域参数不可比，为此构造了无量纲幅域参数。对于时间序列信号 $x_1, x_2, \cdots, x_N$，无量纲幅域参数的计算公式如下：

波形指标
$$S_f = \frac{x_{\mathrm{rms}}}{|\overline{x}|} \tag{4.38}$$

峰值指标
$$C_f = \frac{x_{\max}}{x_{\mathrm{rms}}} \tag{4.39}$$

脉冲指标
$$I_f = \frac{x_{\max}}{|\overline{x}|} \tag{4.40}$$

裕度指标
$$\mathrm{CL}_f = \frac{x_{\max}}{x_r} \tag{4.41}$$

峭度指标
$$K_r = \frac{\beta}{x_{\mathrm{rms}}^4} \tag{4.42}$$

其中，裕度指标 CL_f 是无量纲的歪度指标，表示信号的幅值概率密度函数 $p(x)$ 对纵坐标的不对称性。CL_f 越大，越不对称。且不对称有正（右偏移）负（左偏移）之分，如图 4.23 所示。旋转机械等设备的振动信号存在某一方向的摩擦或碰撞，或者某一方向的支承刚度较弱，会造成振动波形的不对称，使裕度指标增大。

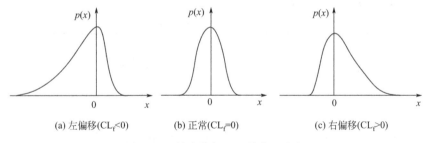

(a) 左偏移(CL_f<0)　　(b) 正常(CL_f=0)　　(c) 右偏移(CL_f>0)

图 4.23　裕度指标 CL_f 的物理意义

峭度指标 K_r 对大幅值最为敏感，当大幅值出现的概率增加时，K_r 值会迅速增加，这对探测信号中含有脉冲的故障特别有效。峭度指标 K_r 的物理意义如图 4.24 所示。$K_r = 3$ 时定义分布曲线具有正常峰度（即零峭度）；当 $K_r > 3$ 时，分布曲线具有正峭度，此时正态分布曲线峰顶的高度高于正常正态分布曲线，故称为正峭度；当 $K_r < 3$ 时，分布曲线具有负峭度，此时正态分布曲线峰顶的高度低于正常正态分布曲线，故称为负峭度。

图 4.25 为滚动轴承的振动幅值概率密度分布图。正常时，幅值概率密度函数近似为正态分布；发生剥落时，幅值概率密度函数呈现头部窄、底部宽的形式。K_r 值较大表明信号中冲击成分幅值增大（底部宽），但是能量不大（值小），即系统处于剥落故障开始发生的时刻。

另外，必须着重指出，信号的平均值 $\overline{x}$ 反映信号中的静态部分，一般对诊断不起作用，但对计算上述参数有很大影响。所以，一般在计算时应先从数据中去除平均值，保留对诊断有用的动态部分，这一过程称为零均值化处理，其计算方法如下。

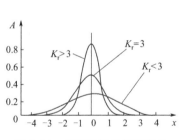

图 4.24 峭度指标的物理意义

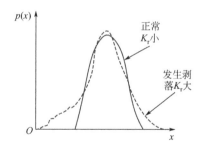

图 4.25 滚动轴承振动幅值概率密度分布图

假设原始时间序列信号 $x_1, x_2, \cdots, x_N$，其平均值 $\bar{x} = \dfrac{1}{N}\sum\limits_{i=1}^{N} x_i$，则零均值化后的新时间序列计算式为

$$x_i' = x_i - \bar{x}, i = 1, 2, \cdots, N \qquad (4.43)$$

幅域参数及幅值概率密度函数计算 MATLAB 程序绘制的时域原始信号及幅值概率密度函数见图 4.26。

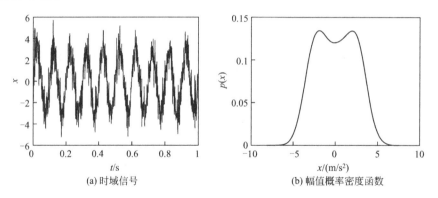

(a) 时域信号 （b) 幅值概率密度函数

图 4.26 典型信号（正弦信号＋随机信号）的时域波形及幅值概率密度函数

几种典型信号的无量纲幅域诊断参数值如表 4.1 所示。对于正弦波和三角波，不管幅值和频率为多少，这些参数值是不变的，说明这些参数仅取决于信号的幅值概率密度函数，而与频率和幅值无关。因为对这类信号，频率不会改变其幅值概率密度函数，而振幅的变化对这些参数计算式中分子和分母的影响相同，因而可以抵消。

表 4.1 典型信号的无量纲幅域诊断参数值

信号	波形指标	峰值指标	脉冲指标	裕度指标	峭度指标
正弦波	1.11	1.41	1.57	1.73	1.50
三角波	1.56	1.73	2.00	2.25	1.80
	峰值概率	峰值指标	脉冲指标	裕度指标	峭度指标
正态随机信号	32%	1	1.25	1.45	
	4.55%	2	2.51	2.89	
	0.27%	3	3.76	4.33	3
	6×10^{-7}%	5	6.27	7.23	

表 4.2 为齿轮振动信号的无量纲幅域诊断参数。新齿轮经过运行产生了疲劳剥落故障，振动信号中有明显的冲击脉冲，各幅域参数中除了波形指标外，均有明显上升。

表 4.2 齿轮振动信号的无量纲幅域诊断参数

齿轮类型	裕度指标	峭度指标	脉冲指标	峰值指标	波形指标
新齿轮	4.143	2.659	3.536	2.867	1.233
坏齿轮	7.246	4.335	6.122	4.797	1.276

峭度指标、裕度指标和脉冲指标对冲击脉冲型故障比较敏感。当早期故障发生时，大幅值的脉冲还不是很多，均方根值变化不大，上述参数已有增加。当故障逐步发展时，它们上升较快；但上升到一定程度后，由于分母上的有效值增大，这些指标反而会逐步下降。这表明这些参数对早期故障有较高敏感性，但稳定性不是很好。均方根值则相反，虽然对早期故障不敏感，但稳定性好，随着故障发展单调上升。

图 4.27 为某滚动轴承振动信号的峭度指标和均方根值随轴承疲劳试验时间的变化过程。由此可见，两个指标的变化符合上述规律。因此，要想取得较好的故障监测效果，一般可以采取以下措施：

① 同时用峭度指标与均方根值进行故障监测，以兼顾敏感性与稳定性。

② 连续监测可发现峭度指标的变化趋势。当指标值上升到顶点开始下降时，就要密切注意是否有故障发生。

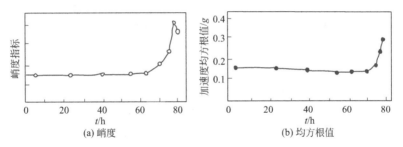

图 4.27 峭度指标和均方根值随轴承疲劳试验时间的变化过程

4.3.2 幅值概率密度分析

随机信号的幅值概率密度函数表示信号的幅值落在某一个指定区间内的概率。幅值概率密度函数提供了随机信号沿幅值域分布的信息，是随机信号的主要统计特性参数之一。在图 4.28 中，$x(t)$ 值落在 x 到 $x+\Delta x$ 之间的时间为 $T_x = \Delta t_1 + \Delta t_2 + \Delta t_3 + \Delta t_4$，其总的观测时间为 T，则出现频次可以用 T_x/T 的值确定。当 T 趋于无穷大时，这一比值就趋于 $x(t)$ 值落在 x 到 $x+\Delta x$ 之间的概率

$$p_\mathrm{r}[x < x(t) \leqslant x + \Delta x] = \lim_{T \to \infty} \frac{T_x}{T} \tag{4.44}$$

当 Δx 趋于零时，就得到该点的幅值概率密度函数

$$p(x) = \lim_{\Delta x \to 0} \frac{p_\mathrm{r}[x < x(t) \leqslant x + \Delta x]}{\Delta x} = \lim_{\Delta x \to 0} \frac{1}{\Delta x} \left(\lim_{T \to \infty} \frac{T_x}{T} \right) \tag{4.45}$$

典型信号的时域波形和幅值概率密度函数如图 4.29 所示。根据随机过程理论，随机信号的幅值概率密度函数符合正态分布规律，而确定性信号如简谐信号的幅值概率密度函数则

呈盆形曲线，如图 4.29(a) 所示。一般故障信号多是随机信号和简谐信号的混合体，所以当信号幅值概率密度函数的正态分布曲线上端出现盆型漏斗时 ［图 4.29(b)］，往往预示着系统存在故障征兆。

可以采用幅值概率密度函数直接进行设备状态的检测与诊断。图 4.30 所示是新旧机床变速箱的噪声分布规律。由此可见，新旧两个变速箱的分布规律有着明显的差异。这是因为机床齿轮箱中的零件由于磨损等原因，配合间隙增大，在机床噪声中会出现大幅值周期性冲击成分，使得噪声信号的方差增加、分散度加大，甚至使曲线的顶部变平或出现局部的凹形。

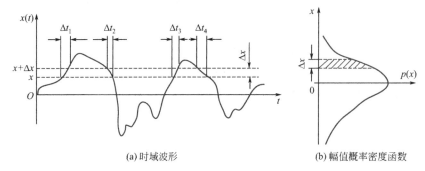

(a) 时域波形　　　　　　　　　(b) 幅值概率密度函数

图 4.28　时域波形及幅值概率密度函数

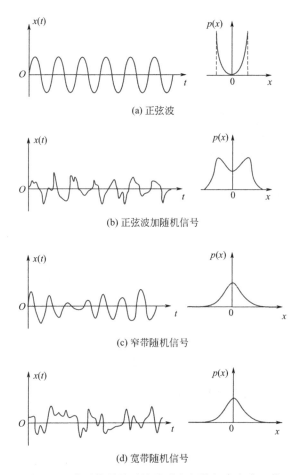

(a) 正弦波

(b) 正弦波加随机信号

(c) 窄带随机信号

(d) 宽带随机信号

图 4.29　典型信号的时域波形和幅值概率密度函数

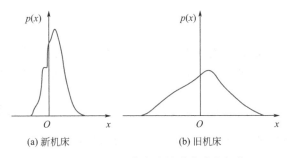

图 4.30　新旧机床变速箱噪声分布规律

4.4　频域分析方法

　　信号的时域描述只能反映信号幅值随时间的变化情况，一般很难明确揭示信号的频率组成及各频率分量的大小。信号频域分析是借助傅里叶变换，将时域信号转换到频率域，分解为不同频率的简谐信号，揭示信号的频率成分。频谱图以信号幅值为纵坐标，频率为横坐标，可反映被测信号的频率组成情况。

4.4.1　概述

　　信号的频谱是构成信号的各频率分量的集合，它完整地表示了信号的频率结构，即信号由哪些谐波组成、各谐波分量的幅值大小及初始相位，从而能够提供比时域信号波形更丰富的信息，便于研究组成信号的各频率分量的幅值及相位的信息，如图 4.31 所示。

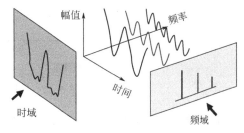

图 4.31　信号的时域频域描述

　　信号时域描述与频域描述之间的关系：信号的时域描述以时间为独立变量，强调信号的幅值随时间变化的特征；信号的频域描述以频率或角频率为独立变量，强调信号的幅值和初相位随频率变化的特征。时域描述与频域描述为从不同的角度观察、分析信号提供了方便。对旋转机械工作时产生的周而复始的、频率成分固定的周期信号来说，这两种分析方法都是可行的；但对旋转机械启/停过程等信号频率成分不断变化的过程，单独的时域分析或频域分析都不充分，必须将两者结合起来进行分析。

　　信号的时域描述、频域描述是信号表示的不同形式。同一信号无论采用哪种描述方法，其含有的信息内容是相同的，即信号的时域描述转换为频域描述时，不增加新的信息。

4.4.2　频谱分析

4.4.2.1　周期信号及其离散频谱

　　（1）周期信号傅里叶级数的三角函数展开式

　　从数学分析已知，任何周期函数在满足狄里克利（Dirichlet）条件时，都可以展开成由正交函数线性组合的无穷级数（如三角函数集或复指数函数集）的傅里叶级数，即一个周期为 T 的周期信号 $x(t)$。如果满足狄里克利条件，在一个周期内，均可以展开为傅里叶级数，且级数收敛。

狄里克利条件如下：

① 在一个周期内，函数处处连续或只存在有限个第一类间断点。

② 在一个周期内，函数极值点（极大值、极小值）的个数是有限的。

③ 在一个周期内，函数是绝对可积分的，即 $\int_{-\frac{T_0}{2}}^{\frac{T_0}{2}} x(t)\mathrm{d}t$ 应为有限值。

工程实际中的周期函数，一般都满足狄里克利条件，所以可将它展开成收敛的傅里叶级数。

傅里叶级数是描述周期信号的基本数学工具，通过它可以把任一周期信号展开成无穷多个正弦或余弦函数之和。

（2）周期信号的频域描述

以角频率 ω_0（或频率 f）为横坐标，各次谐波的幅值 A_n 或相位 θ_n 为纵坐标所作的图形称为周期信号的"三角频谱"，横坐标的取值范围为 $0\sim+\infty$。其中图形 A_n-ω 称为幅值频谱图（简称幅频图），如图 4.32（a）所示，幅频谱中每条竖线代表某一频率分量的幅值，称为谱线；图形 θ_n-ω 称为相位频谱图（简称相频图），如图 4.32（b）所示。信号的幅频图与相频图统称为信号的频谱图，这就是周期信号的频域描述。

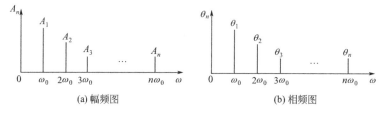

(a) 幅频图   (b) 相频图

图 4.32　周期信号的幅值与相位频谱图

在周期信号的频谱图中，由于 n 为整数，则相邻频率的间隔 $\Delta\omega=\omega_0=2\pi/T$，即各频率成分都是 ω_0 的整数倍。一个谐波在频谱图中对应一根谱线，对周期信号来说，谱线只会在频率等于 $0,\omega_0,2\omega_0,\cdots,n\omega_0$ 离散频率点上出现，这种频谱称为离散频谱，它是周期信号频谱的主要特点。三角频谱中的角频率 ω（或频率 f）从 0 到 $+\infty$ 变化，谱线总是在横坐标的一边，因而三角频谱也称为"单边谱"。

周期信号频谱特点如下：

① 离散性。周期信号的频谱由不连续的谱线组成，每一条谱线代表一个分量。

② 谐波性。每条谱线只出现在基波频率的整倍数上，基波频率是诸分量频率的公倍数。

③ 收敛性。各个频率分量的谱线高度表示该谐波的幅值或相位角，且幅值随谐波次数的增加而降低。

4.4.2.2　非周期信号及其连续频谱

非周期性信号包括准周期信号、瞬变信号，除准周期信号之外的非周期信号称为一般非周期信号，也就是瞬态信号。瞬态信号有瞬变性，如足球射门时冲击力的变化、承载缆绳（拉索）断裂时的拉力变化、洗澡过程淋浴器中水温的变化等信号均属于瞬态信号，如图 4.33 所示。本节讨论的非周期信号即指瞬态信号。

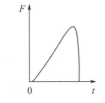

(a) 足球射门时的冲击力

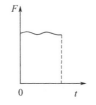

(b) 拉索断裂前后拉力的变化

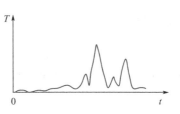

(c) 水温的变化

图 4.33　瞬态信号（非周期信号）举例

非周期信号是在时间上不会重复出现的信号，它的周期 $T \to +\infty$，因此，可以把非周期信号看作是周期趋于无穷大的周期信号，如图 4.34。基于这个观点，就可以从周期信号的角度来理解非周期信号并推导其频谱。

已经知道周期为 T 的信号 $x(t)$ 的频谱是离散频谱，相邻谐波之间的频率间隔 $\Delta\omega = \omega_0 = \dfrac{2\pi}{T}$，与

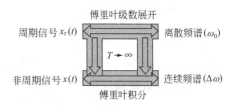

图 4.34　周期信号和非周期信号关系图

周期 T 的大小有关。当 $T \to +\infty$ 时，$\Delta\omega = \omega_0 = \dfrac{2\pi}{T} \to 0$，这意味着在周期无限扩大时，周期信号频谱的相邻谱线的间隔将无限缩小，相邻谐波分量无限接近，离散参数 $n\omega_0$ 变成连续变量 ω，以致离散频谱的顶点最后变成一条连续曲线，即成为连续频谱，对离散频率分量求级数和运算可用积分运算来取代（求和 $\sum \to$ 积分 $\int$），所以非周期信号的频谱是连续的，是由无限多个、频率无限接近的分量所组成的。这时，非周期信号的频域描述已不能用傅里叶级数展开，而要用傅里叶积分来描述

$$X(\omega) = \int_{-\infty}^{\infty} x(t) e^{-j\omega t} \, dt \tag{4.46}$$

$$x(t) = \frac{1}{2\pi} \int_{-\infty}^{\infty} X(\omega) e^{j\omega t} \, d\omega \tag{4.47}$$

这样，$x(t)$ 与 $X(\omega)$ 建立了确定的对应关系。在数学上，称 $X(\omega)$ 为 $x(t)$ 的傅里叶正变换，或简称为傅里叶变换（Fourier translation，简写为 FT），称 $x(t)$ 为 $X(\omega)$ 的傅里叶逆变换（傅里叶积分）（inverse Fourier transform 简写为 IFT），记作

$$x(t) \xrightarrow{\text{FT}} X(\omega) \tag{4.48}$$

$$X(\omega) \xrightarrow{\text{IFT}} x(t) \tag{4.49}$$

非周期信号频谱具有以下特点：

① 连续性。非周期信号的频谱是连续的，这是与周期信号频谱的最大区别。

② 谐波性。非周期信号也可以分解为许多不同频率的谐波（正弦、余弦）分量之和，但它包含了从 0 到 $+\infty$ 的所有频率成分（个别点除外）。

③ 收敛性。非周期信号的幅值频谱从总体变化趋势上看具有收敛性，即谐波的频率越高，其幅值密度就越小。

4.4.3 包络分析

轴承、齿轮等旋转机械发生损伤性故障时，振动信号呈现调制特征，频谱上存在边频带，给直接利用频谱分析进行故障诊断带来困难。信号调制就是用低频测量信号去控制另一个作为载体的高频载波信号，让后者的某一参数，比如幅值、频率、相位等，按前者的值变化。信号解调就是将载波信号的参数取出来，从已调制波中恢复原有低频调制信号的过程。因此，需对故障信号进行解调处理，分析包络谱的强度和频率，从而判断故障部位和损伤程度。包络解调法及诊断案例见 7.3.1。

4.4.4 倒谱分析

倒谱是英文 cepstrum 的直译，也称二次谱和对数功率谱等，1962 年由 Bogert、Healy 和 Tukey 等人提出。倒谱分析是检测复杂谱图中周期分量的有效工具，可将振动信号功率谱图上的众多边带谱线简化为单根谱线，具有信息凝聚作用。另外，利用倒谱的解卷积作用，使得原信号中的卷积关系变为加法关系，使信号的分离变得简单，可以用来消除传递系统函数或噪声信号的影响。

倒谱方法在回声检测、语音分析、地震预报、机械故障诊断和噪声分析等方面获得了广泛的应用。在机械故障诊断中，倒谱的主要应用之一是分离边带信号，在齿轮和滚动轴承发生故障时，信号中常出现调制现象，此时采用倒谱分析十分有效。

（1）倒谱的分类

倒谱按定义可分为功率倒谱、幅值倒谱、相关倒谱和复倒谱等几类。

① 功率倒谱。设时域信号 $x(t)$ 的功率谱密度函数为 $S_x(f)$，则功率倒谱的表达式为

$$C_p(q) = |F\{\ln S_x(f)\}|^2 \tag{4.50}$$

该式的含义是：对时域信号 $x(t)$ 的功率谱密度函数 $S_x(f)$ 取对数，然后再进行傅里叶变换，再取模的平方。显而易见，倒谱是频域信号的傅里叶变换，与自相关函数类似，变换到一个新的时间域，称为倒频域，其中变量 q 为倒频率（quefrency），它具有与自相关函数 $R_x(\tau)$ 中的自变量 τ 相同的时间量纲，单位为 s 或 ms。

它与自相关函数不同的是增加了对数加权，这是倒谱的一个特点，对数加权的目的在于：

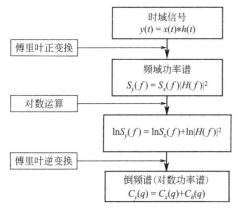

图 4.35 对数功率谱流程示意图

扩展频谱的动态范围。取对数后使得对较低的幅值分量有较大的加权，对较高的幅值分量有较小的加权，利于识别频谱中的周期成分。

对数加权后具有解卷积的作用，便于分离和提取目标信号。由于倒频谱进行了对数加权，因此，又常称对数功率谱。对数功率谱流程示意如图 4.35 所示。工程上实测的振动信号往往不是振源信号本身，而是振源信号 $x(t)$ 经过传递系统 $h(t)$ [$H(f)$ 是其频谱] 到测点的输出信号 $y(t)$，对于线性系统，三者的关系可用卷积表示，如图 4.35 所示，* 表示卷积。可以看出，倒

频谱 $C_y(q)$ 由两部分组成，即振源信号 $x(t)$ 的倒频谱 $C_x(q)$ 和传递系统 $h(t)$ 的倒频谱 $C_h(q)$。

② 幅值倒谱。若采用式(4.50)的平方根形式来定义倒谱，称为幅值倒谱，即

$$C_a(q) = |F\{\ln S_x(f)\}| \tag{4.51}$$

③ 相关倒谱。为了使倒谱的物理意义更清晰明了，常采用一种类似相关函数的形式，即

$$C_r(q) = F^{-1}\{\ln S_x(f)\} \tag{4.52}$$

④ 复倒谱。上述三种形式的倒谱的定义式都失去了相位信息，然而工程上往往需要保存相位信息，以便复原信号，为此，倒谱也可用复数的形式来表示，称为复倒谱。

若用复频谱来表示幅值频谱时，有

$$X(f) = |X(f)|e^{j\varphi(f)} = \mathrm{Re}X(f) + j\mathrm{Im}X(f) \tag{4.53}$$

式中，Re 表示频谱 $X(f)$ 的实部，Im 表示频谱 $X(f)$ 的虚部。

于是，复倒谱 $C_e(q)$ 可写为

$$\begin{aligned} C_e(q) &= F^{-1}\{\ln X(f)\} = F^{-1}\{\ln[|X(f)|e^{j\varphi(f)}]\} \\ &= F^{-1}\{\ln[|X(f)|]\} + jF^{-1}\{\varphi(f)\} \end{aligned} \tag{4.54}$$

使用倒谱分析不仅能清楚地分离功率谱中含有的周期分量，还能够清楚地分离边带信号和谐波，这对齿轮和滚动轴承等故障分析与诊断十分有效。

(2) 倒谱分析法应用实例

① 轴承诊断案例。图 4.36(a) 为滚动轴承的振动信号对数功率谱，其呈对称的边频族特征，边频间隔均为 32.4Hz，但由于边频众多，不易识别，因此可采用倒谱方法识别。图 4.36(b) 为其倒谱，可以测得 $q_1 = 30.86$ms 的倒频分量，其倒数就是频谱中的 32.4Hz。根据傅里叶变换的特性，也可以说倒谱中的一根谱线代表了频谱的一族周期成分，这利于边带信号的特征提取与识别，也利于克服边带具有的不稳定性缺陷。另外，图 4.36(b) 也可以用来解释取对数的目的：将谱图中小幅值信号变大，大幅值信号变小，扩大信号的幅值动态范围，使其更加接近周期信号，以提高后续傅里叶变换的精度。

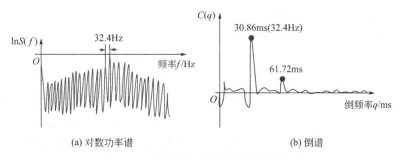

(a) 对数功率谱　　　　　　　　　　(b) 倒谱

图 4.36　滚动轴承的振动信号倒谱分析

② 齿轮诊断案例。某齿轮箱［如图 4.37(a) 所示］输入轴转频 85Hz，输出轴转频 50Hz。图 4.37(b) 为振动信号的频谱，A、B、C 分别是齿轮啮合频率及其二次、三次谐波。在 A、B、C 处都有边带信号但不突出，无法确定主要调制源。

通过倒频谱分析：从图 4.37(c) 中看出 85Hz 成分较强，50Hz 成分较弱，说明齿轮箱频谱中的边带信号主要是由输入轴调制的，应着重检修输入轴和该轴上的齿轮。

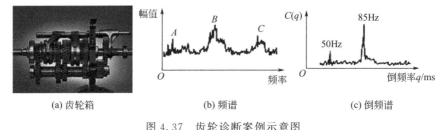

(a) 齿轮箱　　　　　　　(b) 频谱　　　　　　　(c) 倒频谱

图 4.37　齿轮诊断案例示意图

4.4.5　阶次分析

旋转机械振动特征往往与转速有关，其工作状态可由与转速成正比的振动信号各阶频率分量之间的相互关系识别，恒定转速条件下通常采用等时间间隔采样。

设备转速在严格意义上并不是恒定的，而是随载荷（如转速）等因素波动的，特别是在启、停机阶段。变转速工况下振动信号属于时域非平稳信号，此时等时间间隔采样信号不满足傅里叶变换对信号平稳性的要求。在启、停机等变转速阶段，在转速变化较快时，等时间间隔采样将使得信号频谱图上随转速变化的频率分量变得模糊，失去物理意义。显然，变转速条件下，等时间间隔采样将不适用。解决思路就是采用等角度采样，也就是按照等角度间隔采样，此时测得的数据波形依旧是等频率的。这种方法就是阶次分析。

（1）阶次分析及阶次谱

阶次分析也称阶比分析、阶次谱分析，定义为在某一时间段内，振动信号的频率与参考轴转频的比值。物理意义为在参考轴转过一周的过程中，该旋转结构发生冲击振动的次数。计算公式为

$$O = \frac{60f}{n} \tag{4.55}$$

式中　O——阶比（order）；

　　　f——振动信号的循环频率，Hz；

　　　n——参考轴转速，r/min。

因此，阶比能够很好地表示与转速相关的循环振动。

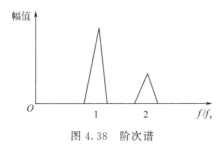

图 4.38　阶次谱

阶次分析通过在角度域等间隔重采样，将时域非平稳信号转化为角域平稳信号。是主要针对旋转机械非平稳振动信号，在 FFT 技术的基础上发展起来的一种信号分析方法。它充分利用了设备的转速信号，对转速信号做跟踪滤波和等角度采样。对等角度采样的时域信号做傅里叶变换，可得到阶次谱，示意图如图 4.38 所示。

阶次分析是工程实际中常见的旋转机械变转速状态下振动信号的分析方法，定义为在某一时间段内，振动信号的频率与参考轴转频的比值。其实现过程主要包括阶比跟踪和阶比重采样两个步骤。图 4.39 为阶次分析的实现过程示意图，通过振动传感器采集振动信号，经过锁相倍频器分析滤波，利用外触发采样信号采集数据，最后经过 FFT 变换获得阶次谱。

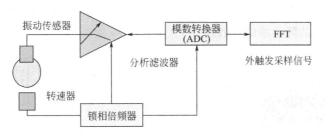

图 4.39　阶次分析的实现示意图

通常在旋转机械振动信号的转频的整数倍频处进行观察，该整数倍就是阶次，即其频率与转频之比。通常阶次与转频的关系可表示为 $l = f/f_r$，其中 f 表示频率（Hz），l 为阶次，f_r 为转频（旋转频率）。阶次揭示了每个回转周期振动的次数，与机械设备的转速无关，与机械信号的角域平稳特征相匹配，物理意义更加明确。

（2）重采样方法

常用的重采样法通过拟合转速曲线、积分求解鉴相时标和插值采样等步骤完成。具体步骤如下。

① 转速曲线拟合。常用的转速辅助设备如光电开关、编码器等，其原理都是利用自身或者系统的结构特性在参考轴转过特定角度位置时，激发电路产生短暂的脉冲电平。在一段较小的时间内，通过记录这些脉冲产生的时刻，并结合其转过的弧度间隔，可以计算出一系列的转速离散点。对这些离散点进行 k 次曲线拟合，便可以得到参考轴的转速曲线。参考轴转过角度和时间的关系如下：

$$\theta(t) = a_0 + a_1 t + \cdots + a_k t^k \tag{4.56}$$

式中，角标 k 表示阶次；a 为系数；t 为时间。

② 鉴相时标求解及插值采样。根据设定的角域采样率 F_0 以及 $\Delta\varphi \geqslant 1/F_0$ 由选定求解的角度增量 $\Delta\varphi$，将需要求解的各角度位置 $\theta(t_i) = i\Delta\varphi$ 代入式（4.56），可求解得到任意角度位置所对应的时标 t_i

$$t_i = \frac{1}{2a_2}(\sqrt{a_1^2 + 4a_2(i\Delta\varphi - a_0)} - a_1) \tag{4.57}$$

③ 将已经求解的各增量时标，在采集的振动信号 $x(t)$ 中插值采样，由此获取以角度为度量单位的序列 (θ_i, x_i)，该序列是消除了转速变化影响的角域平稳信号。

（3）阶次分析的局限性

以上重采样流程是实现振动信号阶比跟踪的传统方法，理论上可以对信号实现从时域到角域的准确转换，但是在实际应用中存在其局限性：

首先，在一定的时间段内对转速曲线进行拟合，再对转速曲线进行积分，获得参考轴转过角度的方程。由于转速的波动性和转速曲线拟合误差的存在，在积分过程中，容易造成误差的积累，不利于对鉴相时标的精确求解。其次，在获取各鉴相时标的过程中需要对二次方程（或高次方程）进行求解。该过程计算量较大，存在较长时间的计算延迟，不利于信号的在线转换和特征表达。

（4）阶次分析应用实例

下面为基于阶比分析的外圈故障轴承诊断实例。故障轴承仿真信号如图 4.40（a）所示，轴承转速逐渐增加，转速曲线如图 4.40（b）所示。利用阶比分析处理故障轴承信号，阶比分析结果如图 4.40(c) 所示。阶比谱中可以识别出代表轴承外圈故障的阶比，说明阶比分析变转速工况下轴承故障诊断的有效性。

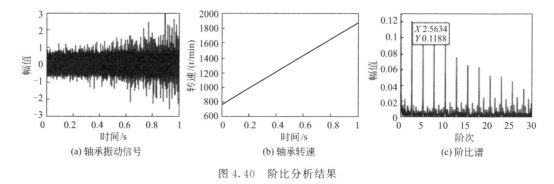

图 4.40　阶比分析结果

4.5　时频分析方法

根据傅里叶级数原理，任何信号都可表示为不同频率的平稳正弦波的线性叠加，经典的傅里叶分析能够完美地描绘平稳的正弦信号及其组合。然而，许多随机过程从本质上来讲是非平稳的，例如记录下来的语音或音乐的声压信号，振动中的冲击响应信号，机组启、停机信号等。当然，非平稳信号的谱密度也可以用傅里叶谱分析方法来计算，可是所得到的频率分量是对信号历程平均化的计算结果，并不能恰当地反映非平稳信号的特征。为了克服傅里叶变换不能同时进行时频分析的不足，对于非平稳、非正弦的机电设备动态信号的分析，必须寻找既能够反映时域特征又能够反映频域特征的新方法。这样才能提供信号特征全貌，正确有效地进行时频分析。本节主要介绍短时傅里叶变换、Wigner-Ville 分布等非平稳信号分析方法的原理、特点及其在工程中的应用。

4.5.1　短时傅里叶变换

傅里叶变换是人们长期使用的有效工具，它用平稳的正弦波作为基函数 $e^{2j\pi ft}$ $e^{2j\pi ft} = \cos(2\pi ft) + j\sin(2\pi ft)$，通过内积运算去变换信号 $x(t)$，得到其频谱 $X(f)$，即

$$X(f) = \int_{-\infty}^{+\infty} x(t) e^{2j\pi ft} dt = \langle x(t), e^{2j\pi ft} \rangle \tag{4.58}$$

式中，$j = \sqrt{-1}$。

这一变换建立了一个从时域到频域的谱分析通道。频谱 $X(f)$ 显示了用正弦基函数分解出的包含在 $x(t)$ 中的任一正弦频率的总强度。傅里叶谱分析提供了平均的频谱系数，这些系数只与频率 f 有关，而与时间 t 无关。傅里叶分析还要求所分析的随机过程是平稳的，即过程的统计特性不随时间的推移而改变。

如果将非平稳过程视为由一系列短时平稳信号组成，任意一短时信号就可应用式(4.58)的傅里叶变换进行分析。1946 年，加博（Gabor）提出了窗口傅里叶变换概念，用一个在时间上可滑移的时窗来进行傅里叶变换，从而实现了在时间域和频率域上都具有较好局部性的分析方法，这种方法称为短时傅里叶变换（short time Fourier transform，STFT）。

设 $h(t)$ 是中心位于 $t=0$、高度为 1、宽度有限的时窗函数，通过 $h(t)$ 所观察到的信

号 $x(t)$ 的部分是 $x(t)h(t)$，如图 4.41 所示。

当 $h(t)$ 的中心位于 τ，由加窗信号 $x(t)h(t-\tau)$ 的傅里叶变换产生短时傅里叶变换

$$
\begin{aligned}
\mathrm{STFT}_x(\tau,f) &= \int_{-\infty}^{+\infty} x(t)h(t-\tau)\mathrm{e}^{-2\mathrm{j}\pi ft}\mathrm{d}t \\
&= \int_{-\infty}^{+\infty} x(t)\big[h(t-\tau)\mathrm{e}^{-2\mathrm{j}\pi ft}\big]\mathrm{d}t \\
&= \langle x(t), h(t-\tau)\mathrm{e}^{2\mathrm{j}\pi ft}\rangle
\end{aligned}
\tag{4.59}
$$

这一内积运算将信号 $x(t)$ 映射到时频二维平面 (τ,f) 上。这里 $h(t-\tau)\mathrm{e}^{-2\mathrm{j}\pi ft}$ 是 STFT 的基函数。参数 f 可视为傅里叶变换中的频率，傅里叶变换中的许多性质都可应用于短时傅里叶变换。这里，窗函数 $h(t)$ 的选取是关键。由于高斯函数的傅里叶变换仍然是高斯函数，因此，最优时间局部化的窗函数是高斯窗函数

$$
h_{\mathrm{G}}(t) = \frac{1}{2\sqrt{\pi\alpha}}\mathrm{e}^{\frac{t^2}{4\alpha}}
\tag{4.60}
$$

这里恒有 $\alpha>0$，图 4.42 示出了高斯窗函数的形状。

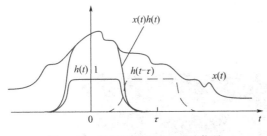

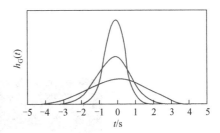

图 4.41　加窗函数为 $h(t)$ 的信号　　　　图 4.42　高斯窗函数（$\alpha=1,\ 1/4,\ 1/16$）

考虑到短时傅里叶变换区分两个纯正弦波的能力，当给定了时窗函数 $h(t)$ 和它的傅里叶变换 $H(f)$，则带宽 Δf 有

$$
(\Delta f)^2 = \frac{\int f^2 |H(f)|^2 \mathrm{d}f}{\int |H(f)|^2 \mathrm{d}f}
\tag{4.61}
$$

如果两个正弦波之间的频率间隔大于 Δf，那么这两个正弦波就能够被区分开。可见 STFT 的频率分辨率是 Δf。同样，时域中的分辨率 Δt 有

$$
(\Delta t)^2 = \frac{\int t^2 |h(t)|^2 \mathrm{d}t}{\int |h(t)|^2 \mathrm{d}t}
\tag{4.62}
$$

然而，时间分辨率 Δt 和频率分辨率 Δf 不可能同时任意小。根据海森伯（Heisenberg）不确定性原理，时间和频率分辨率的乘积受到以下限制

$$
\Delta t \Delta f \gg \frac{1}{4\pi}
\tag{4.63}
$$

式(4.63) 中，当且仅当采用了高斯窗函数，等式成立。式(4.63) 表明，要提高时间分辨率，只能降低频率分辨率，反之亦然。因此，时间与频率的最高分辨率是受到 Heisenberg 不确定性原理制约的。这一点在实际应用中应当注意。此外，由式(4.61) 和式(4.62) 表示的时间和频率分辨率一旦确定，则在整个时频平面上的时频分辨率保持不变。短时傅里

叶变换能够分析非平稳动态信号，但由于其基础是傅里叶变换，更适合分析准平稳（quasi-stationary）信号。如果一信号由高频突发分量和长周期准平稳分量组成，那么短时傅里叶变换结果能给出满意的时频分析结果。

仿真信号的时域波形图如图 4.43 所示，时频分布图如图 4.44 所示，在时频分布图上可以明显看出仿真信号含有两个频率成分以及它们随时间变化的情况。

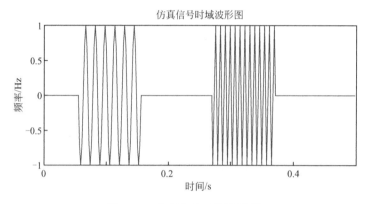

图 4.43　仿真信号时域波形图

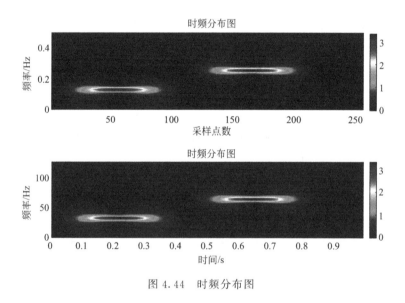

图 4.44　时频分布图

4.5.2　Wigner-Ville 分布

在机械故障诊断学领域，涉及的信号从统计意义上讲不都是平稳的，常常要遇到非平稳瞬变和随时间变化明显的调制信号。这些信号的频率特征与时间有明显的关系，提取和分析这些时变信息对机械故障诊断意义重大。Wigner-Ville 分布可看作信号能量在联合的时间和频率域中的分布，是分析非平稳和时变信号的重要工具。它是由 Wigner 在 1932 年提出的，最初用于量子力学的研究。1948 年 Ville 开始将它引入信号分析领域。1970 年 Mark 指出了 Wigner-Ville 分布中最主要的缺陷——交叉干扰项的存在。1980 年 Claasen 和 Mecklenbraker 在一篇连载发表的论文中详尽论述了 Wigner-Ville 分布的概念、定义、性质以及数值计算等问题。Wigner-Ville 分布不仅具有许多有用的特性，而且与许多其他的时频表示相比，例如短时傅里叶变换谱和时间尺度谱，能更好地描述信号的时变特征。因此，尽管受到交叉干扰项的制约，Wigner-Ville 分布仍然得到了十分广泛的应用，如声频系统的描述和解释、地震勘探信号处理、生物信号表示以及时变信号滤波等。本节介绍了 Wigner-Ville 分布的定义、性质、计算、交叉干扰项及其抑制。

（1）Wigner-Ville 分布的定义

设 $x(t)$ 为一连续时间信号，则

$$\text{WVD}_x(t,\omega) = \int_{-\infty}^{+\infty} x\left(t+\frac{\tau}{2}\right) x^*\left(t-\frac{\tau}{2}\right) \exp(-j\omega\tau)d\tau \tag{4.64}$$

式中，τ 为积分变量。

式（4.64）称为信号 $x(t)$ 的自 Wigner-Ville 分布（auto-WVD）。相应地，若 $y(t)$ 为另一个连续时间信号，则互 Wigner-Ville 分布（cross-WVD）定义为

$$\text{WVD}_{x,y}(t,\omega) = \int_{-\infty}^{+\infty} x\left(t+\frac{\tau}{2}\right) y^*\left(t-\frac{\tau}{2}\right) \exp(-j\omega\tau)d\tau \tag{4.65}$$

式中，$x^*(t)$ 和 $y^*(t)$ 分别是 $x(t)$ 和 $y(t)$ 的复共轭。

此外，WVD 也可以从频域中计算。设 $X(\omega)$ 和 $Y(\omega)$ 分别是信号 $x(t)$ 和 $y(t)$ 的傅里叶变换，$X^*(\omega)$ 和 $Y^*(\omega)$ 分别是 $X(\omega)$ 和 $Y(\omega)$ 的复共轭，Ω 为积分变量，则自 Wigner-Ville 分布和互 Wigner-Ville 分布可由以下两式表示

$$\text{WVD}_x(t,\omega) = \frac{1}{2\pi}\int_{-\infty}^{+\infty} X\left(\omega+\frac{\Omega}{2}\right) X^*\left(\omega-\frac{\Omega}{2}\right) \exp(-j\Omega\tau)d\tau \tag{4.66}$$

$$\text{WVD}_{x,y}(t,\omega) = \frac{1}{2\pi}\int_{-\infty}^{+\infty} X\left(\omega+\frac{\Omega}{2}\right) Y^*\left(\omega-\frac{\Omega}{2}\right) \exp(-j\Omega\tau)d\tau \tag{4.67}$$

（2）Wigner-Ville 分布的主要性质

Wigner-Ville 分布有许多优良的特性，结合本书重点涉及的机械监测与故障诊断，给出主要的特性如下。

① 时移不变性。如果信号有一个时间移位 t_0，则它的 WVD 也有相同的时移 t_0。即若 $\tilde{x}(t) = x(t-t_0)$，则 $\text{WVD}_{\tilde{x}}(t,\omega) = \text{WVD}_x(t-t_0,\omega)$。

② 频移不变性。如果信号受到一频率 ω_0 的调制，则它的 WVD 也有相同的频率移位 ω_0。即若 $\tilde{x}(t) = x(t)\exp(-j\omega_0 t)$，则 $\text{WVD}_{\tilde{x}}(t,\omega) = \text{WVD}_x(t,\omega-\omega_0)$。

③ 时域有界性。如果信号在某个时间范围内是有界的，则它的 WVD 也在相同的时间范围内是有界的。即当 $t \notin [t_1,t_2]$ 时，$x(t)=0$，则 $t \notin [t_1,t_2]$ 时，也有 $\text{WVD}_x(t,\omega)=0$。

④ 频域有界性。如果信号在某个频率范围内是有界的，则它的 WVD 也在相同的频率范围内是有界的。即当 $\omega \notin [\omega_1,\omega_2]$ 时，$X(\omega)=0$，则当 $\omega \notin [\omega_1,\omega_2]$ 时，也有 $\text{WVD}_x(t,\omega)=0$。

⑤ 时间边界条件。

$$\frac{1}{2\pi}\int_{-\infty}^{+\infty} \text{WVD}_x(t,\omega)d\omega = |x(t)|^2 \tag{4.68}$$

⑥ 频率边界条件。

$$\int_{-\infty}^{+\infty} \text{WVD}_x(t,\omega)dt = |X(\omega)|^2 \tag{4.69}$$

由以上时间和频率边界条件，可以用帕塞瓦尔（Parseval）能量关系得到

$$\frac{1}{2\pi}\int_{-\infty}^{+\infty}\int_{-\infty}^{+\infty}\mathrm{WVD}_x(t,\omega)\mathrm{d}t\,\mathrm{d}\omega=\frac{1}{2\pi}\int_{-\infty}^{+\infty}|X(\omega)|^2\mathrm{d}\omega=\int_{-\infty}^{+\infty}|x(t)|^2\mathrm{d}t \qquad (4.70)$$

由式(4.70)可看出，$\mathrm{WVD}_x(t,\omega)$ 中包含的能量等于原信号 $x(t)$ 所具有的能量。由于 Wigner-Ville 分布具有上述性质，使其具有十分明确的物理意义，可以被看作是信号的能量在时域和频域中的分布，因此，作为一种十分有效的信号时频分析工具，Wigner-Ville 分布已在许多领域得到成功的应用。

(3) 交叉干扰项及其抑制

Wigner-Ville 分布不仅具有许多有用特性，而且比短时傅里叶变换谱有更好的分辨率。然而，它的一个主要缺陷是存在交叉干扰项（cross-term interference）。交叉干扰项是指当信号含有多个成分时，信号的 Wigner-Ville 分布中的两两成分之间时频中心坐标的中点处存在的无任何物理意义的振荡分量。它们提供了虚假的能量分布，影响了 Wigner-Ville 分布的物理解释。从数理意义上讲，交叉干扰项的存在是由非线性变换造成时间和频率干涉所致。以由两个信号构成的和信号 $x(t)=x_1(t)+x_2(t)$ 为例，Wigner-Ville 分布为

$$\mathrm{WVD}_x(t,\omega)=\mathrm{WVD}_{x_1}(t,\omega)+\mathrm{WVD}_{x_2}(t,\omega)+2\mathrm{Re}\{\mathrm{WVD}_{x_1,x_2}(t,\omega)\} \qquad (4.71)$$

式(4.71)说明两信号和的 WVD 不是它们各自 WVD 的和，除了两个自项之外，还包含一个互项，即交叉干扰项。因为交叉干扰项通常是振荡的，而且幅度可达自项的两倍，造成信号的时频特征模糊不清，因此如何抑制交叉干扰项对时频分析非常重要。当信号中含有 N 个成分时，交叉干扰项的数目是 $N(N-1)/2$。对于实际信号，交叉干扰项可能会与自项混叠在一起，干扰模式更为复杂。为解决这一问题，专家学者们做了大量的工作。但不幸的是，迄今仍然没有找到能够完全消除交叉干扰项而又不损害 Wigner-Ville 分布有用特性的方法。

在此介绍一种简单、实用的方法。在机械故障诊断的应用中，重视的往往是某个特定频率分量随时间的变化情况，因此可利用数字滤波技术保留要观测的频率分量，滤除其他成分，使信号保持单一频率成分，消除频率方向的交叉干扰项。在时间方向，可选取短的时间窗，这样既可抑制时间方向的交叉干扰项，又能提高时间分辨率。图 4.45 给出了处理过程的流程图。

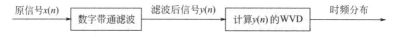

图 4.45　消除交叉干扰项的计算流程

在重点观察的频率附近（例如齿轮的啮合频率附近）选取滤波通带，用数字带通滤波滤除通带以外的频率成分，然后计算滤波信号的 WVD。为了保证要重点观察的频率分量在滤波以后的特性保持不变，推荐采用以下非递归零相移（保相）滤波过程

$$y(n)=\sum_{k=-K}^{K}b_k x(n-k) \qquad (4.72)$$

式中　$x(n)$ ——源信号（输入）；

　　$y(n)$ ——滤波后信号（输出）；

　　k ——滤波器长度，可以取 40、60、100 等；

　　b_k ——滤波器系数，由下式确定

$$b_k=\frac{\sin(2k\pi f_{\mathrm{hc}}T)-\sin(2k\pi f_{\mathrm{lc}}T)}{k\pi},\ (k=0,\pm1,\pm2,\cdots,\pm K) \qquad (4.73)$$

式中 f_{hc}——带通滤波器上限截止频率；

　　　f_{lc}——带通滤波下限截止频率；

　　　T——采样间隔。

4.5.3　其他时频分析方法

（1）小波变换

小波变换（wavelet transformation）是建立在泛函分析、傅里叶分析、样条分析及调和分析基础上的新的分析处理工具。它可以看作对短时傅里叶变换的窗函数增加一个尺度因子，及在平移的基础上使窗口宽度能够伸缩。这个能够伸缩、平移的窗函数叫作小波（wavelet）。与短时傅里叶变换的窗函数不同，它是一种小区域的波，是一种特殊的长度有限、均值为 0 的波形。小波（例如滤波或卷积）的工作过程相当于一个显微镜头所引起的作用，平移就是使镜头相对于目标平行移动，伸缩的作用相当于使镜头向目标推进或拉远。近十年来，小波变换的理论和方法在信号处理、语音分析、模式识别、数据压缩、图像处理、数字水印、量子物理等专业和领域得到广泛的应用。

在故障诊断中，由于实际环境的不确定性，所采集到的信号往往含有大量的噪声，使得有效信号被噪声所湮没。小波变换方法通过对信号进行多尺度的分解，能更有效地提取出特征信号，其原理可以理解为用一组带通滤波器对信号进行滤波，通过选择合适的母小波函数的伸缩因子和平移因子得到窗函数。只要选择与原始信号匹配的基本小波函数，就可以得到高时频分辨率的变换结果。因此，小波变换在故障诊断中得到了广泛的应用，详细内容见 7.3.2 节。

（2）同步压缩变换

传统的短时傅里叶变换时频分布受窗函数结构的影响，使得时频能量分布在真实的瞬时频率附近始终存在能量扩散现象。同步压缩变换（synchro squeezing transform，SST）最初是在连续小波变换（CWT）的基础上被提出的，后来进行了数学理论分析并推导了其压缩过程、分解过程以及重构过程。SST 主要是在连续小波变换的基础之上，根据信号各分量的时频特性，将尺度方向的能量重新分配为频率方向上的能量。SST 不仅可以在时频面上增强能量聚集性，而且能够从一个多分量信号中重构出各个信号分量。SST 作为一种时频后处理方法，利用时频重排技术，在频域上将时频能量挤压至真实瞬时频率位置，使得时频谱中能量更加聚集。因此，适用于旋转机械设备的故障诊断。

（3）经验模态分解方法

经验模态分解（empirical mode decomposition，EMD）是近年来发展起来的一种新的信号处理方法，是黄锷（N. E. Huang）等于 1998 年提出的，适合分析非线性、非平稳信号序列。经验模态分解将复杂的信号函数分解成有限个本征模态函数（intrinsic mode function，IMF）之和，具有自适应、正交性和完备性的特点，能克服小波变换和自适应时频分析方法的不足。EMD 方法在气象观测、地震资料记录与分析、地球物理探测、机械故障诊断、结构模态参数识别以及医学数据分析等领域都得到了很好的应用。详细内容见 7.3.3 节。

（4）稀疏表示

信号稀疏表示是一种信号分析的综合方法，其核心在于：给定的任意一个采样信息中，是否存在一组基或原子信号，使得通过这组基或原子信号的尽可能少的稀疏组合，以近似于原始信息。信号稀疏表示简化了信号处理过程，在处理各种任务，如去噪、恢复、分离、压缩、采样、分析和综合、检测和识别等方面都表现出了极大的优越性。稀疏表示方法在充分保留脉冲信号冲击特征的同时，降低了信号冗余分量，可实现故障特征的增强，因此稀疏表示方法在机械故障诊断领域得到了广泛应用。详细内容见 7.3.4 节。

(5) 盲源分离

盲源分离（blind source separation，BSS）是在源信号及其混合形式未知的前提下，根据混合数据分离出源信号的方法。这里的"盲"有两层含义：一是指源信号未知（不可观测）；二是指混合系统特性事先未知，或只知其少量先验知识（如非高斯、统计独立等）。盲源分离方法已经形成了以基于信息熵或似然估计的盲源分离方法为基础，以独立成分分析为核心，以非负矩阵分解、稀疏成分分析等新兴算法为前沿的理论体系，已被广泛应用于信号处理、数据通信、遥感影像分析、地学空间信息处理及故障诊断等领域。详细内容见 7.3.5 节。

(6) S 变换

为了解决短时傅里叶变换只能以一种分辨率进行时频分析及小波变换不能直接与频率对应的缺陷，1996 年美国地球物理学家 Stocwkell 在前人的基础上提出了 S 变换。在 S 变换中，基本小波是由简谐波与高斯函数的乘积构成的，基本小波中的简谐波在时间域仅做伸缩变换，而高斯函数则进行伸缩和平移。作为小波变换和短时傅里叶变换的继承和发展，S 变换采用高斯窗函数且窗宽与频率的倒数成正比，免去了窗函数的选择和改善了窗宽固定的缺陷，并且时频表示中各频率分量的相位谱与原始信号保持直接的联系。S 变换法与短时傅里叶变换法相比的最大优点在其高斯窗函数中的频率变量可以根据具体的频率大小来调节，从而实现对时频分辨率的控制；与小波变换相比的最大优势在于，它可以反映出信号真正的时间频率谱，完整地描述信号特征。另外 S 变换拥有短时傅里叶变换和小波变换的线性特征，对于多分量的合成信号来说，S 变换结果不存在交叉项，这使其时频分析成效得到了大幅提升，也使其在旋转机械设备的故障诊断中得到了广泛的应用。

(7) 全息谱

传统谱分析一次只对一个测点信号进行分析，无法描述设备振动的全貌，而且，谱分析通常只顾及了幅值随频率分布方面的信息，信息量小，无法使不同类型的故障显示出明确的特征。全息谱技术的主导思想是集成了一个或多个截面水平和垂直通道上的振动信号的幅值、频率和相位信息，用合成的一些椭圆来描述不同频率分量下转子的振动行为，即将被传统谱分析所忽略的相位信息充分利用起来，使设备的振动形态得到全面的反映，以提高故障诊断所需要的信息量。因此，全息谱比一般方法更能准确识别和诊断旋转机械隐含的故障特征。

4.6 其他分析方法

在启、停机过程中，转子经历了各种转速。其振动信号是转子系统对转速变化的响应，是转子动态特性和故障征兆的反映，包含了平时难以获得的丰富信息，特别是通过临界转速时振动、相位的变化信息。因此，启、停机过程分析是转子检测的一项重要工作。

在旋转机械状态监测与故障诊断过程中，通常将启、停机过程的信号称为"瞬态信号"。相对于此，将机器正常运行时的信号称为"稳态信号"。为实现对机器启、停机信号的采集并为瞬态信号的分析提供条件，要求对信号进行同步整周期采集，这就需要引入键相位信号，以实现转速的测量和采集的触发。如果不能引入键相位信号，那么对瞬态信号的采集就不完整，分析的结果也就不完整，特别是相位谱，就没有明确的物理概念。

用于启、停机过程瞬态信号的分析方法很多，除轴心轨迹、轴心位置和相位分析以外，主要通过极坐标图、波德图和瀑布图来了解启、停机过程的特性。

4.6.1　轴心轨迹

轴心轨迹是轴心相对于轴承座的运动轨迹，它反映了转子瞬时的涡动状况。对轴心轨迹的观察有利于了解和掌握转子的运动状况。跟踪轴心轨迹是在一组瞬态信号中，相隔一定的时间间隔（实际上是相隔一定的转速）对转子的轴心轨迹进行观察的一种方法。这种方法是随着在线监测技术的普及而逐步被认可的，它具有简单、直观，判断故障简便等优点。

图 4.46 是某压缩机高压缸轴承外轴心轨迹随转速升高的变化情况。在通过临界转速及升速结束之后，轨迹在轮廓上接近椭圆，说明这时基频为主要振动成分，如果振幅值不高，应该说机组是稳定的。如果达到正常运行工况时机组振幅值仍比较高，应重点怀疑不平衡、转子弯曲一类的故障。

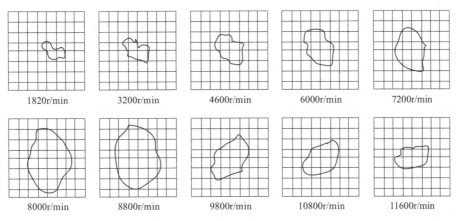

|1820r/min|3200r/min|4600r/min|6000r/min|7200r/min|
|8000r/min|8800r/min|9800r/min|10800r/min|11600r/min|

图 4.46　某压缩机高压缸跟踪轴心轨迹

4.6.2　波德图

波德（Bode）图是描述某一频带下振幅和相位随过程的变化而变化的两组曲线。频带可以是 1 次、2 次或其他谐波；这些谐波的幅值、相位既可以用 FFT 法计算，也可以用滤波法得到。当过程的变化参数为转速时，例如启、停机期间，波德图实际上又是机组随激振频率（转速）不同而幅值和相位变化的幅频响应和相频响应曲线。

当过程参数为速度时，需要关注的是转子接近和通过临界转速时的幅值响应和相位响应情况，从中可以辨识系统的临界转速以及系统的阻尼状况。

图 4.47 是某转子在升速过程中的波德图。从图中可以看出，系统在通过临界转速时幅值响应有明显的共振峰，而相位在临界前后转了近 180°。

除了随转速变化的响应外，波德图实际上还可以作机组随其他参数变化时的响应曲线，比如时间，不过这时的横坐标应是时间，这对诊断转子缺损故障非常有效。也可以针对工况，当工况条件改变时作波德图，这时的幅频响应和相频响应如果不是两条直线，说明工况变化对振动的大小和相位有影响，利用这一特点可以甄别或确认其他征兆相近的故障。

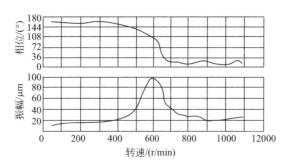

图 4.47 某压缩机高压缸波德图

4.6.3 极坐标图

极坐标图实质上就是振动向量图，和波德图一样，振动向量可以是 1 次、2 次谐波或其他谐波的振动分量。极坐标图有时也被称为奈奎斯特（Nyquist）图，但严格说来，二者是有差别的，因为极坐标图是按实际响应的幅值相位来绘制的，而 Nyquist 图一般理解为是按机械导纳来绘制的。

极坐标图可以看成是波德图在极坐标上的综合曲线，它对于说明不平衡质量的部位、判断临界转速以及进行故障分析是十分有用的。和波德图相比，极坐标图在表现旋转机械的动态特性方面更为清楚和方便，所以其应用也越来越广。

极坐标图除了记录转子在升速或降速过程中系统幅值与相位的变化规律外，也可以描述在定速情况下，由于工作条件或负荷变化而导致的基频或其他谐波幅值与相位的变化规律。例如转子局部腐蚀、掉块，转子部件脱落而使转子不平衡、质量发生变化等导致基频幅值与相位变化；又如轴上某一局部温升导致轴产生不均匀热变形，这相当于给转子增添不平衡质量而使基频幅值与相位发生变化。利用极坐标图诊断这类故障非常有效。

图 4.48 为某压缩机高压缸自由端轴承处轴的水平振动的极坐标图，其工作转速为12400r/min，借助图上所示的变化趋势，有助于诊断、甄别一些征兆相近的故障。

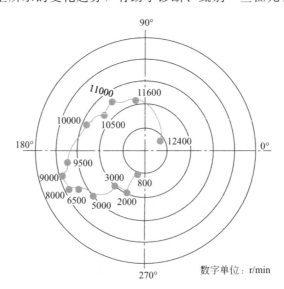

图 4.48 某机组升速过程的极坐标图

第5章　旋转机械故障机理与诊断

1. 了解转子系统振动的基本特性，掌握涡动、临界转速概念及特点。
2. 了解转子不平衡种类及故障机理，掌握不平衡故障特征并熟练应用。
3. 了解转子不对中类型及故障机理，掌握不对中故障特征并熟练应用。
4. 了解动静件摩擦故障机理，重点掌握径向摩擦故障特征并能初步应用。
5. 了解转子弯曲、支承部件松动以及基础共振故障机理，掌握振动特征并能初步应用。

旋转机械是机械设备的重要组成部分，如离心压缩机、燃气轮机、航空发动机、柴油发动机、涡轮式水轮机及通过转子旋转实现加工的车床、铣床等设备。旋转机械故障的主要特征是异常振动和噪声，可从其振动信号的幅域、频域和时域反映机器的故障信息。本章主要介绍旋转机械典型故障机理与诊断方法，包括转子系统振动特性及转子不平衡、转子不对中、动静件摩擦与转子弯曲、支承部件松动等典型故障机理与诊断案例。

5.1　转子系统振动基本特性

旋转机械的主要部件是转子，其结构型式虽然多种多样，但对一些简单的旋转机械来说，为分析和计算方便，一般都将转子的力学模型简化为一圆盘装在一无质量的弹性转轴上，转轴两端由刚性的轴承及轴承座支承。该模型称为刚性支承的转子，对它进行分析计算得到的结论，基本上能够说明转子振动的基本特性，适用于简单的旋转机械。

5.1.1　转子振动力学模型

大多数情况下，旋转机械的转子轴心线是水平的，转子的两个支承点在同一水平线上。设转子上的圆盘位于转子两支点的中央，当转子静止时，圆盘的重量使转子轴弯曲变形产生静挠度，即静变形。此时，由于静变形较小，对转子运动的影响不显著，可以忽略不计，因此认为圆盘的几何中心 O' 与轴线 AB 上 O 点相重合，如图5.1所示。转子开始转动后，由于离心力的作用，转子产生动挠度。此时，转子有两

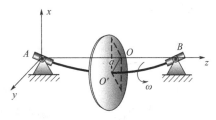

图5.1　单圆盘转子模型

种运动：一种是转子的自身转动，即圆盘绕其轴线 $AO'B$ 的转动；另一种是弓形转动，即弯曲的轴心线 $AO'B$ 与轴承连线 AOB 组成的平面绕 AB 轴线的转动。

圆盘的质量以 m 表示，它所受的力是转子的弹性力 F

$$F = -ka \tag{5.1}$$

式中，k 是转子的刚度系数，$a = OO'$。

圆盘的运动微分方程为

$$\begin{cases} m\ddot{x} = F_x = -kx \\ m\ddot{y} = F_y = -ky \end{cases} \tag{5.2}$$

$$\begin{cases} \ddot{x} + \dfrac{k}{m}x = 0 \\ \ddot{y} + \dfrac{k}{m}y = 0 \end{cases} \tag{5.3}$$

令 $\omega_c = \sqrt{\dfrac{k}{m}}$，则

$$\begin{cases} x = X\cos(\omega_c t + \varphi_x) \\ y = Y\cos(\omega_c t + \varphi_y) \end{cases} \tag{5.4}$$

式中　X, Y——振动幅度；

　　　φ_x, φ_y——相位。

由式(5.4) 所示，圆盘或转子中心 O' 在互相垂直的两个方向做频率为 ω_c 的简谐运动。在一般情况下，X, Y 振幅不相等，O' 点的轨迹为一椭圆。O' 的这种运动是一种涡动或称进动。转子的涡动方向与转子的转动角速度 ω 同向时，称为正进动；与 ω 反方向时，称为反进动。

5.1.2　临界转速

转子的运动行为（涡动）与转子的角速度是密不可分的，换句话说转子角速度是影响转子运动行为的一个重要参数。随着机器转动速度的逐步提高，大量生产实践证明，当转子转速达到某一数值后，振动就大得使机组无法继续工作，似乎有道不可逾越的速度屏障，即所谓的临界转速 n_c。

Jeffcott 用一个对称的单转子模型在理论上分析了这一现象，证明只要在振幅还未上升到危险程度时迅速提高转速，越过临界转速点后，转子振幅就会降下来。转子在高速区存在着一个稳定的、振幅较小的、可以工作的区域。从严格意义上讲，临界转速的值并不等于转子的固有频率，而且在临界转速下发生的剧烈振动与共振是不同的物理现象。下面分别介绍无阻尼和有阻尼情况下，临界转速对转子系统基本特性的影响规律。

（1）无阻尼转子振动特性

如果圆盘的质心 G 与转轴中心 O' 不重合，设 e 为圆盘的偏心距离，即 $O'G = e$，如图 5.2 所示，则当圆盘以角速度 ω 转动时，质心 G 的加速度在坐标上的位置为

$$\begin{cases} \ddot{x}_G = \ddot{x} - e\omega^2\cos(\omega t) \\ \ddot{y}_G = \ddot{y} - e\omega^2\sin(\omega t) \end{cases} \tag{5.5}$$

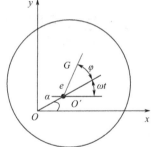

图 5.2　圆盘质心位置

参考式(5.3)，则轴心 O' 的运动微分方程为

$$
\begin{cases} m\ddot{x}+kx=me\omega^2\cos(\omega t) \\ m\ddot{y}+ky=me\omega^2\cos(\omega t) \end{cases} \tag{5.6}
$$

令 $\omega_c=\sqrt{\dfrac{k}{m}}$，则

$$
\begin{cases} \ddot{x}+\omega_c^2 x=e\omega^2\cos(\omega t) \\ \ddot{y}+\omega_c^2 y=e\omega^2\cos(\omega t) \end{cases} \tag{5.7}
$$

式(5.7) 中右边是不平衡质量所产生的激振力。令 $Z=x+\mathrm{i}y$，则式(5.7) 的复变量形式为

$$
\ddot{Z}+\omega_c^2 Z=e\omega^2 \mathrm{e}^{\mathrm{i}\omega t} \tag{5.8}
$$

其特解为

$$
Z=A\mathrm{e}^{\mathrm{i}\omega t} \tag{5.9}
$$

代入式(5.8) 后，可求得振幅

$$
|A|=\left|\frac{e\omega^2}{\omega_c^2-\omega^2}\right|=\left|\frac{e\omega^2}{1-(\omega/\omega_c)^2}\right| \tag{5.10}
$$

由于不平衡质量造成圆盘或转轴振幅放大因子 β 为

$$
\beta=\frac{|A|}{e}=\frac{(\omega/\omega_c)^2}{1-(\omega/\omega_c)^2} \tag{5.11}
$$

由式(5.8) 和式(5.11) 可知，轴心 O' 的响应频率和偏心质量产生的激振力频率相同，而相位也相同（$\omega<\omega_c$ 时）或相差 $180°$（$\omega>\omega_c$ 时）。这表明，圆盘转动时，图 5.2 的 O、O' 和 G 三点始终在同一直线上。这条直线绕过 O 点而垂直于 Oxy 平面的轴以角速度 ω 转动。O' 点和 G 点做同步进动，两者的轨迹是半径不相等的同心圆，这是正常运转的情况。如果在某瞬时，转轴受一横向冲击，则圆盘中心 O' 同时有自然振动和强迫振动，其合成的运动是比较复杂的。O、O' 和 G 三点不在同一直线上，而且涡动频率与转动频率不相等。实际上由于有外阻力作用，涡动是衰减的。经过一段时间，转子将恢复其正常的同步进动。

在正常运转的情况下，由式(5.10) 可知：

① 当 $\omega<\omega_c$ 时。$A>0$，O' 和 G 在 O 点的同一侧，如图 5.3(a) 所示。

② 当 $\omega>\omega_c$ 时。$A\approx -e$，或 $OO'\approx -O'G$，G 在 O 和 O' 之间，如图 5.3(c)。此时振动很小，转动反而比较平稳。这种情况称为"自动对心"。

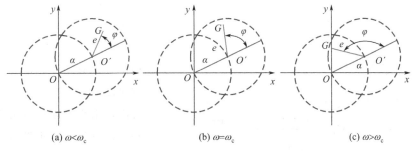

图 5.3　转子质心的相位变化

③ 当 $\omega=\omega_c$ 时。$A\to\infty$，是共振情况。实际上由于存在阻尼，振幅 A 不是无穷大而是较大的有限值，转轴的振动非常剧烈，以至于有可能断裂。与 ω_c 对应的每分钟的转速则称为"临界转速"，以 n_c 表示，即 $n_c=60\omega_c/2\pi=9.55\omega_c$。

如果机器的工作转速小于临界转速，则称为刚性轴；如果工作转速高于临界转速，则称为柔性轴。由上面分析可知，具有柔性轴的旋转机器运转时较为平稳。但在启动过程中，要经过临界转速。如果缓慢启动，则经过临界转速会发生剧烈的振动。

（2）有阻尼转子振动特性

研究不平衡响应时，如果考虑外阻尼力的作用，则式（5.6）变为

$$\begin{cases} m\ddot{x} + c\dot{x} + kx = me\omega^2\cos(\omega t) \\ m\ddot{y} + c\dot{y} + ky = me\omega^2\cos(\omega t) \end{cases} \tag{5.12}$$

令 $Z = x + \mathrm{i}y$，$\omega_c = \sqrt{k/m}$，则式（5.12）的复变量形式为

$$\ddot{Z} + 2n\dot{Z} + \omega_c^2 Z = e\omega^2 \mathrm{e}^{\mathrm{i}wt} \tag{5.13}$$

其特解为

$$Z = |A|\mathrm{e}^{\mathrm{i}(\omega t + \varphi)} \tag{5.14}$$

由此解得

$$\begin{cases} |A| = e\dfrac{(\omega/\omega_c)^2}{\sqrt{[1-(\omega/\omega_c)^2]^2 + (2\xi\omega/\omega_c)^2}} \\ \tan\varphi = \dfrac{2\xi(\omega/\omega_c)}{1-(\omega/\omega_c)^2} \end{cases} \tag{5.15}$$

式中，$\xi = \dfrac{c}{2m\omega_c}$。

若令 $\lambda = \omega/\omega_c$，则式（5.15）可进一步写为

$$\begin{cases} |A| = e\dfrac{\lambda^2}{\sqrt{(1-\lambda^2)^2 + 4\xi^2\lambda^2}} \\ \tan\varphi = \dfrac{2\xi\lambda}{1-\lambda^2} \end{cases} \tag{5.16}$$

此时，由于不平衡质量造成圆盘或转轴振动响应，振幅放大因子 β 为

$$\beta = \frac{|A|}{e} = \frac{\lambda^2}{\sqrt{(1-\lambda^2)^2 + 4\xi^2\lambda^2}} \tag{5.17}$$

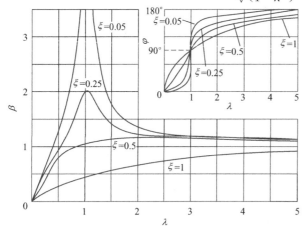

图5.4 幅频响应与相频响应曲线

在式（5.16）中可以看到振幅与相位角都与转动角速度和固有频率的比值 $\lambda = \omega/\omega_c$ 有关，振幅放大因子 β 和相位 φ 随频率比 λ 变化的幅频和相频响应曲线如图5.4。从图5.4中可以看出，由于外阻尼的存在，转子中心 O' 对不平衡质量的响应在 $\omega = \omega_c$ 时不是无穷大而是有限值，而且不是最大值，最大值发生在 $\omega > \omega_c$ 阶段。对于实际的转子系统，把出现最大值时的转速作为临界转速 n_c，在升速或

降速过程中，用测量响应的办法来确定转子的临界转速，所得数据在升速时略大于前面所定义的临界转速 n_c，而在降速时则略小于 n_c。

5.2　转子不平衡故障机理与诊断

转子不平衡（简称不平衡）是由于转子部件质量偏心或转子部件出现缺损造成的故障。转子不平衡是旋转机械最常见的故障之一，据统计，旋转机械约有 50% 以上的故障与转子不平衡有关。如，2009 年 3 月 26 日，从巴西飞往哥伦比亚的货机，由于高压涡轮不平衡导致中央发动机爆炸，发动机掉落造成房屋损毁。转子不平衡导致飞机事故如图 5.5 所示。

图 5.5　转子不平衡故障导致飞机事故图

5.2.1　转子不平衡的种类

造成转子不平衡的具体原因很多，按发生转子不平衡的过程可分为原始不平衡、渐发性不平衡和突发性不平衡等几种情况，可从振动趋势上进行甄别。

原始不平衡是由于转子制造误差、装配误差以及材质不均匀等原因造成的，如出厂时动平衡没有达到平衡精度要求，在投用之初，便会产生较大的振动。原始不平衡表现为在运行初期机组的振动就处于较高的水平，见图 5.6(a)。

渐发性不平衡是由于转子的不均匀结垢，介质中粉尘的不均匀沉积，介质中颗粒对叶片及叶轮的不均匀磨损，以及工作介质对转子的磨蚀等因素造成的。渐发性不平衡表现为在运行初期机组波动较低，随着时间的推移，振值逐步升高，见图 5.6(b)。

突发性不平衡是由于转子上零部件脱落或叶轮流道有异物附着、卡塞造成的，突发性不平衡表现为振动值突然升高，然后稳定在一个较高的水平，见图 5.6(c)。

此外，转子不平衡按机理又可分为静失衡、力偶失衡、准静失衡、动失衡四类。

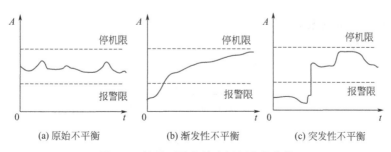

图 5.6　转子不平衡故障振幅变化趋势

5.2.2 转子不平衡的振动机理

（1）转子系统动力学模型

考虑如图 5.7 所示的转子系统，单圆盘转子的质量为 m，偏心距 e。静态时，如不考虑重力影响，转子的几何中心 O_r 与两支承点 O 重合。转子旋转时，在质量偏心引起的离心力的作用下，转子产生动挠度 z，此时转子有两种运动：一种是转子的自身转动，即圆盘绕其轴线 AO_rB 的转动；另一种是弓形转动，即弯曲的轴心线 AO_rB 与轴承连线 AOB 组成的平面绕 AB 轴线的转动。

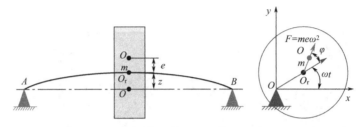

图 5.7 转子力学模型

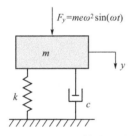

图 5.8 转子振动的等效力学模型

以刚性转子为例介绍转子不平衡的机理，由于轴转速较低，离心力 $\boldsymbol{F}$ 与挠度位移 $z=\overrightarrow{OO_r}$ 方向相同，其夹角（相位）$\varphi=0$。可将转子系统简化为一个质量块-弹簧-阻尼系统，转子系统在不平衡力激励下的振动可等效成质量块-弹簧-阻尼系统的受迫振动，如图 5.8 所示。转子以角速度 ω 转动，仅考虑 y 轴振动，用 y 表示转轴的挠度 z 在 y 轴上的投影，此时轴的弹性恢复力 F_{ky} 为

$$F_{ky} = -ky \tag{5.18}$$

式中，$k = \dfrac{48EJ}{l^3}$ 为系统的等效刚度，负号表示力的方向与位移方向相反。

由于偏心产生的离心力为 $F = me\omega^2$，其在 y 轴上的投影为

$$F_y = me\omega^2 \sin(\omega t) \tag{5.19}$$

列出系统的微分方程

$$m\ddot{y} + c\dot{y} + ky = me\omega^2 \sin(\omega t) \tag{5.20}$$

式中，m 为系统的等效质量；c 为系统的等效阻尼，该微分方程的特解为

$$y = A\sin(\omega t - \varphi) \tag{5.21}$$

式中　A——稳态振动的振幅；

　　　φ——相位差。

可得

$$\beta = \frac{A}{e} = \frac{\lambda^2}{\sqrt{(1-\lambda^2)^2 + (2\xi\lambda)^2}} \tag{5.22}$$

$$\varphi = \arctan \frac{2\xi\lambda}{1-\lambda^2} \tag{5.23}$$

式中，$\lambda = \dfrac{\omega}{\omega_c}$ 为外界激振频率与系统固有频率的比值；ξ 为阻尼比，$\xi = \dfrac{c}{2m\omega_c}$。

当 $\omega = \omega_c$ 时，$\beta \to \infty$，有共振现象。ω_c 称为转轴的临界角速度，换算成的转速 n_c 称为临界转速，有

$$n_c = \frac{60\omega_c}{2\pi} = 9.55\sqrt{\frac{k}{m}} \tag{5.24}$$

如果机械的工作转速小于临界转速 n_c，则转轴称为刚性转子；如果工作转速高于临界转速，则转轴称为柔性转子。

（2）转子不平衡的幅频与相频特性

以振幅放大因子 β 和相位 φ 随频率比 λ 的变化为例，介绍系统的幅频特性和相频特性。

由图 5.9 可以看出以下规律：

① 转速小于临界转速时，随着转速的提升，转子振幅逐步增大。此时，质心 O_m 在几何中心 O_r 与旋转中心 O 的连线之外，如图 5.9(a) 所示。在这个阶段内，转速越高，离心力越大，转子振幅也就越大。

② 转速达到临界转速（$\lambda = 1$）时，转子振幅急剧增大。实际上转子无法在此附近工作，转子的工作区域应该小于 $0.7\omega_c$ 或大于 $1.4\omega_c$。当不考虑系统阻尼（$\varepsilon = 0$），β 的表达式为：

$$\beta = \frac{(\omega/\omega_c)^2}{1-(\omega/\omega_c)^2} = \frac{\lambda^2}{1-\lambda^2} \tag{5.25}$$

当转子转速接近临界转速（$\omega \approx \omega_c$）即 $\lambda \to 1$ 时，有 $\beta = \dfrac{A}{e} \to \infty$，由于 e 为偏心距，故此时转子振幅为无穷大。实际由于阻尼的存在，振幅不可能达到无穷大。

③ 当转速继续增大超过 ω_c 后，转子的振幅随转速的增加反而会下降。根据式（5.25），当 $\omega > \omega_c$ 时，β 为负值，表示离心力 F 与挠度位移矢量方向相反，其物理意义为圆盘的质心 O_m 点近似地落在固定轴心点 O 与转子几何中心 O_r 之间，离心力指向固定轴心点 O，使 O_r 靠向 O 点，因此振动反而下降，这种现象称为自动对心，原理如图 5.9(b) 所示。

④ 理想状态下，转子超过临界转速进入自动对中区后，随着转速增加，$\beta \to -1$，挠度 $z = \beta e \to -e$，表示质心 O_m 与旋转中心 O 重合，如图 5.9(c) 所示。此时离心力消失，转子仅受弹性恢复力的作用，因为挠度等于偏心距 e，因此基础所受力为 ke，分配到每个轴承上是 $ke/2$。可见，柔性转子的振幅大小决定于动平衡质量，动平衡越好，偏心距 e 就越小，机械系统的振动就越小。这也说明了转子动平衡的重要性。

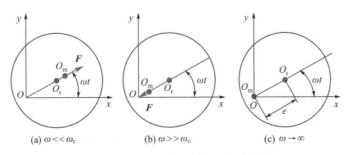

图 5.9　无阻尼时转子质心的相位变化

根据受迫振动的特点，相位表示位移与激振力之间的相位差。根据图 5.4 所示相频曲线也可看出，理想状态下（即系统无阻尼，$\xi=0$ 时）：当 $\lambda<1$ 时，有 $\varphi=0$，即离心力与转子位移方向 $\overrightarrow{OO_r}$ 同相；$\lambda\geqslant1$ 时，$\varphi=\pi$，离心力与转子位移方向 $\overrightarrow{OO_r}$ 反相，此现象称为转子过临界转速时的相位翻转现象。

但实际中，阻尼无处不在，这就使得位移矢量变化总是落后于激振力矢量，转子的质心相位是渐变的，其过程可用图 5.10 来描述。当转速很低时，离心力 F 与位移方向 $\overrightarrow{OO_r}$ 同相，$\varphi=0$；当转速增大但未达到临界转速时，有 $0<\varphi<90°$，此时离心力 F 在 $\overrightarrow{OO_r}$ 方向分量仍为同相，振幅较大；当 $\omega=\omega_c$ 时，$\varphi=\pi/2$，此时离心力在位移方向的分量为 0，主要是结构共振成分；$\omega>\omega_c$ 时，$\pi/2<\varphi<\pi$，此时离心力 F 在 $\overrightarrow{OO_r}$ 方向的分量朝向转子回转中心，离心力变为向心力，产生自动对中效果，振幅大大减小。实际由于阻尼的存在，质心无法达到图 5.10(b)、(c) 所绘的位置。

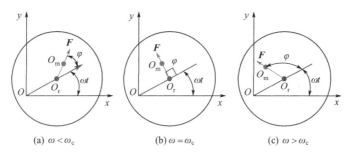

(a) $\omega<\omega_c$ (b) $\omega=\omega_c$ (c) $\omega>\omega_c$

图 5.10　有阻尼时转子质心的相位变化

另外，可以列出 x 轴响应为

$$x=B\cos(\omega t-\alpha) \tag{5.26}$$

两式的合成波形就是转子几何中心的 O_r 的运行轨迹，称为轴心轨迹。

5.2.3　转子不平衡的特征

实际工程中，由于轴的各个方向上刚度有差别，特别是由于支承刚度各向不同，因而转子对平衡质量的响应在 x、y 方向不仅振幅不同，而且相位差也不是 90°。因此，转子的轴心轨迹不是圆而是椭圆，如图 5.11 所示。

由上述分析知，转子不平衡故障的主要振动特征如下：

① 振动的时域波形近似为正弦波。

② 频谱图中，谐波能量集中于基频，并且会出现较小的高次谐波，如图 5.12 所示。

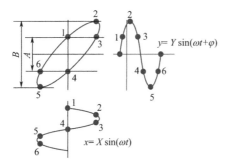

图 5.11　转子不平衡的轴心轨迹

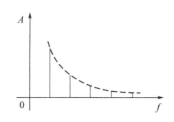

图 5.12　转子不平衡故障谱图

③ 当 $\omega < \omega_c$ 时，即在临界转速以下，振幅随着转速的增加而增大；对于柔性转子而言，当 $\omega > \omega_c$ 后，即在临界转速以上，转速增加时振幅趋于一个较小的稳定值；当 ω 接近 ω_c 时，即转速接近临界转速时，发生共振，振幅具有最大峰值。振动幅值对转速的变化很敏感，如图 5.13 所示。

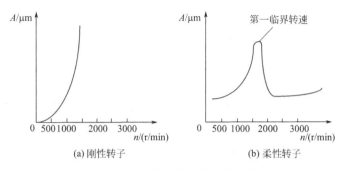

(a) 刚性转子　　　　(b) 柔性转子

图 5.13　转子不平衡的主要特征

④ 当工作转速一定时，相位稳定。

⑤ 转子的轴心轨迹为椭圆。

⑥ 从轴心轨迹观察其进动特征为同步正进动。

5.2.4　转子不平衡诊断实例

（1）诊断实例一

某大型离心式压缩机组蒸汽透平经检修更换转子后，机组启动时发生强烈振动。压缩机两端轴承处径向振幅达到报警值，机器不能正常运行。主要振动特征如图 5.14 所示。

① 主要振动特征。由图 5.14 可见：振动大小随转速升降变化明显；时域波形为正弦波；轴心轨迹为椭圆；振动相位稳定，为同步正进动；频谱中能量集中于 1x 频，有突出的峰值，高次谐波分量较小。

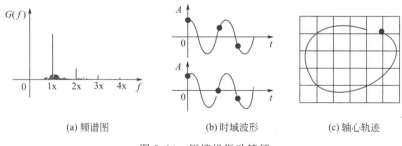

(a) 频谱图　　　　(b) 时域波形　　　　(c) 轴心轨迹

图 5.14　压缩机振动特征

② 诊断意见。根据以上振动特征可知，压缩机发生强烈振动的原因是转子不平衡。检查该转子的库存记录，库存时间较长，转子较重，保管员未按规定周期盘转，所以初步断定是转子动平衡不良造成的。

③ 处理措施。机组故障原因是转子不平衡，短期内不会迅速恶化。考虑到化工生产工艺流程生产不能中断，经研究决定，监护运行。

④ 生产验证。在加强监测的前提下维持运行，其振动趋势稳定，没有增大的趋势。

维持运行一个大修周期（18 个月）后，下次大修时更换转子并送专业厂检查，发现不平衡量严重超标。

（2）诊断实例二

某 52 万吨每年尿素装置 CO_2 压缩机组低压缸转子，大修后开车振动值正常，但在线监测系统发现其振动值有逐步增大的趋势。其时域波形为正弦波，分析其频谱，以 1 倍频为主。如图 5.15 所示。

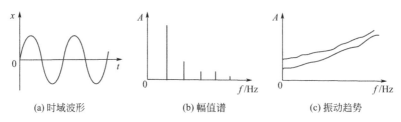

（a）时域波形　　　　（b）幅值谱　　　　（c）振动趋势

图 5.15　CO_2 压缩机渐发性不平衡振动特征

① 诊断意见。经过两个月的连续观测，根据其振动特征，对照本节所述对几类不平衡故障的甄别方法，判定其故障原因为渐发性不平衡，是由于转子流道结垢或局部腐蚀造成的。

② 处理措施。渐发性不平衡短期内不会迅速恶化，同时正常生产一旦中断将会导致巨大的经济损失，因此决定利用在线监测系统监护其运行，待大修时再做处理。

③ 生产验证。6 个月后工厂年度大修，更换转子后在机修车间检查，转子并不弯曲，目测检查无结垢和腐蚀现象，一时对故障诊断结论提出了怀疑。但送专业厂拆卸检查后发现，轴套内侧（不拆卸转子时看不到部分）发生局部严重腐蚀，导致转子不平衡质量逐渐增大。

5.2.5　动平衡方法

转子动平衡可分为低速动平衡和高速动平衡，一般来说低速动平衡将转子按照刚性转子处理，高速动平衡按柔性转子处理。常用的柔性转子动平衡方法有振型平衡法和影响系数平衡法。

5.2.5.1　振型平衡法

假设一个待平衡的转子有 k 个轴向平面可以用来施加校正质量，这些平面的轴向坐标分别为 $s_1, s_2, \cdots, s_k$，需要平衡掉这个转子的前 N 阶振型，这些振型在轴向位置 $s_1, s_2, \cdots, s_k$ 的振幅分别为 $\phi_1(s_1), \phi_1(s_2), \cdots, \phi_1(s_k)$；$\phi_2(s_1), \phi_2(s_2), \cdots, \phi_2(s_k)$ 和 $\phi_N(s_1)$，$\phi_N(s_2), \cdots, \phi_N(s_k)$。$P_1, P_2, \cdots, P_k$ 为在 k 个平面上施加的校正质量。

将转子上存在的原始不平衡量 $e(s)$ 按振型分解，假设它包含的第 j 阶振型的成分为 c_j，第 j 阶振型的模态质量为 M_j。

根据振动模态理论，可以得到

$$\phi_1(s_1)P_1 + \phi_1(s_2)P_2 + \cdots + \phi_1(s_k)P_k = -c_1 M_1$$
$$\phi_2(s_1)P_1 + \phi_2(s_2)P_2 + \cdots + \phi_2(s_k)P_k = -c_2 M_2$$
$$\cdots \qquad\qquad\qquad\qquad\qquad\qquad (5.27)$$
$$\phi_N(s_1)P_1 + \phi_N(s_2)P_2 + \cdots + \phi_2(s_k)P_k = -c_N M_N$$

当施加校正质量可以产生的不平衡与转子原始存在的不平衡大小相等、方向相反时，即达到了平衡目的。在其他参数已知的条件下从方程解得的 P_i 就是需要施加的校正质量。

$k=N$ 时，校正质量的平面数与平衡振型的个数相等，方程有唯一解 P_i。这是模态平衡法中的 N 平面法，此外还有（$N+2$）平面平衡法。

5.2.5.2　影响系数平衡法

影响系数平衡法是常用而又有效的平衡法，最早是在 1961 年前后提出的。影响系数平衡法和刚性转子的两平面平衡法类似，不同的是影响系数法要考虑由于转轴柔性造成的振动随转速的变化。该方法除了可以用来进行柔性转子的高速动平衡，还适用于刚性转子平衡。影响系数平衡法基于激振力与响应的线性假设，只从数学角度考虑，不计转子振动的模态等力学内涵。它不同于模态平衡法中对各阶振型的分解和按阶平衡过程，只求解这个系统的输入与输出构成的传递函数，进而以最小输出为目标，求其最佳加重质量组。

（1）影响系数平衡法的基本算法

对于被平衡的转子，可以确定两个基本参数，即平衡时需要考虑的测点数 n 以及转子上用来加平衡重的平面数 m。

影响系数平衡法的原理如图 5.16 所示。设各测点在各转速时的原始振动为 A_{10}，$A_{20}, \cdots, A_{n0}$。a_{ij} 为在 j 平面加重、在测点 i 处得到的影响系数，它表示了转子在 j 处的单位不平衡质量造成 i 处振动的变化量。每个平面施加的平衡质量分别为 $P_1, P_2, \cdots, P_m$。

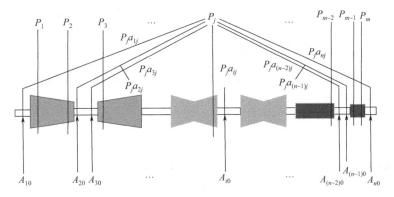

图 5.16　影响系数平衡法原理图

根据影响系数的定义，得到线性方程组

$$
\begin{cases}
a_{11}P_1 + a_{12}P_2 + \cdots + a_{1m}P_m + A_{10} = 0 \\
a_{21}P_1 + a_{22}P_2 + \cdots + a_{2m}P_m + A_{20} = 0 \\
\cdots\cdots \\
a_{n1}P_1 + a_{n2}P_2 + \cdots + a_{nm}P_m + A_{n0} = 0
\end{cases}
\tag{5.28}
$$

式（5.28）中每个方程表示所有加重质量对测点 i 的贡献应该与该点的原始振动 A_{10} 相反，使最后在该点合成的振动为零。

式（5.28）用矩阵形式表示为

$$
\boldsymbol{CP} = \boldsymbol{A}
\tag{5.29}
$$

式中，系数矩阵为 $\boldsymbol{C} = \begin{bmatrix} a_{11} & a_{12} & \cdots & a_{1m} \\ a_{21} & a_{22} & \cdots & a_{2m} \\ \vdots & \vdots & & \vdots \\ a_{n1} & a_{n2} & \cdots & a_{nm} \end{bmatrix}$，$\boldsymbol{P} = [P_1, P_2, \cdots, P_m]^{\mathrm{T}}$，$\boldsymbol{A} =$

$[-A_{10}, -A_{20}, \cdots, -A_{n0}]^{\mathrm{T}}$。如果 $m = n$，此时式（5.29）的系数矩阵为方阵。该方程组有唯一的零解。

（2）影响系数的获得方法

影响系数平衡法的过程就是通过试加重求得各个影响系数的过程。一旦得知方程组中的每个影响系数，那么 P 的求解仅是数学问题。

影响系数按下列方法获取：

① 首先需测试各测点的原始振动值 $A_{10}, A_{20}, \cdots, A_{n0}$；

② 在第 j 平衡平面加试重 P_{ij}，测取各测点的振幅 $A_{1j}, A_{2j}, \cdots, A_{nj}$，则影响系数

$$\alpha_{ij} = \frac{A_{ij} - A_{i0}}{P_{ij}} \tag{5.30}$$

对于 m 个加重平面，总共需试加重 m 次，得到 $m \times n$ 个影响系数。求解应该加重的质量组 $(P_1, P_2, \cdots, P_m)$。

在平衡过程中，通常将不平衡质量平面认为是加重平面。但需要注意，这两者并不是一回事。转子的实际不平衡质量可以位于轴向的任何位置，而加重平面是受到实际机组结构限制的几个有限的平面。理论上可以证明，加重平面与不平衡质量所在平面不重合时仍可将测点的振动降低。测点位置和加重平面位置不一样，这在使用影响系数平衡法时是完全允许的。

（3）影响系数平衡法现场平衡加重实例

某台 200MW 机组，大修后开机启动，升速到 3000r/min，3 号瓦垂直方向振动约 100μm，决定进行动平衡。

平衡计算过程如下：

① 测原始振动：$A_0 = 97\mu m \angle 277°$；

② 接长轴前联轴器［如图 5-17(a) 所示］试加重：$P_1 = 781g \angle 135°$；

③ 再次启动升速 3000r/min，测效果矢量：$A_1 = 140\mu m \angle 269°$；

④ 利用影响系数平衡法计算得到影响系数：

$\alpha = (A_1 - A_0)/P_1 = (140\mu m \angle 269° - 97\mu m \angle 277°)/(781g \angle 135°) = (0.0589\mu m/g) \angle 116.9°$；

⑤ 算得最终加重量：$P = 1646.9g \angle 340°$；

⑥ 加重后结果：$\Delta A = 17\mu m \angle 121°$。

影响系数平衡法矢量图如图 5.17(b) 所示。

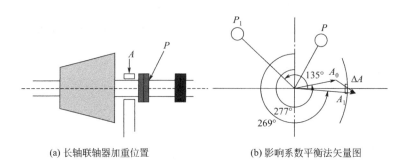

(a) 长轴联轴器加重位置　　　　(b) 影响系数平衡法矢量图

图 5.17　影响系数平衡法示例

5.3　转子不对中故障机理与诊断

大型机组通常由多个转子组成，各转子之间用联轴器连接构成轴系，传递运动和转矩。由于机器的安装误差、工作状态下热膨胀、承载后的变形以及机器基础的不均匀沉降等，有可能会造成机器工作时各转子轴线不在同一直线上，称为转子不对中（简称不对中）。具有不对中故障的转子系统在其运转过程中将产生一系列有害于设备的动态效应，导致机器发生异常振动，危害极大，如引起机器联轴器偏转、轴承早期损坏、油膜失稳、轴弯曲变形等，如图 5.18 所示。

(a) 增加机器的振动　　(b) 增加密封件的磨损　　(c) 联轴器的损坏　　(d) 增加轴承的磨损

图 5.18　不对中故障振动危害示意图

5.3.1　转子不对中的类型

转子不对中如图 5.19 所示，转子不对中包括轴承不对中和轴系不对中两种情况。轴颈在轴承中偏斜称为轴承不对中。轴承不对中本身不会产生振动，它主要影响到油膜性能和阻尼。在转子不平衡情况下，由于轴承不对中对不平衡力的反作用，会出现工频振动。

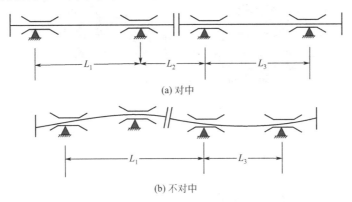

(a) 对中

(b) 不对中

图 5.19　转子对中和不对中的受力情况

机组各转子之间用联轴器连接时，如不处在同一直线上，就称为轴系不对中。通常所讲的不对中多指轴系不对中。造成轴系不对中的原因有安装误差、管道应变影响、温度变化热变形、基础沉降不均等。由于不对中，将导致轴向、径向交变力，引起轴向振动和径向振动。由不对中引起的振动会随不对中严重程度的增加而增大。不对中是非常普遍的故障，即使采用自动调位轴承和可调节联轴器也难以使轴系及轴承绝对对中。当对中超差过大时，会对设备造成一系列有害的影响，如联轴器咬死、轴承碰摩、油膜失稳、轴挠曲变形增大等，严重时将造成灾难性事故。

如图 5.20 所示，轴系不对中一般可分为以下三种情况：

① 轴线平行位移，称为平行不对中。

② 轴线交叉成一角度，称为角度不对中。

③ 轴线位移且交叉，称为综合不对中。

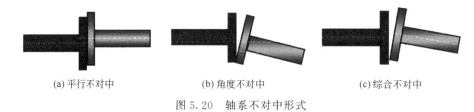

(a) 平行不对中　　　　　(b) 角度不对中　　　　　(c) 综合不对中

图 5.20　轴系不对中形式

5.3.2　转子不对中的振动机理

大型高速旋转机械常用齿式联轴器，中小设备多用固定式刚性联轴器，不同类型联轴器及不同类型的不对中情况、振动特征不尽相同，在此分别加以说明。

5.3.2.1　齿式联轴器连接不对中的振动机理

齿式联轴器由两个具有外齿环的半联轴器和具有内齿环的中间齿套组成，如图 5.21 所示。两个半联轴器分别与主动轴和被动轴连接。这种联轴器具有一定的对中调节能力，因此常在大型旋转设备上使用。在对中状态良好的情况下，内外齿套之间只有传递转矩的周向力。当轴系对中超差时，齿式联轴器内外齿面的接触情况发生变化，从而使中间齿套发生相对倾斜，在传递运动和转矩时，将会产生附加的径向力和轴向力，引发相应的振动，这就是不对中故障振动的原因。

图 5.21　齿式联轴器

（1）平行不对中

联轴器的中间齿套与半联轴器组成移动副，不能相对转动。当转子轴线之间存在径向位移时，中间齿套与半联轴器间会产生滑动而做平面圆周运动，中间齿套的中心以径向位移 Δy 为直径做圆周运动。如图 5.22 所示。

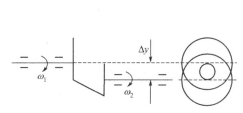

图 5.22　联轴器平行不对中

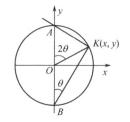

图 5.23　联轴器齿套运动分析

为了更加清晰地展示中间齿套的运动轨迹，探究平行不对中振动的机理，画出中间齿套中心的运动轨迹进行研究，如图 5.23 所示。设 A 为主动转子的轴心投影，B 为从动转子的轴心投影，K 为中间齿套的轴心。由它们之间的几何关系可知，AK 垂直于 BK，设 AB 长为 D，K 点坐标为 $K(x,y)$，取 θ 为自变量，则有

$$x = D\sin\theta\cos\theta = \frac{1}{2}D\sin(2\theta) \tag{5.31}$$

$$y = D\cos\theta\cos\theta - \frac{1}{2}D = \frac{1}{2}D\cos(2\theta) \tag{5.32}$$

式(5.31) 与式(5.32) 分别对 θ 求导，有

$$dx = D\cos(2\theta)d\theta \tag{5.33}$$

$$dy = -D\sin(2\theta)d\theta \tag{5.34}$$

K 点的线速度为

$$v_K = \sqrt{(dx/dt)^2 + (dy/dt)^2} = D\,d\theta/dt \tag{5.35}$$

中间齿套做两种运动。由于中间齿套做平面运动的角速度（$d\theta/dt$）等于转轴的角速度，即 $d\theta/dt = \omega$，所以 K 点做圆周运动的角速度 ω_K 为

$$\omega_K = 2v_K/D = 2\omega \tag{5.36}$$

由式（5.36）可知，K 点的转动速度为转子角速度的两倍，因此当转子高速转动时会产生很大的离心力，激励转子产生径向振动，其振动频率为转子工频的两倍。

（2）角度不对中

当两转子轴线之间存在偏角位移时，从动转子与主动转子的角速度是不同的，如图 5.24 所示。从动转子的角速度为

$$\omega_2 = \omega_1\cos\alpha / (1 - \sin^2\alpha\cos^2\varphi_1) \tag{5.37}$$

式中　ω_1——主动转子的角速度；

　　　ω_2——从动转子的角速度；

　　　α——从动转子的偏角；

　　　φ_1——主动转子的转角。

从动转子每转动一周转速变化两次，如图 5.25 所示，变化范围为

$$\omega_1\cos\alpha \leqslant \omega_2 \leqslant \omega_1/\cos\alpha \tag{5.38}$$

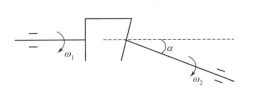

图 5.24　联轴器角度不对中

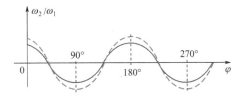

图 5.25　转速比的变化曲线

角度不对中使联轴器附加一个弯矩，弯矩的作用是减小两轴中心线的偏角。转轴每旋转一周，弯矩作用方向交变一次，因此，角度不对中增加了转子的轴向力，使转子在轴向产生工频振动。

（3）综合不对中

在实际生产中，轴系转子之间的对中情况往往是既有平行不对中，又有角度不对中的综合不对中，因而转子振动的机理是两者的综合结果。当转子既有平行不对中又有角度不对中时，其动态特性比较复杂。激振频率为角频率的 2 倍，激振力的大小随速度而变化，其大小

和综合不对中量 Δy、$\Delta \alpha$、安装距离 ΔL 以及中间齿套质量 m 等有关。联轴器两侧同一方向的激振力之间的相位差为 $0° \sim 180°$。其他故障物理特性也介于平行不对中和角度不对中之间。

同时，齿式联轴器由于所产生的附加轴向力以及转子偏角的作用，从动转子以每回转一周为周期，在轴向往复运动一次，因而转子轴向振动的频率与角频率相同。

5.3.2.2 刚性联轴器连接转子不对中的故障机理

刚性联轴器连接的转子对中不良时，由于强制连接所造成的力矩，不仅使转子发生弯曲变形，而且随转子轴线平行位移或轴线角度位移的状态不同，其变形和受力情况也不一样，如图 5.26 所示。

| (a) 轴线平行位移 | (b) 轴线角度位移 |

图 5.26 刚性联轴器连接转子不对中的情况

用刚性联轴器连接的转子不对中时，转子往往是既有轴线平行位移，又有轴线角度位移的综合状态，转子所受的力既有径向交变力，又有轴向交变力。弯曲变形的转子由于转轴内阻现象以及转轴表面与旋转体内表面之间的摩擦而产生的相对滑动，使转子产生自激旋转振动。而且当主动转子按一定转速旋转时，从动转子的转速会产生周期性变动，每转动一周变动两次，因而其振动频率为转子转动频率的两倍。转子所受的轴向交变力与齿式联轴器相同，其振动特征频率为转子的转动频率。

5.3.3 轴承不对中的故障机理

轴承不对中实际上反映的是轴承坐标高和左右位置的偏差。由于结构上的原因，轴承在水平方向和垂直方向上具有不同的刚度和阻尼，不对中的存在加大了这种差别。虽然油膜既有弹性又有阻尼，能够在一定程度上弥补不对中的影响，但不对中过大时，会使轴承的工作条件改变，在转子上产生附加的力和力矩，甚至使转子失稳或产生碰摩。

轴承不对中同时又使轴颈中心和平衡位置发生变化，使轴系的载荷重新分配。负荷大的轴承油膜呈现非线性，在一定条件下出现高次谐波振动；负荷较小的轴承易引起油膜涡动，进而导致油膜振荡。支承负荷的变化还会使轴系的临界转速和振型发生改变。

5.3.4 转子不对中的故障特征

实际工程中遇到的转子不对中故障大多数为齿式联轴器不对中，在此以齿式联轴器不对中为例介绍其故障特征。

由前文分析知，齿式联轴器连接不对中的转子系统，其振动主要特征如下：

① 故障的特征频率为角频率的 2 倍；

② 由不对中故障产生的对转子的激励力随转速的升高而加大，因此，高速旋转机械应更加注重转子的对中要求；

③ 激励力与不对中量成正比，随不对中量的增加，激励力呈线性增大；

④ 联轴器同一侧相互垂直的两个方向，2 倍频的相位差是基频的 2 倍；联轴器两侧同一方向的相位在平行不对中时为 0°，在角度不对中时为 180°，综合不对中时为 0°～180°；

⑤ 轴系转子在不对中情况下，中间齿套的轴心线相对于联轴器的轴心线产生相对运动，在平行不对中时的回转轮廓为一圆柱体，角度不对中时为一双锥体，综合不对中时是介于二者之间的形状；回转体的回转范围由不对中量决定；

⑥ 轴系具有过大的不对中量时，会由于联轴器不符合其运动条件而使转子在运动中产生巨大的附加径向力和附加轴向力，使转子产生异常振动，轴承过早损坏，对转子系统具有较大的破坏性。

5.3.5 转子不对中诊断实例

（1）诊断实例一

某厂一台透平压缩机组整体布置如图 5.27 所示。机组年度检修时，除进行正常检查、调整工作外，还更换了连接压缩机高压缸和低压缸之间的联轴器的连接螺栓，对轴系的转子对中情况进行了调整等。

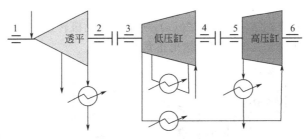

图 5.27 机组布置示意图

检修后启动机组时，透平和压缩机低压缸运行正常，而压缩机高压缸振动较大（在允许范围内）；机组运行一周后压缩机高压缸振动突然加剧，测点 4、5 的径向振动增大，其中测点 5 振动值增加为原来的两倍，测点 6 的轴向振动加大，透平和压缩机低压缸的振动无明显变化；机组运行两周后，高压缸测点 5 的振动值又突然增加一倍，超过设计允许值，振动剧烈，危及生产。如图 5.28 所示。

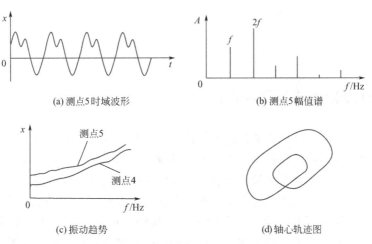

图 5.28 异常振动特征

① 压缩机高压缸主要振动特征。

ⅰ.连接压缩机高压缸、低压缸之间的联轴器两端振动较大。

ⅱ.测点 5 的振动波形畸变为基频与倍频的叠加波,频谱中 2 次谐波具有较大峰值。

ⅲ.轴心轨迹为双椭圆复合轨迹。

ⅳ.轴向振动较大。

② 诊断意见。压缩机高压缸与低压缸之间转子对中不良,联轴器发生故障,必须紧急停机检修。

③ 生产验证。检修人员做好准备工作后,操作人员按正常停机处理。根据诊断结论,重点对机组联轴器局部解体检查发现,连接压缩机高压缸与低压缸之间的联轴器(半刚性联轴器)固定法兰与内齿套的连接螺栓已断掉三只。复查转子对中情况,发现对中严重超差,不对中量大于设计要求 16 倍。同时发现连接螺栓的机械加工和热处理工艺不符合要求,螺纹根部应力集中,且热处理后未进行正火处理,金相组织为淬火马氏体,螺栓在拉应力作用下脆性断裂。根据诊断意见及检查结果分析,重新对中找正高压缸转子,并更换上符合技术要求的连接螺栓,重新启动后,机组运行正常,避免了一次恶性事故。

(2) 诊断实例二

某厂一台离心压缩机,结构如图 5.29(a) 所示,电动机转速 1500r/min,转频为 25Hz,该机自更换减速机振动增大,振动幅值超出正常水平。

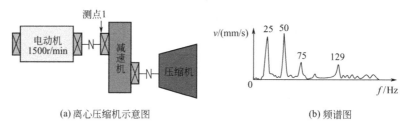

(a)离心压缩机示意图　　　　　(b)频谱图

图 5.29　离心压缩机

① 诊断意见。从图 5.29(b) 看出,测点 1 水平方向 1 倍频、2 倍频都很突出,此外还有 3 倍和 5 倍频,呈现出典型的不对中频率特征。考虑到点靠近联轴器,所以判断电动机与减速器轴线不对中。

② 生产验证。在停机检查时,发现联轴器对中性严重超差,在垂直方向,两轴心偏移量达 0.15mm。调整改善对中性后,2 倍频分量的幅值显著变小,1 倍频分量的幅值减弱,机组运行状态良好。

5.4　动静件摩擦故障机理与诊断

在高速、高压离心压缩机或蒸汽透平等旋转机械中,为了提高机组效率,往往把轴封、级间密封、油封间隙和叶片顶隙设计得较小,以减小气体泄漏。但是,过小的间隙除了会引起流体动力激振之外,还会发生转子与静止部件的摩擦。例如,轴的挠曲、转子不平衡、转子与静子热膨胀不一致、气体动力作用、密封力作用以及转子对中不良等原因引起振动后,轻者引发密封件的摩擦损伤,重者发生转子与隔板的摩擦碰撞,造成严重事故。一般情况下,摩擦碰撞初期会产生很大的振动,机器未停车拆检之前找不出振动原因。因此,必须了解干摩擦激振的故障特征,以便及时对这类故障做出诊断,防止更大事故的发生。

转子与静止件发生的摩擦有两种情况：一种是转子在涡动过程中轴颈或转子外缘与静止件接触而引起的径向摩擦，另一种是转子在轴向与静止件接触而引起的轴向摩擦。

转子与静止件发生的径向摩擦还可以进一步分为两种情况：一种是转子在涡动过程中与静止件发生的偶然性或周期性的局部碰摩；另一种是转子与静止件的摩擦接触弧度较大，甚至发生 360°的全周向接触摩擦。

5.4.1　转子与静止件径向摩擦的振动机理

（1）动静件局部径向碰摩的故障特征

转子在涡动时与静止件发生接触的瞬间，转子刚度增大；被静止件反弹后脱离接触，转子刚度减小，并且发生横向自由振动（大多数按一阶自振频率振动）。因此，转子刚度在接触与非接触两者之间变化，变化的频率就是转子涡动频率。转子横向自由振动与强迫的旋转运动、涡动叠加在一起，就会产生一些特有的、复杂的振动响应频率。

局部摩擦引起的振动频率中包含不平衡引起的旋转频率 f_r，同时摩擦振动是非线性振动，所以还包含 $2f_r$、$3f_r$ 等一些高次谐波。除此之外，还会引起低次谐波振动，在频谱图上会出现低次分频谐波成分 ω/n，重摩擦时 $n=2$，轻摩擦时 $n=2,3,4,\cdots$。次谐波的范围取决于转子的不平衡状态、阻尼、外载荷大小、摩擦副的几何形状以及材料特性等因素，在阻尼很高的转子系统中也可能不出现次谐波振动。

（2）动静件径向摩擦接触弧度增大时的故障特征

当离心压缩机发生喘振、油膜振荡故障时，轴颈与轴瓦会发生大面积干摩擦或发生全周的摩擦。由于转子与静止件之间具有很大的摩擦力，所以转子处于完全失稳状态。此时很高的摩擦力可使转子由正向涡动变为反向涡动，同时在波形图上会发生单边波峰削波现象，如图 5.30 所示。同时将在频谱上出现涡动频率 f_Ω 与转频 f_r 的和频与差频，即会产生 $nf_\Omega \pm mf_r$ 的频率成分（n、m 为正整数），如图 5.31 所示。另外由于转子振动进入了非线性区，因而在频谱上还会出现幅值较高的高次谐波。

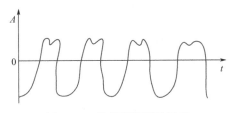

图 5.30　局部摩擦削波效应

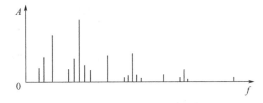

图 5.31　摩擦产生的组合频率

试验表明动静件径向碰摩主要有以下特征：

① 在刚开始发生摩擦接触情况下，转子不平衡，旋转频率成分幅值较高，高次谐波中第二、第三次谐波一般并不太高，但第二次谐波幅值必定高于第三次谐波。随着转子摩擦接触弧的增加，由于摩擦起到附加支承作用，旋转频率幅值有所下降，第二、第三次谐波幅值由于附加的非线性作用而有所增大。

② 转子在超过临界转速时，如果发生 360°全周向摩擦接触，将会产生一个很强的摩擦切向力，引起转子的完全失稳。这时转子的振动响应中具有很高的亚异步成分，一般为转子发生摩擦时的一阶自振频率（由于转子发生摩擦时相当于增加了一个支承，将会使自振频率升高）。除此之外，还会出现旋转频率与振动频率之间的和频与差频。旋转频率的高次谐波

在全摩擦时会被湮没。

③ 利用双踪示波器观察转子的进动方向，当发生全周向摩擦时，涡动方向将由正进动变为反进动。

5.4.2　转子与静止件轴向干摩擦的振动机理

理论研究和试验表明，转子与静止件发生轴向干摩擦时，转子的振动特征几乎与正常状况一致，没有明显的异常特征，所以诊断轴向干摩擦时，不能用波形、轴心轨迹和频谱方法去识别，必须寻求新的敏感参数。

轴向干摩擦力与旋转速度有关，由于轴向干摩擦的作用使基频影响相对下降，同时有高频成分出现，所以轴向干摩擦具有阻尼的特性。轴向干摩擦力的大小正比于转子与静止件间的干摩擦因数和轴向力。轴向干摩擦阻尼远较径向摩擦阻尼大，由于轴向干摩擦会引起系统阻尼的显著增加，因此系统阻尼的变化可作为诊断轴向干摩擦的识别特征。另外，摩擦会造成功耗上升和效率下降，同时局部会有温升，因此工艺参数对转子与静止件轴向摩擦的故障诊断非常重要。

5.4.3　动静件摩擦的诊断实例

某大型透平压缩机组，在开车启动过程中发生异常振动，导致无法升速。其振动波形有削波现象，频谱图中有丰富的次谐波及高频谐波 ［图 5.32 （a）］，轴心轨迹的涡动方向为反向涡动，如图 5.32(b) 所示。

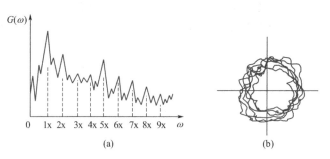

图 5.32　压缩机振动频谱图与轴心轨迹

（1）诊断意见

根据摩擦故障的机理及振动特征可知，机组在升速过程中发生了严重摩擦故障。

（2）处理措施

机组振动值非常高，表明内部动静件摩擦比较严重，为安全起见，决定停机拆检。

（3）生产验证

停机解体检修发现，机组转子弯曲，动平衡精度严重超差，在升速过程中因振动大而造成转子与密封之间摩擦。不仅密封损坏，而且转子严重偏摩。

5.5　其他故障特征与诊断

5.5.1　转子弯曲的故障机理与诊断

有人习惯将转子弯曲与转子不平衡同等看待，实际上两者有区别。所谓转子不平衡是指各横截面的质心连线与其几何中心连线存在偏差，而转子弯曲是指各横截面的几何中心连线与旋转轴线不重合，二者都会使转子产生偏心质量，从而使转子产生不平衡振动。

5.5.1.1　转子弯曲的种类

机组停用一段时间后重新开机时，有时会遇到振动过大甚至无法启动的情况。这多半是由于机组停用后产生了转子弯曲的故障。

转子弯曲有永久性弯曲和临时性弯曲两种情况。

永久性弯曲是指转子轴呈弓形弯曲后无法恢复。造成永久弯曲的原因有设计制造缺陷（转轴结构不合理、材质性能不均匀）、长期停放方法不当、热态停机时未及时盘车或遭凉水急冷等。

临时性弯曲是指可恢复的弯曲。造成临时性弯曲的原因有预负荷过大，开机运行时暖机不充分，升速过快、局部碰摩产生温升致使转子热变形不均匀等。

5.5.1.2　转子弯曲振动的机理及特征

（1）转子弯曲振动的机理

转子永久性弯曲和临时性弯曲是两种不同的故障，但其故障机理相同，都与转子质量偏心类似，因而都会产生与质量偏心类似的旋转矢量激振力。与质心偏离不同之处在于转子弯曲会使轴两端产生锥形运动，因而在轴向还会产生较大的工频振动。转子弯曲原理示意如图 5.33 所示。

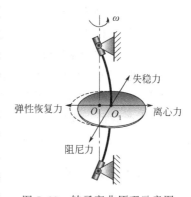

图 5.33　转子弯曲原理示意图

另外，转子弯曲时，由于弯曲产生的弹力和转子不平衡所产生的离心力相位不同，所以两者之间相互作用会有所抵消，转轴的振幅在某个转速下会有所减小，即在某个转速上，转轴的振幅会产生一个"凹谷"，这点与不平衡转子动力特性有所不同。当弯曲的作用小于不衡量时，振幅的减少发生在临界转速以下；当弯曲作用大于不平衡量时，振幅的减少就发生在临界转速以上。

（2）转子弯曲振动的特征

转子永久性弯曲和转子临时性弯曲的特征基本相同。其不同之处是，产生转子永久性弯曲故障的机器，开机启动时振动较大；而产生转子临时性弯曲的机器，则是随着开机升速过程振幅增大到某一值后有所减小。

5.5.1.3　转子弯曲诊断实例

（1）诊断实例一

某 30 万吨合成氨厂试车期间，高压蒸汽透平超速脱扣试验时振动正常，停机后连接联轴器进行联动试车时透平发生剧烈振动。启动初期低速运行时振动值就比较大，而且随着转速的升高，振动随之迅速增大，发生强烈振动。经数次开机都未能通过临界转速，机器不能正常运行。虽经长期暖机，再次升速时振动情况并未好转。

① 振动特征如下：

ⅰ.时域波形为正弦波；

ⅱ.轴心轨迹为椭圆；

ⅲ. 幅值谱为以 1 倍频为主的峰值，其他成分几乎没有；

ⅳ. 进动方向为正进动。

② 诊断意见：根据其振动特征和故障发生过程诊断，机器故障是转子永久性弯曲造成的。原因是该透平为高压蒸汽透平，运行时转子温度较高，单体试车结束后马上连接联轴器，未能按规定盘车，造成转子永久性弯曲。

③ 生产验证：因无备用转子，所以只得将转子紧急送专业厂处理。经动平衡检查，转子弯曲严重，不平衡量严重超标。重新进行动平衡后运回安装，机组振动值下降到正常水平。

（2）诊断实例二

某厂汽轮发电机停机检修时，更换了经过严格高速动平衡的转子，开机升速时未按升速曲线进行，加快了启动过程。汽轮机开机运行时振动较大，并且随着升速过程振动继续增大，机组不能正常运行。

① 振动特征如下：

ⅰ. 时域波形近似为正弦波，但有轻微削顶；

ⅱ. 轴心轨迹为椭圆；

ⅲ. 幅值频以 1 倍频为主，其他成分较小；

ⅳ. 进动方向为正进动。

② 诊断意见：根据其振动特征和故障发生过程诊断，该机组的异常振动是由于操作上急于并网发电，所以加快了升速过程和加载过快，造成了转子临时性弯曲。

③ 生产验证：改变调度下达的限时并网发电指令，经充分暖机后，按规程升速加载。启动过程机组振动正常，并网运行后一切正常。

5.5.2 转子支承部件松动故障特征及诊断

转子支承部件松动是指系统接合面存在间隙或连接刚度不足，造成机械阻尼偏低、机组运行振动过大的一种故障。松动通常有以下两种情况：一是地脚螺栓连接松动或基础松动，它带来的结果是整个机器的振动；二是零件间正常配合关系被破坏，造成间隙超差而引起的松动，如轴承内圈和轴，或外圈与轴承座孔。

5.5.2.1 转子基础松动时的故障特征

转子基础松动会使转子发生严重振动。松动引起的振动特征如下：

① 振动方向常表现为上下方向的振动。

② 振动频率除旋转基本频率 f_r 外，可产生高次谐波（$2f_r$，$3f_r$，…）成分，也会产生（$1/2f_r$，$1/3f_r$，…）分数谐波和共振。

③ 振动相位无变化。

④ 振动形态使转速增减、位移突然变大或减小。

即使装配再好的机器运行一段时间后也会产生松动。引起松动的常见原因是：螺母松动、螺栓断裂、轴径磨损，以及装配了不合格零件。

具有松动故障的典型频谱特征是以工频为基频的各次谐波，并在谱图中常看到 10 倍频。若 3 倍频处峰值最大，预示轴和轴承间松动；若 4 倍频处有峰值，可能轴承本身松动。

5.5.2.2　诊断案例

（1）诊断实例一

某发电厂 1 号发电机组，由励磁机、发电机、减速器和汽轮机组成，结构如图 5.34 所示，其测得波形及前后轴承振动频谱如图 5.35 所示。

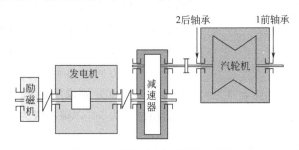

图 5.34　某发电厂 1 号发电机组

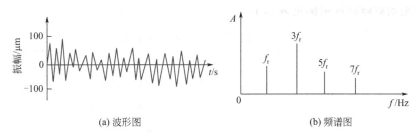

(a) 波形图　　　　　　　　　(b) 频谱图

图 5.35　轴承 1 测点振动波形及频谱

① 诊断意见。振动波形振幅变化不规则，频谱的主要成分为奇数倍转频，含有高次谐波成分，尤以 3 倍频最突出。初步判断汽轮机后轴承可能存在松动。

② 生产验证。停机发现汽轮机后轴承一侧有两颗地脚螺栓松动，原因在于预留热膨胀间隙过大。按要求旋紧螺母，测点振幅则从 $85\mu m$ 降到 $27\mu m$，其余各点的振动值也有所下降，机组平稳运行。

（2）诊断实例二

图 5.36 为一台高速汽轮机近一个月的频率振动速度记录。在完成修理前，频谱图中存在时有时无的高次谐波，最终发现是装在轴承座与汽轮机壳之间的三个支承破碎了。修理完成后的谱图为图 5.36 中的最上端，其仅包含转频的 1～3 倍频成分，为正常状态。

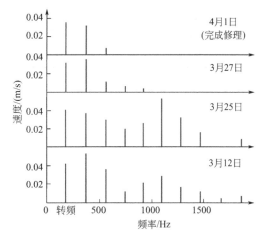

图 5.36　转子轴承座支承破碎时引起的轴承窜动故障特征

5.5.3　转子基础共振时的振动特征

共振发生时，设备振动频率显示以 1 倍频为主。实际上引起 1 倍频的还有转子不平衡、

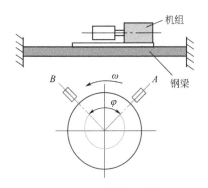

图 5.37 基础共振和转子
不平衡故障的区别

松动或碰摩等。但是,转子不平衡引起的振动在径向上表现基本相同,不会出现为某个方向振动超大;松动或碰摩会出现高次谐频,不会是单一的 1 倍频。基础引起共振时的特征与转子不平衡相似,以 1 倍频为主,但会显示出某一个方向上振动极大并呈不稳定性。一般需要配合相位分析来进一步诊断是否发生基础共振,如图 5.37 所示。如果每个轴承座的水平和垂直方向振动非常定向,同时 A 和 B 的相位差为 0°或 180°,则说明是基础共振故障;如果 A 和 B 的相位差为 90°,则一般为转子不平衡故障。

5.5.4 转子振动故障特征示例

转子的振动故障特征示例见表 5.1。

表 5.1 转子的振动故障特征示例

振动原因	特征频率	常伴频率	稳定性	振动方向	相位特征	轴心轨迹	进动方向
不平衡	$1\times f_r$		稳定	径向,无轴向	径向同相	椭圆	正
平行不对中	$2\times f_r$	$1\times f_r$	稳定	径向	径向反相	香蕉形或 8 字形	正
角度不对中	$1\times f_r$		稳定	轴向为主,径向	轴向反相,径向反相	椭圆	正
转子弯曲	$1\times f_r$	$2\times f_r$	稳定	径向	稳定	椭圆	正
基础松动	$1\times f_r$ 及高次谐波		不稳定	松动方向振动大	不稳定	杂乱	正
转子碰摩	$1\times f_r$ 及多阶高次谐波	分数谐波	不稳定	径向	不稳定	杂乱	反
基础共振	共振频率		稳定	基础振动方向	径向同相	近似直线	

注:f_r 为轴的旋转频率。

第6章　滑动轴承故障机理与诊断

📚 **学习目标**

1. 了解径向动压轴承的工作原理、常见故障及产生原因。
2. 了解油膜失稳机理，掌握油膜涡动与油膜振荡的振动特征。
3. 了解不同载荷下转子油膜振荡产生与发展特点以及防止措施。

滑动轴承具有结构简单、工作平稳、抗振性能优良、承载能力较高和工作寿命较长等特点，在旋转机械，特别是大型关键机组中被广泛应用。这些机组一般运行速度高、载荷重、备用设备少，滑动轴承一旦发生故障会对机组安全运行造成严重影响，因此，对滑动轴承工作状态的监测及故障诊断是保证旋转机械良好工作的一个重要前提。

滑动轴承状态监测主要采用振动检测法，通常利用振动位移信号的时域、频域以及轴心轨迹等特征进行故障分析与诊断。本章主要介绍动压滑动轴承的工作原理、常见故障及诊断方法与防治措施等。

6.1　滑动轴承工作原理

滑动轴承按其工作原理，可分为静压与动压轴承。通常如汽轮机、发电机和鼓风机等旋转机械，多把动压轴承作为主轴承使用。滑动轴承的工作性能好坏直接影响到转子运转的稳定性，尤其对于高速柔性转子，机器所表现的振动特性往往与滑动轴承的特性参数直接相关。

静压轴承是依靠润滑油在转子轴颈周围形成的静压力差与外载荷相平衡的原理进行工作的，轴无论旋转与否，轴颈始终浮在压力油中。工作时保证轴颈与轴承之间处于纯液体摩擦状态。这类轴承具有旋转精度高、摩擦阻力小、承载能力强等特点，并具有良好的速度适应性和抗振能力。但是，由于静压轴承制造工艺要求高，此外还需要一套复杂的供油装置，因此除了在一些高精度机床上应用外，其他场合很少使用。相反，动压轴承供油系统简单，油膜压力由轴本身旋转产生。设计良好的动压轴承具有较高的使用寿命，因此，工业上很多大型高速旋转机器均使用动压轴承。

旋转机械中使用的液体动压轴承分为径向轴承（承受径向力）和止推轴承（承受轴向力）两类。止推轴承比较特殊，应用场合也比较单一。本书仅讨论径向动压轴承，首先讨论其工作原理。

在径向动压轴承中，轴颈外圆与轴承之间有一定间隙（一般为轴颈的千分之几），间隙内充满了润滑油。轴颈未旋转时，处于轴承孔的底部，如图 6.1(a) 所示的位置。当转轴开始旋转时，轴颈依靠摩擦力作用，在旋转相反方向上沿轴承内表面往上爬行，到达一定位置后，摩擦力不能支承转子重量，开始打滑，此时为半液体摩擦，如图 6.1(b) 所示。转速继续升高到一定程度，轴颈把具有黏性的润滑油带入轴颈与轴承之间的楔形间隙（油楔）中。楔形间隙是收敛形的，它的入口断面大于出口断面。油楔中断面不断收缩使油压逐渐升高，平均流速逐渐增大。油液在楔形的间隙内升高的压力就是流体动压力，所以称这种轴承为流体动压滑动轴承（动压轴承）。在间隙内积聚的油层就是油膜，油膜压力把转子轴颈抬起，如图 6.1(c)。当油膜压力与外载荷相平衡时，轴颈就在轴承内不发生接触的情况下旋转，旋转时的轴心位置由于收敛形油楔的作用，略向一侧偏移，这就是径向动压轴承的工作原理。

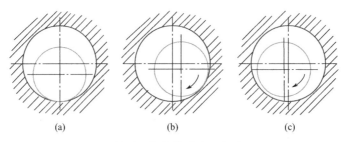

图 6.1　轴颈开始旋转时的油膜形成过程

　　图 6.2 为轴颈在轴承内旋转时的油压分布以及轴颈工作位置的几何参数，在油膜力的作用下，轴承的承载能力与多种参数有关。对于单油楔的圆柱轴承，有

$$P = S_0 \frac{\mu \omega l d}{\psi^2} \tag{6.1}$$

式中　P——轴承载荷；

　　　S_0——轴承承载能力系数；

　　　μ——润滑油动力黏度系数；

　　　ω——轴颈旋转角速度；

　　　ψ——轴承间隙比；

　　　l——轴承宽度；

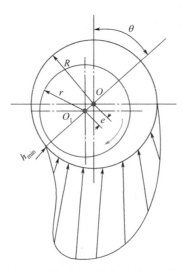

图 6.2　轴颈油压分布及轴颈工作
位置几何参数

　　d——轴颈直径。

　　S_0 是在滑动轴承中确定轴承工作状态的一个重要系数。滑动轴承的理论指出，几何形状相似的轴承、系数 S_0 相同时轴承具有相似的性能。S_0 本身是相对偏心率 ε 和轴承宽径比 l/d 的函数，ε 越大或 l/d 越大，则 S_0 值也越大，轴承承载能力也越高，其关系见图 6.3。

　　$S_0 > 1$ 时，称为低速重载转子；$S_0 < 1$ 时，称为高速轻载转子。高速轻载转子容易产生油膜不稳现象；低速重载转子虽然稳定性好，但是当偏心率过大时，最小油膜厚度 $h_{\min}$ 过薄，可发生轴颈与轴承内表面之间的干摩擦。

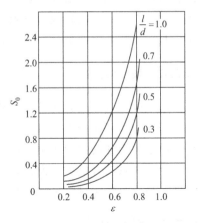

图 6.3　轴承承载能力系数与偏心率、宽径比的关系

6.2　滑动轴承常见故障及原因

　　了解滑动轴承常见故障及原因是实现滑动轴承故障诊断的基础。本节主要介绍滑动轴承几种常见故障以及其故障原因。

6.2.1　巴氏合金松脱

　　巴氏合金的松脱原因多半是在浇注前基体金属清洗不够，材料镀锡、浇注温度不够。当巴氏合金与基体金属松脱时，轴承加速疲劳，润滑油窜入分离面，此时轴承将很快损坏。解决方法只有重新浇注巴氏合金。

6.2.2　轴瓦异常磨损

　　轴颈在跑合过程中轻微的磨合磨损和配研磨损属于正常磨损。这时轴承工作表面光滑平整，轴承的磨损率通常近似一个常数。当机组超载运行或超速运行时，润滑油含有过多杂质，润滑不良，轴承磨合不好，当轴承存在下列故障时，将出现轴承失效，进入异常磨损期。

　　（1）轴承装配缺陷

　　轴承间隙不适当，轴瓦错位，轴颈在轴瓦中接触不良，轴瓦存在单边接触或局部压力点，轴颈在运行中不能形成良好的油膜……这些因素均可引起转子的振动和轴瓦磨损。查明故障原因后，必须仔细修刮轴承或更换轴承并重新装配好，使之符合要求。

　　（2）轴承的加工误差大

　　圆柱轴承不圆，多油楔轴承油楔大小和形状不适当，轴承间隙太大或太小，止推轴承推力盘端面偏摆量超差，瓦块厚薄不均匀使各个瓦块上的负荷分配不均……这些因素可引起轴瓦表面巴氏合金磨损。较好的处理方法是检查工艺轴，修理轴瓦的不规则形状。

　　（3）供油系统故障

　　润滑油供量不足或中断将引起轴颈与轴承摩擦、烧熔甚至产生抱轴等事故。

6.2.3　烧瓦

　　烧瓦属于滑动轴承恶性损伤，是指轴瓦与轴颈材料发生热膨胀，轴承间隙消失，金属之间直接接触，致使润滑油燃烧，在高温下，轴承和轴颈表面的合金发生局部熔化的现象。严重时轴瓦与轴一起旋转或者咬死，此时轴承减摩材料严重变形，并被撕裂。主要产生原因是轴承长时间在无润滑油环境下旋转，使轴瓦温度急剧上升。

6.2.4 疲劳失效

滑动轴承表面受到交替变化载荷的作用，会使轴承表面产生往复作用的拉应力、压应力和剪切应力，从而产生疲劳裂纹。之后随着应力的不断重复，特别是当润滑油进入裂纹缝隙后，由于润滑油的尖裂作用，裂纹在轴承中不断扩展，最后形成疲劳失效。

疲劳失效具有以下特征：轴承承载区工作表面呈网状扩展裂纹，裂纹向减摩层纵深方向发展，最后减摩层材料呈颗粒状、片状或块状剥落，凹块边缘不规则，有金属光泽。

6.2.5 轴承腐蚀

腐蚀损坏主要是由于润滑剂的化学作用引起的。润滑剂被氧化、被污染，轴承工作表面有寄生电流通过等均能引起腐蚀。

6.2.6 轴承壳体配合松动

轴承壳体配合松动主要原因是轴承盖与轴承座之间压得不紧，轴承套与轴承盖之间存在间隙，转子工作时轴瓦松动，影响轴承油膜稳定性。这种由于间隙作用引起的振动具有非线性等特点，振动频率既可能存在 $1/n$ 倍转频的次谐波成分，又可能出现 n 倍转频的谐波成分（n 为正整数）。

6.2.7 轴承间隙不适当

当轴承间隙太小时，油流在间隙内前切摩擦力损失过大，引起轴承发热；间隙太小，油量减少，来不及带走摩擦产生的热量。但是如果间隙过大，即使一个很小的激励力（如不平衡力），也会引起很明显的轴承振动，并且在越过临界转速时振动很大。对于高速轻载的转子，过大的轴承间隙会改变轴承动力特性，引起转子运转不稳定。轴承间隙大时，类似于产生一种松动，在轴振动的频谱上会出现很多旋转频率的谐波成分。

6.2.8 油膜失稳引起的故障

在石化、电力、冶金和航空等工业领域使用的高性能旋转机械中，多数转子轴承设计成高速轻载系统。在这些机械使用过程中，由于受到设计或使用等多方因素影响，所以容易使滑动轴承油膜不稳定，从而引起油膜涡动，进一步可发生高速滑动轴承特有故障——油膜振荡。这是一种非常危险的振动，使转子更加偏离轴承中心，增加了转子不稳定性。而且油膜振荡会引起交变应力，这种应力最终会导致滑动轴承疲劳失效。

6.3 滑动轴承油膜失稳机理及诊断

滑动轴承由于油膜失稳引发油膜涡动和油膜振荡，它的振动频率低于转子的旋转频率，属于亚同步振动，常常在某个转速下突然发生，具有极大的危害性。本节主要介绍这种油膜失稳和油膜振荡的产生机理及防治措施。

6.3.1　油膜失稳故障的机理

（1）油膜涡动与稳定性

高速工作转子系统如压缩机、汽轮机、高速风机等旋转机械，均采用流体动压滑动轴承（油膜轴承）。这种轴承靠油膜形成动压来支承载荷，以达到完全流体润滑状态，使摩擦功率值达到最小。

图 6.4 为稳定状态下油膜轴承工作的受力情况。其中 P 为轴颈载荷，R 为油膜动压合力（油膜反力），两者处于平衡状态。当轴受到瞬时扰动时，轴颈中心 O_1 移到 O_1' 位置，如图 6.5 所示。这时油膜动压合力 R 与轴颈载荷 P 不再保持平衡，而是构成合力 F，F 可沿垂直和水平方向分解为 F_M 和 F_r 两力。其中 F_r 与轴的水平位移方向相反，力争使轴心恢复到稳定状态位置 O_1，因此 F_r 称为恢复力。

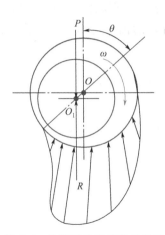

图 6.4　油膜轴承处于稳定状态

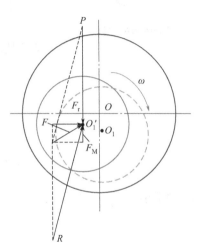

图 6.5　油膜轴承处于扰动状态

而 F_M 则力争使轴心绕轴承中心 O 涡动，因此 F_M 称为涡动力。当恢复力矩大于涡动力矩时，轴承将回到稳定状态工作。相反，若涡动力矩大于恢复力矩时，则轴心开始涡动，即转轴除自转外，还绕轴承中心公转，这种公转称为涡动。根据不同的激振因素，涡动的方向与自转方向相同时（如流体动压激振），称为正进动；和自转方向相反时（如摩擦激振），称为反进动。

如果涡动力等于或小于油膜动压合力 R，则轴心轨迹不再扩大，成为一个稳定的封闭图形，这种涡动是稳定的，一般称为油膜涡动；反之，轴心轨迹继续扩大，转子处于失稳状态，在瞬时内可能出现强烈振动，这种不稳定的油膜涡动称为油膜振荡。

（2）油膜涡动频率及特征

油膜涡动角速度 Ω 的理论值为轴的旋转角速度 ω 的一半，即 $\Omega = \omega/2$，所以称为半速涡动。

轴颈在轴承中做偏心旋转时，形成一个进口断面大于出口断面的油楔。对于高速轻载的转子，轴颈表面线速度很高而载荷又很小，油楔力大于轴颈载荷，此时油楔压力升高不足以把收敛形油楔中的流动油速降得较低，则轴颈从油楔间隙大的地方带入的油量大于从间隙小的地方带出的油量。由于液体的不可压缩性,多余的油就要推动轴颈前进,形成了与转子旋转方向相同的涡动运动,涡动速度就是油楔本身的前进速度。

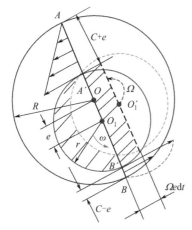

图 6.6 轴颈半速涡动分析图

当转子旋转角速度为 ω 时,因为油具有黏性,所以轴颈表面处的油流速度与轴颈线速度相同,均为 $r\omega$,而在轴瓦表面处的油流速度为零。为分析方便,假定间隙中的油流速度呈直线分布,如图 6.6 中用实线所示的三角形速度分布。在油楔力的推动下转子发生涡动运动,涡动角速度为 Ω,如果在 dt 时间内轴颈中心从 O_1 点涡动到 O_1' 点,轴颈上某一直径 $A'B'$ 扫过的面积为

$$\Omega e(2r)\,dt = 2r\Omega e\,dt \tag{6.2}$$

此面积也是轴颈掠过的面积,即图中有阴影部分的月牙形面积,这部分面积就是油流在油楔进口 AA' 断面间隙与出口 BB' 断面间隙中的流量差。假如轴承宽度为 l,轴承两端的泄油量为 dQ,根据流体连续性条件,在 dt 时间内油液从油楔进口流入的油量与出口流出去的油量相等,则可得到

$$r\omega l\,\frac{C+e}{2}\,dt = r\omega l\,\frac{C-e}{2}\,dt + 2rl\Omega e\,dt + dQ \tag{6.3}$$

解得

$$\Omega = \frac{1}{2}\omega - \frac{1}{2rel}\times\frac{dQ}{dt} \tag{6.4}$$

当轴承两端泄油量 $\dfrac{dQ}{dt}=0$ 时,可得

$$\Omega = \frac{1}{2}\omega \tag{6.5}$$

即半速涡动的由来。

实际上,涡动角速度通常低于旋转角速度的一半,这是因为:

① 在收敛区入口的油流速由于受到不断增大的压力作用将会逐渐减慢,而在收敛区的出口,油流速在油楔压力作用下将会增大,这两者共同作用表现在轴颈旋转时引起的速度分布线上,使图 6.6 中 AA' 断面上的速度分布线向内凹,BB' 断面上的速度分布线向外凸出,这种速度分布上的差别使轴颈的涡动速度下降。

② 轴承内的压力油不仅被轴颈带着做圆周运动,还有部分润滑油从轴承两侧泄出,用以带走轴承工作时产生的热量。当油有泄出时,$\dfrac{dQ}{dt}\neq0$,则式(6.5) 就成为

$$\Omega < \frac{1}{2}\omega \tag{6.6}$$

根据相关资料介绍,半速涡动的实际涡动角速度约为

$$\Omega \approx (0.43 \sim 0.48)\omega \tag{6.7}$$

油膜涡动的产生与转子相对偏心率条件有关,对于高速轻载转子系统,稳定性较差,一般在发生油膜振荡之前就已出现了这种亚同步频率成分。在半速涡动刚出现的初期阶段,油膜具有非线性,抑制了转子的涡动幅度,使涡动幅度保持稳定,转子仍能平稳工作。此时的

频谱特征是在 0.5 倍轴转频附近出现了一个小的谱峰，轴心轨迹为一封闭的内 8 字图形，如图 6.7 所示。

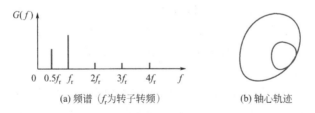

(a) 频谱 (f_r 为转子转频)　　　　　(b) 轴心轨迹

图 6.7　油膜涡动时的频谱和轴心轨迹示意图

（3）油膜振荡及其产生与发展

随着转速的升高，涡动频率也随之升高，但始终保持等于角频率的一半。油膜涡动初始时的振幅一般不大，当转速升到临界转速附近时，半速涡动甚至会被临界共振所掩盖，超过临界转速后，油膜涡动重新出现。当转子角速度 ω 达到两倍一阶临界角速度时，或者说当涡动角速度 Ω 达到转子一阶临界角速度 ω_c 时，有

$$\Omega = \frac{1}{2}\omega = \omega_c = 2\pi f_c \tag{6.8}$$

式中　ω_c——转子一阶临界角速度；

　　　f_c——转子一阶固有频率。

此时，涡动频率与转子一阶固有频率重合，产生共振现象，振动幅值会剧烈增加，振荡频率为转子系统的一阶固有频率 f_c，称为油膜振荡。油膜振荡发生时的频谱和轴心轨迹示意图如图 6.8 所示。与图 6.7 相比，油膜涡动频率 $[(0.43 \sim 0.48)f_r]$ 等于转子系统的一阶固有频率 f_c，且谱峰大大增大，甚至超过转子转频振幅，如图 6.8(a) 所示；轴心轨迹不稳定，形状发散、紊乱，表现为花瓣形，如图 6.8(b) 所示。

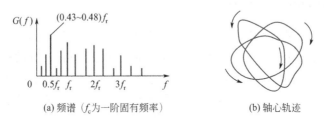

(a) 频谱 (f_c 为一阶固有频率)　　　　　(b) 轴心轨迹

图 6.8　油膜振荡时频谱和轴心轨迹示意图

油膜涡动频率 f_Ω 随转子转频 f_r 变化过程可用图 6.9 描述，随着转子转频的升高，油膜涡动频率也按比例（$0.5f_r$）线性升高，如图 6.9 所示的斜线部分；当转频大于 $2f_c$ 之

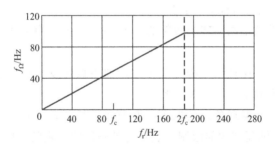

图 6.9　涡动频率与转频的关系

后，发生油膜振荡，然后振荡频率被一直锁定在转子一阶固有频率上，不再随转速的升高而升高，如图 6.9 所示直线部分。

油膜振荡属于自激振动，何时发生和结束都带有很大的随机性，除了与自身结构等条件有关外，还与轴承载荷相关。图 6.10(a) 为轻载转子发生油膜振荡的过程示意图。转子在第一临界转速 n_c 之前就发生了半速涡动，但其振动幅度较小；当转速到达 n_c 时，转子有较大振幅，油膜涡动振幅被湮没；越过以后，可以再次发现涡动振幅，此阶段称为涡动阶段。特点是涡动频率线性上升，但涡动频率对应的幅值增加不大。当转速达到两倍 n_c 时，才有可能发生油膜振荡，此时振幅突然增大，涡动频率曲线恒定不变。中载转子基本与轻载转子相同，只是半速油膜涡动出现的时间点滞后了，在过了一倍 n_c 之后才会出现油膜涡动，如图 6.10(b) 所示。

对于重载转子，因为轴颈在轴承中相对偏心率较大，转子的稳定性好，低转速时通常并不存在半速涡动现象，只有当转速到达两倍 n_c 以后的某一转速时，才可能突然发生油膜振荡，即重载轴承可以不经过油膜涡动阶段直接进入油膜振荡阶段，如图 6.10(c) 所示。

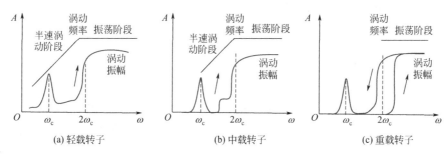

图 6.10　不同载荷下油膜振荡产生与发展规律

6.3.2　油膜振荡的故障特征及诊断

油膜振荡的特点是具有突发性和随机性。由于许多因素都会影响稳定性，如油温、油压、轴承间隙以及转子平衡、对中情况等，因此即使稳定性设计良好的机组在运行数月或数年后，同样会出现失稳问题。油膜振荡对设备的危害极大，严重时会破坏轴承和转子，引发恶性事故。因此，针对此类故障，目前主要采取加强防治措施，或者从油膜涡动的稳定性监测入手，利用提前预防的方法，避免这类恶性事故发生。

另外，一些如叶轮和扩压器中的气体激振、浮环被卡出现密封动力性失稳、转子与静子之间发生的局部摩擦等原因引起的故障，也可能激起近半频的振动。如果仅从振动频率入手，则通过看它是否接近转频的一半（通常为转子转频的 0.43～0.48 倍）来判断是否发生油膜振荡。油膜振荡的主要特征如下：

① 油膜振荡的振动频率约为转子转频的 0.43～0.48 倍，并且发生后不随转速的变化而变化。

② 油膜振荡发生前，振动以工频分量为主；油膜振荡发生后，振荡频率以转子一阶固有频率为主，幅值甚至可以超过工频分量。

③ 油膜振荡是一种共振现象，其振动具有非线性特征，轴心轨迹不稳定，理论上呈螺旋线发散，但实际由于轴瓦结构的限制，表现为外圆形状固定的、内部紊乱的花瓣形，如图 6.8(b) 所示（其中轨迹仅为示意）；而油膜涡动基本为稳定振动，其轴心轨迹为闭合的内 8

字图形。

④ 油膜振荡故障多发生在机组启动升速或超速试验过程中。只有当转子转速大于 2 倍转子一阶临界转速之后，才有可能发生油膜振荡，高速轻载轴承在发生油膜振荡之前可能会首先出现半速油膜涡动；重载轴承在升速过程中可能会无预兆地直接发生油膜振荡。

⑤ 即使满足式(6.8)表述的共振条件，此刻能否发生油膜振荡，还取决于系统的稳定性、阻尼等其他因素。因此，与普通的结构共振现象不同，不能利用快速通过油膜共振频率点，使涡动频率与一阶固有频率迅速分离的方法，来避免或消除这种故障。

⑥ 转子升速时，并不是达到 2 倍临界转速那一刻就发生油膜振荡，而是有延迟。一旦发生油膜振荡后，即使继续升高转速振动也不会减弱，反之降速到一阶临界转速之下，振动也不会马上消失，只有进一步降低转速之后，振动才会明显减少。这个现象称为油膜振荡的转速惯性效应。见图 6.10(c) 中的振幅上升曲线（$2\omega_c$ 之后）和下降曲线图（$2\omega_c$ 之前），在此阶段内油膜涡动频率曲线是恒定的，可以形象地描述这种惯性效应。需要说明的是，油膜振荡故障中均存在这种惯性效应，只是延迟程度不同。一般来说，轴承负载越重，这种惯性效应越强。

⑦ 油膜振荡为正进动，即轴心涡动的方向和转子旋转方向相同。

⑧ 油膜振荡为油膜自激共振现象。转子发生油膜振荡时输入的能量很大，振幅瞬间大幅度升高，振动剧烈，轴颈与轴瓦之间局部油膜破裂，发生摩擦碰撞而发出巨大的"吼叫"声，使轴瓦产生不同程度的两端扩口、表面乌金擦伤或裂纹等损伤。油膜振荡发生时不仅机组本身振动强烈，还可以使整个机座受到影响，甚至可以导致整个机组的毁坏。

油膜涡动和油膜振荡故障的主要振动特征汇总于表 6.1 中。

表 6.1　油膜涡动及油膜振荡振动特征

序号	特征参量	故障特性	
		油膜涡动	油膜振荡
1	时域波形	有低频成分	低频成分明显
2	特征频率	$\leqslant 0.5 f_r$	$(0.43\sim 0.48) f_r$
3	振动稳定性	较稳定	不稳定
4	常伴频率	f_r	组合频率
5	振动方向	径向	径向
6	相位特征	不稳定	不稳定(突发)
7	轴心轨迹	内 8 字(双环椭圆)	扩散,不规则
8	进动方向	正进动	正进动

注：f_r 为轴旋转频率。

6.3.3　油膜振荡的防治措施

（1）避开油膜共振区

机器设计时就要避免转子在一阶临界转速的两倍附近运转，因为这样很容易使涡动频率与转子系统的一阶自振频率相重合，从而引起油膜共振，对于柔性转子，一般除了要求工作转速应避开两倍一阶临界转速之外，还尽可能使转子工作转速在二阶临界转速以下，以提高转子的稳定性。一些超高转速的离心式机器转子转速，由于结构上的原因，可能超过二阶临界转速，这类转子很容易引起油膜失稳，必须进行转子稳定性计算，并采用抗振性能较好的轴承，以提高转子的稳定性。

（2）增加轴承比压

轴承比压是指轴瓦工作面上单位面积所承受的载荷，即

$$\overline{P} = \frac{P}{dl} \tag{6.9}$$

式中　　P——单个轴承载荷；

　　　　d——轴颈直径；

　　　　l——轴承宽度。

从式（6.9）可以看出，在轴承载荷不变的情况下，增加轴承比压的手段主要有减小轴径 d 或缩短轴承宽度 l，这将导致轴承承载能力系数 S_0 提高，转子趋于低速重载形式。一般轴承比压取 0.1～1.5MPa。对离心式压缩机组等一些高速轻载轴承，轴承比压取值一般较低，可为 0.3～1.0MPa。

增加轴承比压值等于增大轴颈的偏心率，提高油膜的稳定性。重载转子之所以比轻载转子稳定，就是因为重载转子偏心率大，质心低，比较稳定。因此，对一些已经引起油膜失稳的转子，可用车削方法是把轴瓦的长度减小，或在轴承下瓦开环向沟槽，以减小瓦块接触面积，改善油楔内的油压分布等。这样可以增大轴承比压，提高转子的稳定性。

（3）减小轴承间隙

试验表明，如果把轴承间隙减小，则可提高发生油膜振荡的转速。其实减小了间隙 C，就相对增大了轴承的偏心率

$$\varepsilon = \frac{e}{C} \tag{6.10}$$

（4）控制适当的轴承预负荷

轴承预负荷定义为

$$P_R = 1 - \frac{C}{R_P - R_S} \tag{6.11}$$

式中　　C——轴承平均半径间隙；

　　　　R_P——轴承内表面曲率半径；

　　　　R_S——轴颈半径。

图 6.11 表示轴瓦对轴颈的预负荷作用。预负荷为正值，表示轴瓦内表面上的曲率半径大于轴颈半径，因而轴颈相对于轴瓦内表面来说，相当于起到增大偏心距的作用，在每块瓦块上油楔的收敛程度更大，迫使油进入收敛形间隙中，增加油楔力。几个瓦块在周向上的联合作用，稳住了轴颈的涡动，增强了转子的稳定性，这就是轴瓦的预负荷作用。对于圆柱轴承，因为 $C = R_P - R_S$，预负荷值 $P_R = 0$，所以这种轴承就相对容易发生油膜振荡。椭圆轴承的轴瓦是由上下两个圆弧组成的，其曲率半径大于圆柱瓦，轴颈始终处于瓦的偏心状态下工作，预负荷值较大（P_R 常用值为

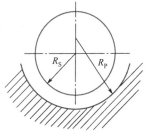

图 6.11　轴瓦对轴颈的
预负荷作用

0.5~0.75）。在油膜力作用下，轴颈的垂直方向上受到一定约束力，因而其稳定性比圆柱轴承的轴瓦高。对于多油楔轴承，多个油楔产生的预负荷作用把轴颈紧紧地约束在转动中心，可以较好地减弱转子的涡动。

（5）选用抗振性好的轴承

圆柱轴承虽然具有结构简单、制造方便的优点，但其抗振性能最差，因为这种轴承缺少抑制轴颈涡动的油膜力。从轴颈涡动与稳定性的讨论中已经知道，造成转子涡动的不稳定力是一个与转子位移方向相垂直的切向力，此力在圆柱轴承中受到的阻尼最小，转子一旦失稳，就难以控制。多油楔轴承轴颈受到周围几个油膜力的约束，就像周向上分布的几只弹簧压住轴颈，由此可知，椭圆轴承的稳定性优于圆柱轴承，多油楔轴承的稳定性优于椭圆轴承。

必须指出，高速转子的轴承，除了轴承本身固有特性会引起油膜振荡之外，转子系统中工作流体的激振、密封中流体的激振、轴材料内摩擦等原因也会使轴承油膜失稳。此外，联轴器不对中、轴承与轴颈不对中、工作流体对转子周向作用力不平衡等，都有可能改变各轴承的载荷分配，使本来可以稳定工作的轴承油膜变得不稳定。因此，需要从多方面寻找引起油膜失稳的原因，并针对具体原因采取相应对策。

6.3.4 滑动轴承故障诊断实例

（1）诊断案例一

某气体压缩机运行期间，状态不稳定，蒸汽透平时常有短时强振发生，一周内发生了20余次振动报警现象，时长1分钟到半小时不等。已知该压缩机一阶临界转速为3362r/min，透平的一阶临界转速为8243r/min。分频成分随转速的改变而改变，与转频保持将近0.5倍的比例关系。轴承测点频谱变化趋势如图6.12所示。随着强振的发生，集中声响明显异常，油温也明显升高。

振动正常时波形及频谱如图6.13所示，振动成分以工频为主，含有丰富的低次谐波，有幅值较小的不稳定半频成分，时域波形呈现单边削顶现象，有碰摩特征。

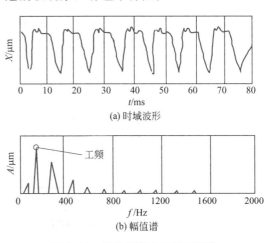

(a) 时域波形

(b) 幅值谱

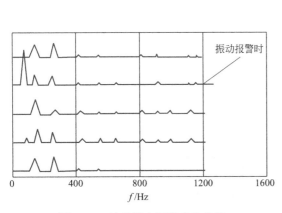

图6.12 轴承测点频谱变化趋势

图6.13 振动正常时波形及频谱

振动异常时波形及频谱如图6.14所示，工频及其他低次谐波幅值基本不变，但透平前后两端测点半频成分幅值增大超过工频，发生强振。

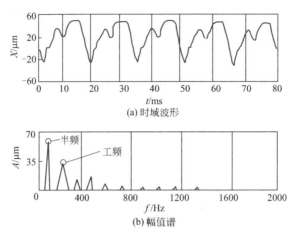

图 6.14　振动异常时波形及频谱

① 诊断意见。根据振动特点，判断故障原因为存在较为严重的油膜涡动，建议降低负荷和转速，加强监测，维持运行等待检修。

② 生产验证。机组一直平稳运行至当年大检修。检修中将轴瓦形式由原先的圆筒瓦更改为椭圆瓦后运行正常。

（2）诊断案例二

案例的诊断对象是一次除尘用离心风机机组，风机主要参数：风量 2000m³/min、压升 28kPa、转速 2890r/min（可调）、电机功率 1250kW。该机组为滑动轴承支承，止推轴承布置在风机靠近联轴器侧，滑动轴承布置在风机自由端，为动压剖分式。

运行中风机自由端轴承座有"哒哒哒"的异响，并伴有明显的、有节奏的手感。振动烈度 1.5～3mm/s（<6mm/s），未超标，认为尚无检修必要。后续发现加速度振动冲击信号中有明显的冲击脉冲，如图 6.15 所示。从图 6.15(b) 的概率密度曲线看出幅值非常陡峭，说明峰值周围停留的时间很短，即有冲击脉冲。据此可定性判断轴承存在冲击故障。从图 6.15(a) 可测量出冲击间隔为 0.0285s（35.09Hz），与旋转频率基本一致，即每转一圈冲击一次。推断滑动轴承的冲击信号可能是由轴瓦松动或轴承内有异物产生。

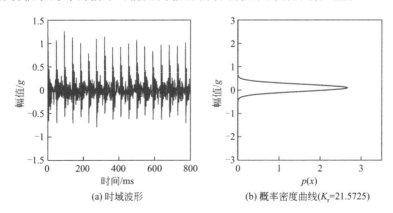

图 6.15　检修前风机自由端轴承座水平方向振动加速度

对风机自由端轴承拆检，测量轴承压盖过盈量，发现过盈量设计允许范围为 0.02～0.05mm，实际间隙为近 0.7mm，存在明显的松动现象。在轴承顶部垫块下垫 0.7mm 垫片后，当日下午试车，机组最大振动烈度为 1.09mm/s，振动烈度恢复正常，冲击故障彻底消除，此时的时域波形和概率密度曲线如图 6.16 所示。与图 6.15(b) 相比，图 6.16(b) 中的概率密度曲线类似标准正态分布，曲线变得平缓，原陡峭现状消除。

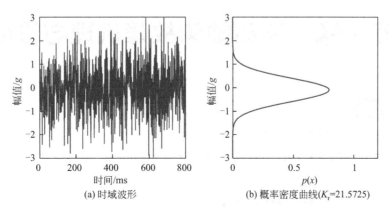

(a) 时域波形　　　　　　　　(b) 概率密度曲线(K_r=21.5725)

图 6.16　检修后风机自由端轴承座水平方向振动加速度

第 7 章 滚动轴承故障机理与诊断

📚 **学习目标**

1. 了解滚动轴承主要故障形式及其产生原因。

2. 了解滚动轴承振动机理，掌握轴承典型故障信号特征，熟练计算轴承典型故障特征频率。

3. 了解包络解调法的基本原理，并熟练应用。

4. 了解小波变换、EMD 分析、稀疏表示及盲源分离等方法的基本原理，并能初步应用。

5. 了解轴承故障定量诊断及趋势预测算法的基本思想，并能初步应用。

滚动轴承作为机械工业的关键基础部件，广泛应用于航空航天、冶金电力、汽车工业、精密机床等关乎国民经济和国防建设发展的各个领域。它的运行状态对整机装备的运行精度和工作可靠性等性能有着重要影响。因此，滚动轴承的振动机理分析与故障诊断具有重要意义。

本章主要介绍滚动轴承常见故障形式、典型故障振动机理和特征以及几种常见故障诊断方法和实例。

7.1 滚动轴承故障的主要形式与原因

滚动轴承在运转过程中会由于各种原因引起损坏，如装配不当、润滑不良、水分和异物侵入、腐蚀和过载等都可能会导致轴承过早损坏。即使在安装、润滑和使用维护都正常的情况下，经过一段时间运转，轴承也会出现疲劳剥落和磨损而不能正常工作。滚动轴承的主要故障形式与原因如下。

（1）疲劳剥落

滚动轴承的内外滚道和滚动体表面既承受载荷又相对滚动，由于交变载荷的作用，首先在表面下一定深度处（最大剪应力处）形成裂纹，继而扩展到接触表面使表层发生剥落坑，最后发展为大片剥落，这种现象称为疲劳剥落。疲劳剥落会造成运转时的冲击载荷、振动和噪声加剧。通常情况下，疲劳剥落往往是滚动轴承失效的主要原因，一般所说的轴承寿命就是指轴承的疲劳寿命，轴承的寿命试验就是疲劳试验。试验规程规定，在滚道或滚动体上出现面积为 0.5mm^2 的疲劳剥落坑就认为轴承寿命终结。滚动轴承的疲劳寿命分散性很大，同一批轴承中，其最高寿命与最低寿命可以相差几十倍乃至上百倍，这从另一角度说明了滚动轴承故障监测的重要性。

（2）磨损

由于尘埃、异物的侵入，滚道和滚动体相对运动时会引起表面磨损，润滑不良也会加剧磨损。磨损的结果使轴承游隙增大，表面粗糙度增加，降低了轴承运转精度，因而也降低了机器的运动精度，振动及噪声也随之增大。对于精密机械轴承，往往是磨损量限制了轴承的寿命。还有一种微振磨损，是在轴承不旋转的情况下，由于振动的作用，滚动体和滚道接触面间有微小的、反复的相对滑动而产生的磨损，在滚道表面上形成振纹状的磨痕。

（3）塑性变形

轴承受到过大的冲击载荷或静载荷，或因热变形引起额外的载荷，或有硬度很高的异物侵入时都会在滚道表面上形成凹痕或划痕。这将使轴承在运转过程中产生剧烈的振动和噪声。而且一旦有了压痕，压痕引起的冲击载荷会进一步引起附近表面的剥落。

（4）锈蚀

锈蚀是滚动轴承最严重的问题之一，高精度轴承可能会由于表面锈蚀导致精度丧失而不能继续工作。水分或酸、碱性物质直接侵入会引起轴承锈蚀。当轴承停止工作后，轴承温度下降达到露点，空气中水分凝结成水滴附在轴承表面上也会引起锈蚀。此外，当轴承内部有电流通过时，电流有可能通过滚道和滚动体上的接触点处，因很薄的油膜引起电火花而产生电蚀，形成凹凸不平的搓板状表面。

（5）断裂

过高的载荷可能会引起轴承零件断裂。磨削、热处理和装配不当都会引起残余应力，工作时热应力过大也会引起轴承零件断裂。另外，装配方法、装配工艺不当，也可能造成轴承套圈挡边和滚子倒角处掉块。

（6）胶合

在润滑不良、高速重载情况下工作时，由于摩擦发热，轴承零件可以在极短时间内达到很高的温度，导致表面烧伤及胶合。所谓胶合是指一个零部件表面上的金属黏附到另一个零部件表面上的现象。

（7）保持架损坏

装配或使用不当可能会引起保持架发生变形，增加它与滚动体之间的摩擦，甚至使某些滚动体卡死不能滚动，也有可能造成保持架与内外圈发生摩擦等。这一损伤会进一步使振动、噪声与发热加剧，导致轴承损坏。

7.2 滚动轴承的振动机理与信号特征

滚动轴承的振动可由外部振源引起，也可由轴承本身的结构特点及缺陷引起。此外，润滑剂在轴承运转时产生的流体动力也可以是振动（噪声）源。上述振源施加于轴承零件及附近的结构件上时都会激励起振动。

7.2.1 滚动轴承振动的基本参数

（1）滚动轴承的典型结构

滚动轴承的典型结构如图 7.1 所示，它由内圈、外圈、滚动体和保持架四部分组成。

图示滚动轴承的几何参数主要有：

① 轴承节径 D：轴承滚动体中心所在的圆的直径；

② 滚动体直径 d：滚动体的平均直径；

③ 内圈滚道半径 r_1：内圈滚道的平均半径；

④ 外圈滚道半径 r_2：外圈滚道的平均半径；

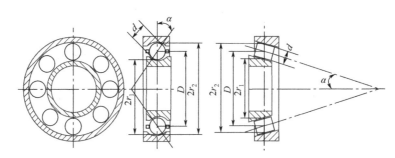

图 7.1　滚动轴承的典型结构

⑤ 接触角 α：滚动体受力方向与内外滚道垂直线的夹角；

⑥ 滚动体个数 Z：滚动体的数目。

（2）滚动轴承的特征频率

为分析轴承各部运动参数，先做如下假设：

① 滚道与滚动体之间无相对滑动；

② 承受径向、轴向载荷时各部分无变形；

③ 内圈滚道回转频率为 f_i；

④ 外圈滚道回转频率为 f_o；

⑤ 保持架回转频率（即滚动体公转频率）为 f_c。

参见图 7.1，则滚动轴承工作时各点的转动速度如下：

内滑道上一点的速度为

$$v_i = 2\pi r_1 f_i = \pi f_i (D - d\cos\alpha) \tag{7.1}$$

外滑道上一点的速度为

$$v_o = 2\pi r_2 f_o = \pi f_o (D + d\cos\alpha) \tag{7.2}$$

保持架上一点的速度为

$$v_c = \frac{1}{2}(v_i + v_o) = \pi f_c D \tag{7.3}$$

由此可得保持架的旋转频率（即滚动体的公转频率）为

$$f_c = \frac{v_i + v_o}{2\pi D} = \frac{1}{2}\left[\left(1 - \frac{d}{D}\cos\alpha\right)f_i + \left(1 + \frac{d}{D}\cos\alpha\right)f_o\right] \tag{7.4}$$

单个滚动体在外滚道上的通过频率，即保持架相对外圈的回转频率为

$$f_{oc} = f_o - f_c = \frac{1}{2}(f_o - f_i)\left(1 - \frac{d}{D}\cos\alpha\right) \tag{7.5}$$

单个滚动体在内滚道上的通过频率，即保持架相对内圈的回转频率为

$$f_{ic} = f_i - f_c = \frac{1}{2}(f_i - f_o)\left(1 + \frac{d}{D}\cos\alpha\right) \tag{7.6}$$

从固定在保持架上的动坐标系来看，滚动体与内圈做无滑动滚动。它的回转频率之比与 $d/2r_1$ 成反比。由此可得滚动体相对于保持架的回转频率 f_{bc}（即滚动体的自转频率，滚动体通过内滚道或外滚道的频率）有

$$\frac{f_{bc}}{f_{ic}} = \frac{2r_1}{d} = \frac{D - d\cos\alpha}{d} = \frac{D}{d}\left(1 - \frac{d}{D}\cos\alpha\right) \tag{7.7}$$

$$f_{bc} = \frac{1}{2} \times \frac{D}{d}(f_i - f_o)\left[1 - \left(\frac{d}{D}\cos\alpha\right)^2\right] \tag{7.8}$$

根据滚动轴承的实际工作情况，定义滚动轴承内、外圈的相对转动频率为 $f_r = f_i - f_o$，一般情况下，滚动轴承外圈固定，内圈能转，即 $f_o = 0$，则

$$f_r = f_i - f_o = f_i \tag{7.9}$$

同时考虑到滚动轴承有 Z 个滚动体，则滚动轴承的特征频率如下：滚动体在外圈滚道上的通过频率 Zf_{oc} 为

$$Zf_{oc} = \frac{1}{2}Z\left(1 - \frac{d}{D}\cos\alpha\right)f_r \tag{7.10}$$

滚动体在内圈滚道上的通过频率 Zf_{ic} 为

$$Zf_{ic} = \frac{1}{2}Z\left(1 + \frac{d}{D}\cos\alpha\right)f_r \tag{7.11}$$

滚动体在保持架上的通过频率（即滚动体自转频率 f_{bc}）为

$$f_{bc} = \frac{D}{2d}\left[1 - \left(\frac{d}{D}\cos\alpha\right)^2\right]f_r \tag{7.12}$$

（3）止推轴承的特征频率

止推轴承可以看作上述滚动轴承的一个特例，即 $\alpha = 90°$，同时内外环相对转动频率 $f_r = f_i - f_o$ 为轴的转动频率 f_r，此时滚动体在止推环滚道上的频率为

$$Zf_{oc} = \frac{1}{2}Zf_r \tag{7.13}$$

滚动体相对于保持架的回转频率为

$$f_{bc} = \frac{Df_r}{2d} \tag{7.14}$$

以上各特征频率是利用振动信号诊断滚动轴承故障的基础，对故障诊断非常重要。

（4）滚动轴承的固有振动频率

滚动轴承在运行过程中，由于滚动体与内圈或外圈冲击而产生振动，这时的振动频率为轴承各部分的固有频率。

固有振动中，内、外圈的振动表现最明显，如图 7.2 所示。

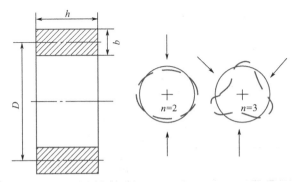

图 7.2　滚动轴承套圈横截面简化图与径向弯曲振动振型示意图

轴承套圈自由状态下径向弯曲振动的固有频率为

$$f_n = \frac{n(n^2 - 1)}{2\pi\sqrt{n^2 + 1}} \times \frac{4}{D^2}\sqrt{\frac{EIg}{\gamma A}} \tag{7.15}$$

式中　n——振动阶数（变形波数），$n=2,3,\cdots$；

　　　E——弹性模量，GPa，钢材为 210GPa；

　　　I——套圈横截面的惯性矩，mm^4；

　　　γ——密度，kg/mm^3，钢材为 $7.86\times10^{-6}kg/mm^3$；

　　　A——套圈横截面积，$A\approx bh$，mm^2；

　　　D——套圈横截面中性轴直径，mm；

　　　g——重力加速度，$g=9.8m/s^2$。

对钢材，将各常数代入式(7.15) 得

$$f_n=9.4\times10^5\times\frac{h}{b^2}\times\frac{n(n^2-1)}{\sqrt{n^2+1}} \tag{7.16}$$

有时钢球也会产生振动，钢球振动的固有频率为

$$f_{bn}=0.212\times\frac{Eg}{R\gamma} \tag{7.17}$$

式中，R 为钢球半径，mm；E,g,γ 的意义和式(7.15) 相同。

（5）滚动轴承特征频率表

为方便使用，将以上介绍的滚动轴承各特征频率列于表 7.1 中。

表 7.1　滚动轴承特征频率表（假定外圈固定，内圈旋转）

项目	特征频率	备注
内圈旋转频率 f_i	$f_i=N/60$	转轴转速 N，单位 r/min
内外圈相对旋转频率 f_r	$f_r=f_i-f_o=f_i$	假定外圈固定，内圈旋转
Z 个滚动体通过内圈上一点频率 Zf_{ic}	$\frac{1}{2}Z\left(1+\frac{d}{D}\cos\alpha\right)f_r$	
Z 个滚动体通过外圈上一点频率 Zf_{oc}	$\frac{1}{2}Z\left(1-\frac{d}{D}\cos\alpha\right)f_r$	
滚动体在保持架上的通过频率 f_{bc} 滚动体的公转频率 f_{bc} 滚动体上的一点通过内圈或外圈频率 f_{bc}	$\frac{D}{2d}\left[1-\left(\frac{d}{D}\right)^2\cos\alpha^2\right]f_r$	
保持架旋转频率 f_c 滚动体的公转频率 f_c	$\frac{1}{2}\left(1-\frac{d}{D}\cos\alpha\right)f_r$	
止推轴承在止推滚道上的通过频率 Zf_{oc}	$\frac{1}{2}Zf_r$	在两个滑道上的通过频率相等
止推轴承保持架的回转频率 f_{bc} 止推轴承滚动体的公转频率 f_{bc}	$\frac{1}{2}\times\frac{D}{d}f_r$	f_r 为两止推环的相对转动频率
内外滚道的自振频率 f_n	$\frac{n(n^2-1)}{2\pi\sqrt{n^2+1}}\times\frac{4}{D^2}\sqrt{\frac{EIg}{\gamma A}}$	
钢球的固有频率 f_{bn}	$0.212\frac{Eg}{R\gamma}$	

7.2.2　正常轴承的振动信号特征

正常轴承的振动是由轴承本身结构特点和制造装配等因素引起的，如滚动体和滚道的表面波纹度、表面粗糙度大，以及几何精度不够高，在运转中都会引起振动。

7.2.2.1　轴承结构特点引起的振动

　　滚动轴承在承载时，由于在不同位置承载的滚子数目不同，因而承载刚度会有所变化，引起轴心的起伏波动，振动频率为 Zf_{oc}（图 7.3）。要减少这种振动的振幅可以采用游隙较小的轴承或加预紧力去除游隙。

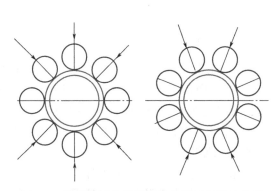

图 7.3　滚动轴承的承载刚度和滚子位置的关系

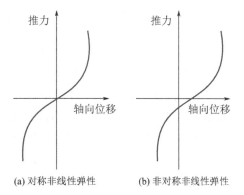

(a) 对称非线性弹性　　　　(b) 非对称非线性弹性

图 7.4　轴承的轴向刚度

7.2.2.2　轴承刚度非线性引起的振动

　　滚动轴承的轴向刚度常呈非线性（图 7.4），特别是当润滑不良时，易产生异常的轴向振动。在刚度曲线呈对称非线性时，振动频率为 $f_{\text{n}},2f_{\text{n}},3f_{\text{n}},\cdots$；在刚度曲线呈非对称非线性时，振动频率为 $f_{\text{n}},\dfrac{1}{2}f_{\text{n}},\dfrac{1}{3}f_{\text{n}},\cdots$（$f_{\text{n}}$ 为轴回转频率）。这是一种自激振动，常发生在深沟球轴承中，自调心球轴承和滚柱轴承中不常发生。

7.2.2.3　轴承制造装配引起的振动

　　（1）加工面波纹度引起的振动

　　由轴承零件的加工面（内圈、外圈滚道面及滚动体面）的波纹度引起的振动和噪声在轴承中比较常见，这些缺陷引起的振动为高频振动（比滚动体在滚道上的通过频率高好多倍）。高频振动及轴心的振摆不仅会引起轴承的径向振动，在一定条件下还会引起轴向振动。表 7.2 列出了振动频率与波纹度峰数的关系。表中，n 为正整数，Z 为球（滚动体）数，f_{ic} 为单个滚动体在内圈滚道上的通过频率，f_{c} 为保持架旋转频率，f_{bc} 为滚动体相对于保持架的转动频率。

表 7.2　振动频率与波纹度峰数的关系

有波纹度的零件	波纹峰数		振动频率/Hz	
	径向振动	轴向振动	径向振动	轴向振动
内圈	$nZ\pm1$	nZ	$nZf_{\text{ic}}\pm fn$	nZf_{ic}
外圈	$nZ\pm1$	nZ	nZf_{c}	nZf_{c}
滚动体	$2n$	$2n$	$2nf_{\text{bc}}\pm f_{\text{c}}$	$2nf_{\text{bc}}$

　　在图 7.5 中，轴承内圈加工过程中残留有波纹，球个数 $Z=8$，内圈旋转，当内圈波纹峰数分别为 $nZ-1$，nZ，$nZ+1$ 时，对外圈径向振动影响情况如下：

nZ-1个波峰 　　　　 nZ个波峰 　　　　 nZ+1个波峰

图 7.5　内圈波纹度引起外圈径向振动的机理（n＝1，Z＝8）

在图 7.5 中讨论编号为 "1" 的球与波峰接触时的情况。当波峰为 nZ 个时，外圈在径向无移动，但球与 nZ±1 个波峰的波纹面接触时，在外圈箭头方向上有最大位移。在另一种情况下，当编号为 "1" 的球与波谷接触时，波峰数为 nZ 时，外圈则无径向位移；在 nZ ±1 个波峰时，外圈在与箭头相反方向有最大位移。由此可以说明在波峰数等于 nZ±1 时产生振动的原因。

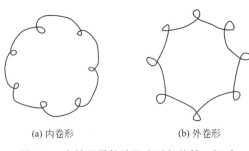

(a) 内卷形　　　　(b) 外卷形

图 7.6　由轴承零件波纹度引起的轴心摆动

表 7.2 中所列为理想条件，即波纹均匀分布，波纹形状正弦变化的情况。而对实际波纹形状，可能有其他频率成分出现。用类似方法可说明波峰数对轴向振动的影响。对于精密轴承，波纹度引起的轴心摆动不能忽视。图 7.6 所示为在机床中使用的加有预紧力的两个超精密向心球轴承，由滚道波纹度引起轴心摆动轨迹，此时轴心轨迹呈现内卷形和外卷形两种形式。

还应注意，不仅轴承滚道和滚动体的波纹度会引起轴承振动，轴承的内外配合面及轴颈和轴承座孔的波纹度也会引起类似的振动，因为在预紧力作用下，轴承装配后会引起套圈的相应变形。

（2）轴承偏心引起的振动

如图 7.7 所示，当轴承游隙过大或滚道偏心时都会引起轴承振动，振动频率 f_n 为轴回转频率（n＝1,2,…）。

（3）滚动体大小不均匀引起轴心摆动

如图 7.8 所示，滚动体大小不均匀会导致轴心摆动，还有支承刚性的变化。振动频率为 f_c 和 $nf_c±f_n$，n＝1,2，此处 f_c 为保持架回转频率，f_n 为轴回转频率。

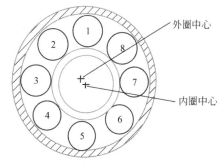

图 7.7　轴承偏心引起的轴承振动

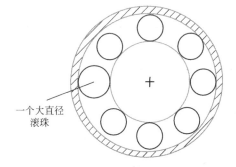

图 7.8　滚动体大小不均匀引起的轴心摆动

7.2.3　故障轴承的振动信号特征

（1）疲劳剥落损伤

当轴承零件上产生了疲劳剥落坑后（图 7.9 以夸大的方式画出了疲劳剥落坑），在轴承运转中会因为碰撞而产生冲击脉冲。图 7.10 给出了钢球落下产生的冲击过程的示意图。在冲击的第一阶段，它在碰撞点产生很大的冲击加速度 [图 7.10(a)、(b)]，它的大小和冲击速度 v 成正比（在轴承中与疲劳损伤的大小成正比）。在第二阶段，构件变形产生衰减自由振动 [图 7-10(c)]，振动频率取决于系统的结构，为其固有频率 [图 7-10(d)]。振幅的增加量 A 也与冲击速度 v 成正比 [图 7-10(e)]。

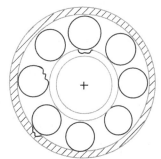

图 7.9　轴承零件上的
疲劳剥落坑

在滚动轴承剥落坑处碰撞产生的冲击力的脉冲宽度一般都很小，大致为微秒级。因力的频谱宽度与脉冲持续时间成反比，所以其频谱可从 0Hz 延展到 $100\sim500$kHz。疲劳剥落损伤可以在很宽的频率范围内激发起轴承-传感器系统的固有振动。由于从冲击发生处到测量点的传递特性对此有很大影响，因此测点位置选择非常关键，测点应尽量接近承载区，振动传递界面越少越好。

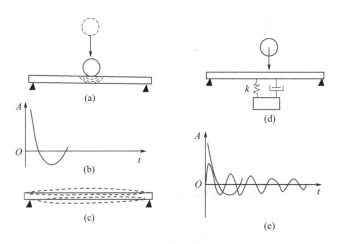

图 7.10　冲击过程示意图

有疲劳剥落故障轴承的振动信号如图 7.11 所示。T 取决于碰撞的频率，$T=1/f_{碰}$。简单情况下，碰撞频率就等于滚动体在滚道上的通过频率 Zf_{ic} 或 Zf_{oc}，或滚动体自转频率 f_{bc}。

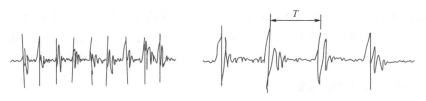

图 7.11　疲劳剥落故障轴承振动信号

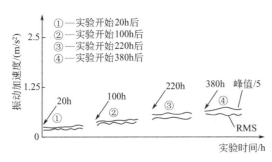

图 7.12 轴承磨损时振动加速度

（2）磨损

随着磨损的进行，振动加速度峰值和均方根（RMS）值缓慢上升，振动信号呈现较强的随机性，峰值与 RMS 值的比值从 5 左右逐渐地加到 5.5～6。如果不发生疲劳剥落，最后振动幅值可比最初增大很多倍，变化情况见图 7.12。

（3）胶合

图 7.13 为一运转过程中发生胶合的滚动轴承的振动加速度及外圈温度的变化情形。在 A 点以前，振动加速度略微下降，温度缓慢上升。A 点之后振动值急剧上升，而温度却还有些下降，这一段轴承表面状态已恶化。在 B 点以后振动值第二次急剧上升，以至于超过了仪器的测量范围，同时温度也急剧上升。在 B 点之前，轴承中已有明显的金属与金属的直接接触和短暂的滑动，B 点之后有更频繁的金属之间直接接触及滑动，润滑剂恶化甚至发生炭化，直至发生胶合。从图 7.13 中可以看出，振动值比温度能更早地预报胶合的发生，由此可见轴承振动加速度是一个比较敏感的故障参数。

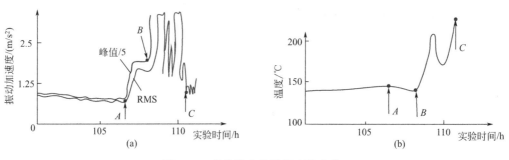

图 7.13 发生胶合的轴承实验曲线

7.3 常用轴承故障诊断方法及实例

基于振动信号的轴承故障诊断方法具有较好的诊断精度与灵敏度，综合性能良好，广泛应用于轴承的故障诊断。本节介绍了基于振动信号分析的几种常用轴承故障诊断方法及实例。

7.3.1 包络解调法及诊断实例

解调是指从调制信号中恢复出原调制信号，是调制的逆过程。包络解调法是一种提取载附在高频信号上的低频信号的方法，它能将与故障有关的信号从高频调制信号中解调出来，从而避免了与其他低频干扰信号的混淆，广泛地应用于关键机械部件的故障特征提取。

7.3.1.1 幅值调制与频率调制

理想的调制信号是一个简谐信号的幅度或者角频率的变化受到了另一个简谐信号的影响，前者称为载波信号，后者称为调制信号。当载波信号的幅值受调制信号影响时，称为幅值调制，简称调幅；当载波信号的频率受调制信号影响时，称为频率调制，简称调频。其基本原理与无线电中的调幅和调频相同，下面进行简要讨论。

载波频率为 f_c，调制频率为 f_z 的幅值调制信号的方程为

$$y(t) = A[1 + B\cos(2\pi f_z t)]\sin(2\pi f_c t) \tag{7.18}$$

将上式展开可得

$$y(t) = A\sin(2\pi f_c t) + \frac{AB}{2}\sin[2\pi(f_c + f_z)t] + \frac{AB}{2}\sin[2\pi(f_c - f_z)t] \tag{7.19}$$

由此式可知，经调幅后的频率，除了原有的频率 f_c 之外，还有 f_c 与 f_z 的和频及差频，即 $f_c + f_z$ 和 $f_c - f_z$。它们是以 f_c 为中心，以 f_z 为间隔，幅度为 $AB/2$ 的两个边带。理想幅值调制信号的时域波形和频谱图如图 7.14 所示。

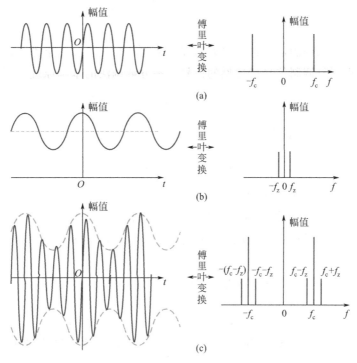

图 7.14　理想幅值调制信号的时域波形和频谱图

图 7.14(c) 所示的幅值调制信号的频谱可由傅里叶的卷积定理得出。图 7.14(a) 所示的载波信号和图 7.14(b) 所示的调制信号在时域内是相乘关系，它们的频谱在频域中就应该是卷积关系，利用狄拉克 δ 函数的卷积定理，显然只能将图 7.14(b) 内的频谱移到图 7.14(a) 频谱内的 f_c 处的位置上，形成与上述计算结果相同的 f_c、$f_c + f_z$ 和 $f_c - f_z$ 三个频率成分。可见幅值调制在频域内相当于移频过程，低的调制频率被调制到高频载波频率处，但是其频率特征依靠于 f_c 和 f_z 的差频仍能保持。无线电中的调幅广播就是利用了这个原理，将低频的声音信号调制到高频区域后再发射出去，以便能够发射到较远的地方。故障诊断时，也经常对调制在高频（如结构共振信号）上的低频故障频率进行解调分析，以避免直接在低频段进行分析时存在的信号干扰问题。

7.3.1.2　幅值及频率解调分析

设有调幅信号 $x(t) = a(t)\cos(\omega_c t)$，其中 $a(t)$ 为随时间变化的幅值，有 $a(t) \geqslant 0$；其

最高频率为 ω_a，ω_c 为载波频率，有 $\omega_c \gg \omega_a$。下面讨论三种常用的信号幅值解调方法。

(1) 绝对值解调法

绝对值解调法通过物理或数学方法对调制信号进行绝对值运算，消除调制信号的负半部分，然后经过低通滤波消除高频载波信号，得到与调制信号成比例的低频信号，绝对值解调原理如下

$$A[x(t)] = |x(t)| = |a(t)\cos(\omega_c t)| = a(t)\left[\frac{2}{\pi} + \frac{4}{3\pi}\cos(2\omega_c t) - \frac{2}{15\pi}\cos(4\omega_c t)\right]$$

$$(7.20)$$

对式(7.20) 进行低通滤波后可得到

$$A_{lpf}[x(t)] \approx \frac{2}{\pi}a(t) \tag{7.21}$$

(2) 平方解调法

平方解调法先对原调制信号进行平方运算，消除调制信号中负半部分，然后通过低通滤波和开平方处理得到与调制信号成比例的信号。平方解调法的基本原理如下

$$S[x(t)] = x^2(t) = a^2(t)\cos^2(2\pi f_c t) = \frac{a^2(t)}{2}\cos^2(4\pi f_c t) \tag{7.22}$$

对式(7.22) 进行低通滤波后可得到

$$S_{lpf}[x(t)] \approx \frac{2}{\pi}a^2(t) \tag{7.23}$$

(3) 希尔伯特（Hilbert）变换解调

Hilbert 变换解调包括幅值解调和相位或频率解调。由于 Hilbert 变换可以借用 FFT 算法快速实现，且不需要低通滤波过程，因此，在信号处理、通信和数字广播等领域应用很广。

设 $x(t)$ 为一个实时域信号，其 Hilbert 变换定义为

$$h(t) = \frac{1}{\pi}\int_{-\infty}^{+\infty}\frac{x(\tau)}{t-\tau}d\tau = x(t) * \frac{1}{\pi t} \tag{7.24}$$

则原始信号 $x(t)$ 和它的 Hilbert 变换信号 $h(t)$ 可以构成一个新的解析信号 $z(t)$

$$z(t) = x(t) + jh(t) = a(t)e^{j\varphi t} \tag{7.25}$$

其幅值

$$a(t) = |z(t)| = \sqrt{x^2(t) + h^2(t)} \tag{7.26}$$

便为原始信号 $x(t)$ 的幅值解调信号。相位信号有

$$\varphi(t) = \arctan\frac{h(t)}{x(t)} \tag{7.27}$$

相位信号的导数为瞬时频率，即频率解调信号

$$\omega(t) = \frac{d\varphi(t)}{dt} \tag{7.28}$$

或

$$f(t) = \frac{1}{2\pi} \times \frac{d\varphi(t)}{dt} \tag{7.29}$$

根据傅里叶变换原理知

$$F\left(\frac{1}{\pi t}\right)=\mathrm{jsgn}(f)=\begin{cases}-\mathrm{j}, & f>0\\ \mathrm{j}, & f<0\\ 0, & f=0\end{cases} \tag{7.30}$$

则信号 $x(t)$ 的 Hilbert 变换在频域中的表达式为

$$H(f)=\begin{cases}-\mathrm{j}X(f), & f>0\\ \mathrm{j}X(f), & f<0\\ 0, & f=0\end{cases} \tag{7.31}$$

可见，Hilbert 变换相当于一个幅频特性为 1 的全通滤波器，信号 $x(t)$ 通过 Hilbert 变换后，幅值不变，仅仅是负频率做了 $+90°$ 相移，正频率做了 $-90°$ 相移。

包络解调流程如图 7.15 所示。

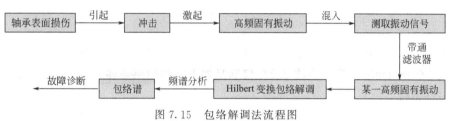

图 7.15　包络解调法流程图

包络解调诊断轴承故障示例：轴承为 6205-2RS JEM SKF 深沟球轴承，转速为 1797r/min，采样频率为 12000Hz，轴承外圈故障。

图 7.16(a) 为故障轴承振动信号时域波形，图 7.16(b) 为故障轴承信号包络谱。从包络谱中可以清楚看到解调后的轴承故障特征频率，因此可以得出结论：包络解调法可以有效地提取轴承故障特征。

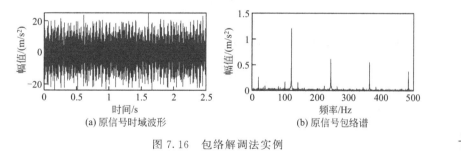

(a) 原信号时域波形　　　　　(b) 原信号包络谱

图 7.16　包络解调法实例

7.3.2　小波变换及诊断实例

小波变换分析方法参见 4.5.3 节，工程中常用的连续小波变换方法原理如下。

设函数 $\psi\in L^{2}(\mathbf{R})$，$L^{2}(\mathbf{R})$ 表示平方可积空间，$\mathbf{R}$ 为实数集，由 ψ 经伸缩和平移得到一族函数

$$\psi_{a,b}(t)=|a|^{-1/2}\psi\left(\frac{t-b}{a}\right),\ a,b\in\mathbf{R},\ a\neq0 \tag{7.32}$$

式中　a——伸缩因子；

　　　b——平移因子。

称 $\{\psi_{a,b}\}$ 为分析小波或连续小波，称 ψ 为基本小波或母小波。伸缩因子改变连续小波的形状，平移因子改变连续小波的位移。

对于信号 $f(t) \in L^2(\mathbf{R})$ 的积分小波变换（连续小波变换）定义为

$$\mathrm{WT}(a,b) = \langle f, \psi_{a,b} \rangle = \int_{\mathbf{R}} f(t) \bar{\psi}_{a,b}(t) \mathrm{d}t \tag{7.33}$$

其中，$\bar{\psi}_{a,b}(t)$ 是 $\psi_{a,b}(t)$ 的复共轭，且

$$\psi_{a,b}(t) = |a|^{-1/2} \psi\left(\frac{t-b}{a}\right) \tag{7.34}$$

其逆变化重构公式为

$$f(t) = C_{\psi}^{-1} \iint_{\mathbf{R}\mathbf{R}} \mathrm{WT}(a,b) \bar{\psi}_{a,b}(t) \frac{\mathrm{d}a}{a^2} \mathrm{d}b \tag{7.35}$$

其中

$$C_{\psi} = \int_{\mathbf{R}} \frac{|\hat{\psi}(t)|^2}{|\omega|} \mathrm{d}\omega \tag{7.36}$$

为小波 $\psi(t)$ 的重构常数。式中符号 $\hat{\psi}$ 表示为函数 ψ 的傅里叶变换。

从小波变换的角度出发，小波 $\psi(t)$ 仅满足如下一些约束条件。

① 容许条件

$$\int_{\mathbf{R}} \psi(t) \mathrm{d}t = 0 \tag{7.37}$$

② 归一化条件

$$\|\psi\| = \langle \psi, \psi \rangle = \int_{\mathbf{R}} \psi(t) \bar{\psi}(t) \mathrm{d}t = 1 \tag{7.38}$$

③ 完全重构条件（或恒等分辨条件）

$$C_{\psi} = \int_{\mathbf{R}} \frac{|\hat{\psi}(\omega)|^2}{|\omega|} \mathrm{d}\omega < \infty \tag{7.39}$$

④ 绝对可积条件（或窗函数约束条件）

$$\int_{\mathbf{R}} |\psi(t)| \mathrm{d}t < \infty \tag{7.40}$$

⑤ 稳定性条件

$$A \leqslant \sum_{j=-\infty}^{+\infty} |\hat{\psi}(2^{-j}\omega)| \leqslant B \tag{7.41}$$

$$0 < A \leqslant B < \infty \tag{7.42}$$

小波变换是 Fourier 变换思想方法的发展与延拓。它自产生以来，就一直与 Fourier 变换密切相关。它的存在性证明、小波基构造以及结果分析都依赖于 Fourier 变换，二者是相辅相成的。但小波变换与 Fourier 变换又有着本质上的不同：一方面，Fourier 变换只考虑时域和频域之间的一对一映射，它以单个变量（时间或频率）的函数来表示信号，湮没了非平稳信号中有用的局部细节信息；小波变换则利用时间尺度联合函数分析非平稳信号，既可看到信号的全貌，信号的细节信息又不会丢失。另一方面，Fourier 变换的基函数具有唯一性，这使得 Fourier 变换实现过程简单，且结果清晰易懂；而小波变换的基函数——小波函数则具有不唯一性，同一个工程问题用不同的小波函数进行分析其结果往往相差甚远，而且不及 Fourier 变换结果的简单、清晰、明了。小波变换实际应用中的一个难点问题（也是热点问题）就是小波函数的选取，目前往往是通过经验或不断地试验（对结果进行对照分析）来

选择小波函数。

为便于更加直观地了解小波变换分析方法的效果，构造了变转速故障轴承振动信号的仿真模型，如下式

$$x(t)=\sum_{i=1}^{I}A_i e^{-\beta\left(t-t_i-\sum_{j=1}^{i}\tau_j\right)}\sin\left[\omega\left(t-t_i-\sum_{j=1}^{i}\tau_j\right)\right]\mu\left(t-t_i-\sum_{j=1}^{i}\tau_j\right)\quad(7.43)$$

式中，A_i 是第 i 个冲击成分对应的幅值，其数值可由 $A_i=\lambda t_i$ 表示。

这里将幅值与转速关系简化为线性关系。t_i 表示第 i 个冲击成分的发生时刻，其计算公式如下

$$t_i=\frac{i}{Ff(t)}\quad(7.44)$$

式中 F——故障特征系数；

$f(t)$——轴承转频。

根据式(7.43)、式(7.44)得到变转速故障轴承振动信号仿真公式

$$x(t)=x(t)+n(t)\quad(7.45)$$

式中 $n(t)$——高斯白噪声。

最终得到仿真信号时域波形如图 7.17(a) 所示，可以很直观地看到振动信号的幅值随着时间的推移有所增大。图 7.17(b) 为用连续小波变换（CWT）处理该信号得到的结果，在图中可以找到故障特征频率及其倍频，其中 1 倍频最为清晰，2、3 倍频依次变得模糊。通过以上实验可知：小波变换可以很好地反映故障特征频率随时间变化的关系，实现变转速工况下机器的故障诊断。

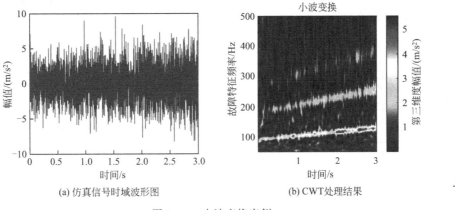

(a) 仿真信号时域波形图　(b) CWT处理结果

图 7.17　小波变换实例

7.3.3　EMD 分析及诊断实例

经验模态分解方法参见 4.5.3 节。其基本原理及方法介绍如下。

为了从复杂信号中得到有意义的瞬时频率，Huang 提出把含有多个振荡模式的数据分解成满足一定条件的多个单一振荡模式分量的线性叠加，每个单一振荡模式分量又叫作一个本征模态分量，每一个单一模式分量都满足 Hilbert 变换的必要条件，这使得用 Hilbert 变换求解信号的瞬时频率成为可能。

Huang 认为，一个本征模态函数必须满足以下两个条件：

① 函数在整个时间范围内，局部极值点和过零点的数目必须相等，或最多相差一个；

② 在任意时刻点，局部最大值的包络（上包络线）和局部最小值的包络（下包络线）平均值必须为零。

本征模态函数可由经验模式分解方法分解、筛选，具体步骤如下：

① 确定信号 $x(t)$ 所有的局部极大值点和局部极小值点，利用三次样条插值函数拟合形成原数据的上、下包络线。

② 计算上包络线和下包络线的均值 $m_1(t)$，可得到一个去掉低频的新数据序列 $h_1(t)$，即

$$h_1(t) = x(t) - m_1(t) \tag{7.46}$$

③ 判断 $h_1(t)$ 是否满足 IMF 成立的两个条件。如果满足，那么 $h_1(t)$ 就是 $x(t)$ 的第一个 IMF 分量。若 $h_1(t)$ 不是基本 IMF 分量，则需要继续进行筛选，重复步骤①、②，得到

$$h_{11}(t) = h_1(t) - m_{11}(t) \tag{7.47}$$

④ 再判断 $h_{11}(t)$ 是否是 IMF 分量，如果还不是，重复以上步骤 k 次，得到

$$h_{1k}(t) = h_{1(k-1)}(t) - m_{1k}(t) \tag{7.48}$$

直至 $h_{1k}(t)$ 最终满足 IMF 的基本条件，为第一个 IMF 分量，记作 $c_1(t) = h_{1k}(t)$。从 $x(t)$ 中减去 $c_1(t)$，得到的剩余信号为

$$r_1(t) = x(t) - c_1(t) \tag{7.49}$$

⑤ 再将 $r_1(t)$ 作为待分解的信号，重复式(7.47)～式(7.49)的计算步骤，可依此分解得到

$$
\begin{aligned}
r_2(t) &= r_1(t) - c_2(t) \\
r_3(t) &= r_2(t) - c_3(t) \\
&\cdots \\
r_n(t) &= r_{n-1}(t) - c_n(t)
\end{aligned}
\tag{7.50}
$$

直至剩余信号 $r_n(t)$ 变成一个单调信号，不能再筛选出基本模式分量为止。至此，信号 $x(t)$ 已被分解成 n 个 IMF 分量 $c_n(t)$ 和一个残余分量 $r_n(t)$，即

$$x(t) = \sum_{i=1}^{n} c_i(t) + r_n(t) \tag{7.51}$$

其中，分解出的 n 个分量 $c_i(t)$ 分别包含了信号从高频到低频的不同频率段成分，而剩余分量 $r_n(t)$ 则是原始信号的中心趋势。

上述的 EMD 分解方法的流程图如图 7.18 所示。

EMD 分析轴承故障诊断示例如图 7.19 所示。从图中可以看出，用 EMD 方法获得的第 1 个 IMF 分量中故障特征最为清晰，时域波形具有很好的冲击性，对应的包络谱中故障特征频率及其倍频很清晰，几乎不受噪声的影响；

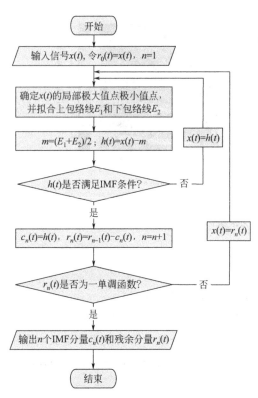

图 7.18 EMD 分解方法流程图

第 2～3 个 IMF 分量也包含较为丰富的故障特征信息,能够清晰地看到故障特征频率及其倍频;而第 4～5 个 IMF 分量中则包含较多的噪声,表现为故障特征频率及其倍频不明显。通过以上可以看出,用 EMD 方法可以有效实现轴承故障特征提取和诊断。

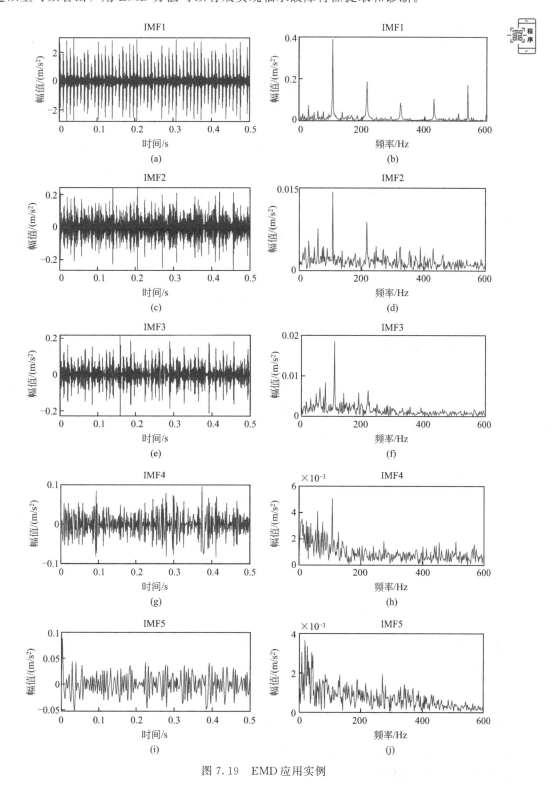

图 7.19　EMD 应用实例

7.3.4 稀疏表示及诊断实例

7.3.4.1 基本理论和算法

（1）稀疏表示模型

在稀疏模型中，仅有较少的基或者原子发挥重要作用，因此，通常使用线性回归模型表示为

$$y = D\alpha + n \tag{7.52}$$

式中，y 为传感器采集得到的故障信号；$D\alpha$ 为仅包含主要特征的真实信息，D 代表稀疏域或字典，α 代表稀疏系数；n 为噪声或其他冗余分量。对信号稀疏表示的前提是找到某个合适的稀疏域，并在该稀疏域下进行线性组合，从而得到原始信号 y 的稀疏表示。稀疏表示的代表性模型有 l_0 范数、l_1 范数、l_p 范数（$0 < p < 1$）以及 l_2 范数等。

① l_0 范数稀疏表示模型。当稀疏字典 D 与信号 y 已知时，满足下式稀疏求解模型即可完成信号稀疏表示

$$P_0 : \mathrm{argmin} \|\alpha\|_0 \quad 使得 \quad y = D\alpha \tag{7.53}$$

式中，$\|\alpha\|_0$ 表示向量中非零元素的个数，也称为稀疏性度量，稀疏域 D 满足 $D \in \mathbf{R}^{N \times M}$（$D$ 为维度 $M \times N$ 的实数矩阵），如果 D 中只有 $k(k < N)$ 个原子用来线性表示信号 α，式(7.53) 的求解就等同于如下优化问题，也称为 k 稀疏估计问题

$$y = D\alpha \quad 使得 \quad \mathrm{argmin} \|\alpha\|_0 \leqslant k \tag{7.54}$$

对于含噪声的优化问题，可以将式（7.54），其中 $n \in \mathbf{R}^M$ 为上界 $\|\alpha\|_2 \leqslant \varepsilon$ 的噪声，则可以将其转化为

$$\hat{\alpha} = \mathrm{argmin} \|y - D\alpha\|_2^2 \quad 使得 \quad \|\alpha\|_0 \leqslant \varepsilon \tag{7.55}$$

式中，$\|\alpha\|_0$ 表示 l_0 范数求解问题，即信号中非零元素个数；ε 表示误差项。通过 l_0 范数的最小化求解，可以获得信号的逼近解 $\hat{y}$。当逼近误差 ε 于无限小，$\hat{y}$ 无限接近于 $D\alpha$ 时，即可以在稀疏域 D 中找到一组由 M 个原子构成的线性组合 α，想要实现信号的稀疏极大化，需要 α 中的 M 个原子的非零值达到最小。

根据拉格朗日乘子法，将上式进行转化，变为无约束优化问题

$$\hat{\alpha} = L(\alpha, \lambda) = \mathrm{argmin} \|y - D\alpha\|_2^2 + \lambda \|\alpha\|_0 \tag{7.56}$$

② l_1 范数稀疏表示模型。由于高度不连续的 l_0 数的求解较为困难，因此常对其进行松弛化处理，利用连续或光滑的近似数替换 l_0 范数求解。由 Chen、Donoho 和 Saunders 等人提出的基追踪（basis pursuit，BP）算法就是利用 l_1 数来替换 l_0 范数，以最佳的凸近似求解上述问题。基追踪思想下，稀疏表示模型变为下式

$$P_1 : \mathrm{argmin} \|\alpha\|_1 \quad 使得 \quad \|y - D\alpha\|_2^2 \leqslant \varepsilon \tag{7.57}$$

在 l_1 范数约束下，稀疏表示模型可以转化为一系列线性规划问题来求解，因此将上式转化为拉格朗日乘子式目标方程

$$\hat{\alpha} = L(\alpha, \lambda) = \underset{\alpha}{\mathrm{argmin}} \left\{ \frac{1}{2} \|y - D\alpha\|_2^2 + \lambda \|\alpha\|_1 \right\} \tag{7.58}$$

式中，$\underset{\alpha}{\mathrm{argmin}}$ 函数的第一部分为冲击特征保持因子，用于衡量信号稀疏表示误差；第二部分为惩罚函数因子，用于计算信号稀疏度即非零值成分。λ 为正则化参数，用于调节目标方程中两组成部分的权重。

（2）稀疏表示字典

稀疏表示字典一般分为两类：一是分析字典，如傅里叶基、离散余弦基、小波基字典等；二是根据数据或者信号本身训练的学习字典，也称为过完备字典或冗余字典。

假设稀疏域（即字典）为 $D \in \mathbf{R}^{N \times M}$，由 M 个原子 $d_i \in \mathbf{R}^N$，$i = 1, 2, \cdots, M$ 组成，那么式(7.52)可以转化为

$$y(t) = D\boldsymbol{\alpha}(t) + n(t) \tag{7.59}$$

式中，$\boldsymbol{\alpha} \in \mathbf{R}^M$ 表示信号在稀疏域 D 下的表示系数。

稀疏表示即通过稀疏域 D 的变换，降低故障信号中噪声等其他冗余成分，实现信号的稀疏表示，以期达到 y 无限接近于 $D\boldsymbol{\alpha}$，即信号中仅包含故障特征成分的目的。图 7.20 表示了稀疏表示的基本模型。

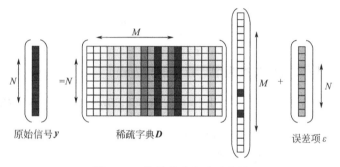

原始信号 y　　　　稀疏字典 D　　　　　　　　　　　　　误差项 ε

图 7.20　信号稀疏表示示意图

（3）稀疏表示求解算法

稀疏表示算法根据优化思路可分为贪婪算法、约束优化算法、逼近算法等算法，其中贪婪算法又可分为匹配追踪算法、正交匹配追踪算法以及相关衍生算法；约束优化算法可分为梯度投影稀疏重构算法、内点法和交替方向法以及其他衍生算法。

① 贪婪算法。贪婪算法在稀疏求解问题上十分著名，并已得到了广泛的应用，其核心思想就是用局部优化来代替全局优化，提高算法的运算效率。该类算法都是通过一步一步增加有效列的方式来获得最接近原信号的解。初始有效集合为空集，每一步增加的列都要能够最大限度地减少有效集与原信号之间的重构残差，当这个重构残差小于一个阈值时结束运算。贪婪算法提供了一种求解稀疏表示解的特殊方法。

匹配追踪算法（MP）是最早的使用贪婪策略求解稀疏表示问题近似解的方法之一。匹配追踪算法的思想就是通过求内积的方式，从过完备字典中寻找与输入信号最为匹配的原子，用初始残差剪掉这一原子后得到下一代残差，重复这一过程直到残差小于给定的阈值。匹配追踪算法提供了求解最小化范数的优化问题的思路，但其存在一个明显的缺陷，即在将信号残差向所选原子投影时，由于所选原子之间并不是正交的关系，所以会出现同一原子被重复选中的情况，因而算法需要经过多次迭代才能达到收敛条件。匹配追踪算法的方向选择通常不是最优的，而是次优的。随着研究的不断深入，又衍生出多种相关的贪婪算法，如正交匹配追踪算法（OMP）、弱匹配追踪算法、正则正交匹配追踪算法等。

② 约束优化算法。对于 P_0 问题，由于该问题是一个非凸函数求极值的问题，所以直接求解比较困难。因此，可以通过松弛 l_0 范数的方法将非凸函数转换为凸函数再进行优化。这种方法可以获得近似解。比如：可以将 l_0 范数松弛到 l_1 范数，如式(7.58)所示，然后

再寻求优化方法求解。约束优化算法就是通过这一方式，将可微的非约束问题转化为光滑可微的约束优化问题，最终得到模型的稀疏解的方法，其中具有代表性的有梯度投影法、交替方向法等。

交替方向法（ADM）的核心思想就是利用变量可分解的性质，通过对变量的分量分别进行优化来达到优化整体变量的效果，降低维度，简化运算，提高效率。交替方向法及其一系列衍生算法，得力于求解大规模优化问题时的突出效果，已经在机器学习、物联网、云计算等众多领域的大数据优化问题中得到应用，产生了诸如交替方向乘子法（ADMM）等一系列算法，为不同领域大规模数据优化问题做出了重要贡献。交替方向乘子法的核心思想是求解 l_1 范数最小化稀疏表示模型时，通过引入辅助变量 $s\in\mathbf{R}^d$（维度为 d 的实数矩阵），将式(7.58)转换为如下形式的约束问题

$$\underset{\boldsymbol{\alpha},\boldsymbol{s}}{\arg\min}\frac{1}{2\xi}\|\boldsymbol{s}\|_2^2+\|\boldsymbol{\alpha}\|_1 \tag{7.60}$$

使得
$$\boldsymbol{s}=\boldsymbol{y}-\boldsymbol{D\alpha} \tag{7.61}$$

将式(7.60)与式(7.61)变换为增广拉格朗日方程

$$\underset{\boldsymbol{\alpha},\boldsymbol{s},\boldsymbol{\omega}}{\arg\min}L(\boldsymbol{\alpha},\boldsymbol{s},\boldsymbol{\omega})=\frac{1}{2\xi}\|\boldsymbol{s}\|_2^2+\|\boldsymbol{\alpha}\|_1-\langle\boldsymbol{\omega},\boldsymbol{s}+\boldsymbol{D\alpha}-\boldsymbol{y}\rangle+\frac{\mu}{2}\|\boldsymbol{s}+\boldsymbol{D\alpha}-\boldsymbol{y}\|_2^2 \tag{7.62}$$

式中，ξ 为逼近参数；$\boldsymbol{\omega}\in\mathbf{R}^d$ 为拉格朗日乘子向量，是维度为 d 的实数矩阵；μ 为惩罚参数。因此，可以通过构建的通用框架求解

$$\begin{cases}\boldsymbol{s}^{t+1}=\arg\min L(\boldsymbol{s},\boldsymbol{\alpha}^t,\boldsymbol{\omega}^t)\\\boldsymbol{\alpha}^{t+1}=\arg\min L(\boldsymbol{s}^{t+1},\boldsymbol{\alpha},\boldsymbol{\omega}^t)\\\boldsymbol{\omega}^{t+1}=\boldsymbol{\omega}^t-\mu(\boldsymbol{s}^{t+1}+\boldsymbol{D\alpha}^{t+1}-\boldsymbol{y})\end{cases} \tag{7.63}$$

其中，t 表示迭代求解的次数。

③ 逼近算法。逼近算法的核心思想是将大规模分布式的、非光滑的约束优化问题分解为简单子问题的组合，利用逼近算子分别去求解这些子问题，提高运算效率。经典的逼近算法包括软阈值函数或收缩算子、迭代收缩阈值算法、快速迭代收缩阈值算法等。

④ 其他稀疏表示优化算法。用于求解稀疏表示模型的优化算法还有很多种类型，例如近似算法、同伦算法等。近似算法的核心思想是利用近似算子迭代求解子问题，其计算效率比直接求解原问题高得多。同伦理论是从拓扑学领域延伸出来的，主要应用于非线性问题求解领域，其基本思想是通过追踪一个参数变化时连续变化的参数路径来求解最优化问题。

7.3.4.2 故障诊断应用实例

稀疏表示由于其优越的降噪性能，在轴承故障诊断领域已经得到了广泛应用。其基本过程如图 7.21 所示。

图 7.21 稀疏表示基本过程框图

以基于固定基字典与 ADMM 的稀疏特征提取方法为例，介绍其在轴承故障诊断中的应用。

该方法是通过对 l_1 范数稀疏模型选用固定基字典的离散余弦字典，并通过交替方向乘子法对模型进行求解的，采用了固定基离散余弦字典和交替方向乘子法（ADMM），去除了冗余分量，获得了稀疏信号。其稀疏特征提取流程如图 7.22 所示。

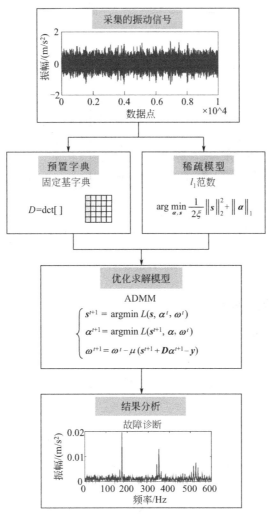

图 7.22 基于固定基字典的稀疏特征提取方法流程图

对于分析的故障信号，其时域数据信息与包络谱如图 7.23 所示。图 7.23(a) 为外圈信号时域图，其存在多个较为突出的冲击特征，外圈故障信号的包络频谱图如图 7.23(b) 所示。原始信号中期包含外圈的冲击成分，对于此实验信号，对应的外圈的故障特征频率为 86.32Hz。由于故障特征受到背景噪声的影响，因此故障特征表现微弱，难以从图 7.23(b) 中获取明显的故障信息，其中幅值最高的是轴承的转动频率。

采用基于固定基字典的稀疏特征提取方法对上述信号进行分析，得到如图 7.24 所示的分析结果。此时轴承故障的冲击成分特征更加明显，冗余分量减少。并且在图 7.24(b) 所示包络谱中，故障的特征频率为 86.98Hz 及其多个高次谐波 172Hz 等得到了明显增强，这与该实验条件下的故障特征频率极为接近。因此可以准确识别为轴承的外圈故障。

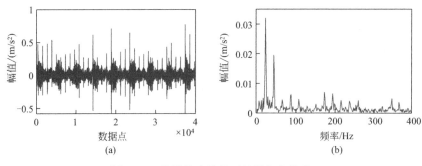

图 7.23　外圈故障信号时域图与包络谱

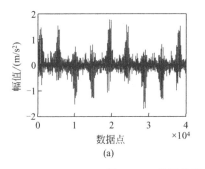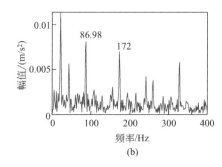

图 7.24　外圈故障信号稀疏特征提取结果

7.3.5　盲源分离及诊断实例

7.3.5.1　基本理论和算法

（1）盲源分离的一般模型

盲源分离是从信号中估计源成分的过程，可以直接从原始观测信号的先验信息和传输特性中恢复源信号，表示为

$$x_i(t) = \sum_{j=1}^{m} a_{ij} s_j(t) + n_i(t) \quad (i=1,2,\cdots,n, \quad t=1,2,\cdots,T) \tag{7.64}$$

式中，$x_i(t)$ 是原始混合信号；a_{ij} 为混合系数；$s_i(t)$ 是所要求取的源信号；$n_i(t)$ 是与源信号不相关的噪声成分；T 是采样率。式（7.64）可以由以下矩阵形式表示

$$X(t) = AS(t) + N(t) \tag{7.65}$$

式中，$X(t) = [x_1(t), x_2(t), \cdots, x_n(t)]^T$ 是 n 维观测信号，A 是 $n \times m$ 维混合矩阵；$S(t) = [s_1(t), s_2(t), \cdots, s_m(t)]^T$ 是 m 维源信号。在理想情况下，信号中没有噪声成分，则观测信号 X 就是 A 与 S 的组合（$X=AS$）。

盲源分离的解混（分离）过程是通过构造一个分离矩阵 W 实现各个源信号在混合信号中的分离，获得对源信号的估计 $Y(t)$。盲源分离模型示意图见图 7.25，该过程的数学模型如下

$$Y(t) = WX(t) \tag{7.66}$$

（2）独立成分分析

独立成分分析是一种多变量的统计分析方法，也是解决盲源分离问题的主要方法。由于盲源分离的数学模型中含有多个未知量，所以求解时可对模型做一些基本假设：a.源信号在

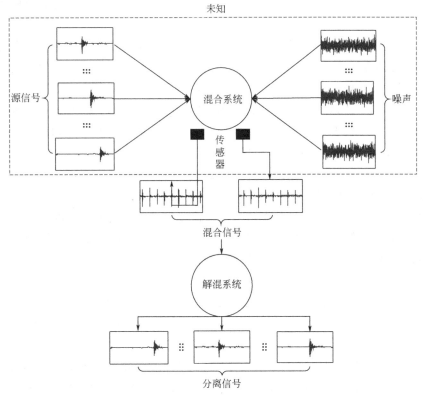

图 7.25　盲源分离模型示意图

统计上相互独立；b. 混合矩阵 A 是满秩矩阵；c. 噪声在统计上相互独立且与原始观测信号不相干；d. 源信号的维数 m 不大于观测信号的维数 n。

独立成分分析的主要思想是从原始时间序列中分离一系列互不相关的独立成分。其数学模型可表示为

$$X = AS = \sum_{i=1}^{m} a_i s_i \quad (i = 1, 2, \cdots, m) \tag{7.67}$$

式中，$X = [x_1, x_2, \cdots, x_n]^T$ 是随机观测信号；$S = [s_1, s_2, \cdots, s_m]^T$ 是源信号；$A = [a_1, a_2, \cdots, a_m]^T$ 是一个 $n \times m$ 维的混合矩阵。

在独立成分分析的模型中，源信号之间必须相互独立并且服从高斯分布的信号源不超过 1 个，对于简化模型来说，混合矩阵 A 被假定为方阵，意味着 $m = n$。

为了估计源信号，独立成分分析算法根据以下公式来进行线性变换

$$Y = WX = WAS = ZS \tag{7.68}$$

式中，$Z = WA$，Y 是独立分量 s_i 的估计结果，W 是一个最优变换矩阵。

独立成分分析算法主要由两个部分组成：一是独立性的度量准则，即目标函数，决定了算法的统计性质；二是目标函数的优化方法，决定了算法的收敛速度、数值稳定性等性能。目前广泛使用的是芬兰学者 Hyvärinen 等人提出的一种改进的独立成分分析算法——FastI-CA 算法，又称固定点（fixed-point）算法。FastICA 采用牛顿迭代算法，对大量时间序列信号进行处理时可以选择性分批运算，极大地提高了分离效率。

(3) 稀疏成分分析

得益于稀疏表示技术的长足发展，Bofill 等人发展了一种新的盲源分离求解框架，即稀疏成分分析。

概率论和统计学理论认为，信号的概率密度函数越接近拉普拉斯分布，该信号的稀疏性越强。对于多源耦合的稀疏信号而言，可以使用式 $x(t)=As(t)$ 来构造耦合信号与源信号之间的关系。这里，$s(t)=[s_1(t),s_2(t),\cdots,s_n(t)]^T$ 代表一个 n 维的源信号，$x(t)=[x_1(t),x_2(t),\cdots,x_m(t)]^T$ 代表一个 m 维的耦合观测信号。如果考虑欠定情形下，那么 $n>m$，即源信号的维数大于观测信号的维数。可以把混合矩阵 A 写成列向量的形式为 $A=[a_1,a_2,\cdots,a_n]$，那么 $x(t)=As(t)$ 可以写成

$$x(t)=a_1s_1(t)+a_2s_2(t)+\cdots+a_ns_n(t) \tag{7.69}$$

如果在上述模型中考虑信号的稀疏性，也就是说，如果源信号充分稀疏，那么意味着在每一个时刻 t，最多只有一个维度的源信号的取值比较显著，其他维度的源信号取值为 0 或者远小于该显著值。转化为数学表示，即在 t_k 时刻最多仅有源信号 s_i 的取值比较显著，那么上式就可以写成

$$x(t_k)=a_is_i(t_k) \tag{7.70}$$

式中，$i=1,2,\cdots,n$。也就是说，此时的观测信号 $x(t_k)$ 是关于 $s_i(t_k)$ 的线性函数，观测信号 $x(t_k)$ 分布在以 a_i 为斜率的直线上。a_i 代表混叠矩阵 A 中相对应的列向量，信号呈现聚集效应。

可以通过聚类的方法获得聚类中心，每个聚类中心对应混合矩阵的每个列向量，从而能够确定混合矩阵。目前，用于混合矩阵估计的聚类方法主要有：基于趋势函数法、K-均值（K-mean）聚类，模糊 C-均值（fuzzy C-mean，FCM）聚类、张量分解法等。

在获得混合矩阵的情况下，通过线性优化就可以实现源信号的分离。事实上，可以将源信号的恢复问题转化为下述的线性规划问题

$$\begin{cases} \min\limits_{s(t)} \sum\limits_{i=1}^{n}|s_i(t)| \\ As(t)=x(t), \quad t=1,2,\cdots,T \end{cases} \tag{7.71}$$

Bofill 等人提出的最短路径法，从向量几何构成的角度去考虑求解这一优化问题。将混叠模型 $x(t)=As(t)$ 写成向量线性相加的形式

$$x(t)=As(t)=\sum_{i=1}^{n}a_is_i(t) \tag{7.72}$$

其中，需要令 $\sum\limits_{i=1}^{n}|s_i(t)|$ 最小化从而使求得的最优解拥有最小的 l_1 范数，即最优解具有充分的稀疏性。

上式可以理解为：观测信号 $x(t)$ 是每个向量 $a_is_i(t)$ 的和，a_i 代表向量的方向，$s_i(t)$ 代表了向量的长度。在所有的可能解中，从原点 O 到 $x(t)$ 的最短路径就是所要找的最优解。这里所说的"最短路径"，指的是逼近观测向量所需要的基向量 a_i 的数量最少，也就是说，采用距离样本点最近的那组向量来逼近 $x(t)$。

7.3.5.2 轴承复合故障诊断应用实例

下面为基于 FastICA 的滚动轴承复合故障诊断实例，轴承的型号为 NTN N204。

当滚动轴承旋转时，滚子嵌在外圈与内圈的滚道之中发生滚动，一旦组件接触面发生损伤，滚子在滚动过程中就不可避免地会与这些损伤接触面碰撞，产生激励脉冲。在满足一定条件时，可推导出滚子在通过滚动轴承不同损伤部位时的故障特征频率。轴承转速是 $900r/min$，计算出该轴承的外圈损伤理论故障特征频率为 $59.8Hz$，滚子损伤理论故障特征频率为 $71.8Hz$。图 7.26 所示是采集的轴承原始复合故障数据的时域波形图和包络频谱图，可以看出，原始信号在时域结构上存在明显的冲击，表明该轴承已发生故障。从包络频谱图可知，外圈故障特征频率较为突出，但滚子故障频率都被完全湮没，从而无法提取滚动体故障特征。因此，仅利用传统的包络频谱技术不能有效地分离和提取轴承复合故障信号。

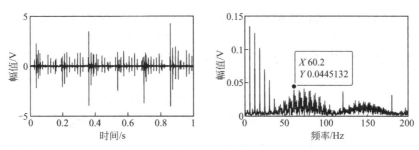

图 7.26　轴承原始信号时域波形图和包络频谱图

这里使用经验模态分解将轴承单通道振动数据进行预处理，从而获得多路同步信号，选取合适模态分量构建 FastICA 输入矩阵。分离出 3 个信号的包络频谱图如图 7.27 所示，其中图 7.27(a) 表示滚动轴承外圈故障，图 7.27(b) 表示不平衡故障以及图 7.27(c) 表示滚动体故障。实现了对复合故障的分离诊断。

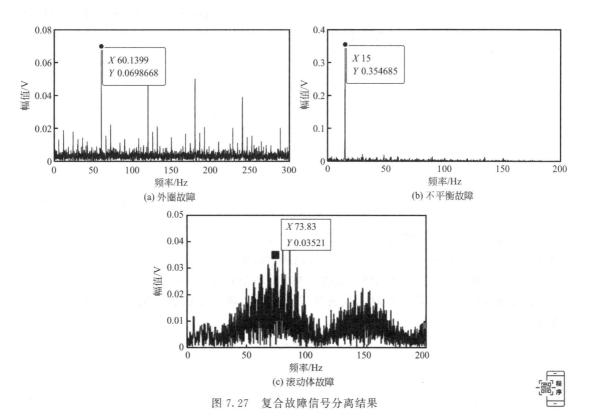

图 7.27　复合故障信号分离结果

7.4 轴承故障定量诊断方法及实例

现有的关于滚动轴承故障定量诊断的研究，主要围绕理清轴承振动机理和探究定量特征提取算法的思路进行，本节以阶跃-冲击字典匹配追踪算法为例介绍滚动轴承故障的定量诊断方法。

7.4.1 阶跃-冲击字典的构造

当滚动轴承内部发生损伤性故障时，轴承滚动体与故障位置发生碰撞，这种碰撞可以视为弹簧阻尼系统的振动过程，其振动信号序列中将出现冲击和瞬态振动特征，即故障信号。针对故障信号的结构特点，采用参数化函数模型的方法构造该指数衰减函数，可表达为

$$\varphi_{\text{imp}}(p,u,f)=\begin{cases}K_{\text{imp}}e^{-p(t-u)}\sin(2\pi ft), & t\geqslant u\\0, & t<u\end{cases} \tag{7.73}$$

式中，u 为冲击响应事件发生的初始时刻；f 为系统的阻尼固有频率；p 为冲击响应的阻尼衰减特性；K_{imp} 为归一化系数。

这种理想单脉冲仅仅适合滚动轴承局部损伤尺寸极小的情况，随着故障的恶化程度增加，当故障存在一定宽度时，故障引起的脉冲不可能仅仅呈现一种理想单脉冲状态，而是双冲击的现象。图 7.28 提取了故障直径为 2mm 的滚动轴承外圈故障信号中的冲击特征，从图中可以清楚地看出冲击含有两个明显峰值（箭头所指），分别为滚动体与故障边缘刚刚接触时产生的冲击和离开故障另一边缘时产生的冲击，而使用传统的单冲击模型获得的信号（如图 7.29 所示）没能对这一现象进行模拟。

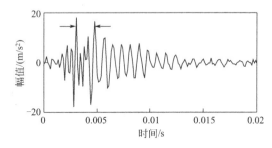

图 7.28 故障直径为 2mm 的轴承故障冲击

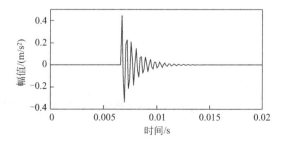

图 7.29 使用传统单冲击模型获得的冲击信号

通过对滚动轴承故障机理进行详细分析，可以判定故障引起的脉冲宽度与轴承的型号、测量过程中电机的转速、干扰情况以及局部损伤的面积大小有关。

基于上述分析，建立一种能够反映故障大小的新型冲击字典模型。

首先计算出滚动体在运行时的线速度以及不同故障引起的脉冲宽度，其中滚动体线速度

$$s=\pi df_{\text{r}} \tag{7.74}$$

脉冲宽度

$$p_{\text{x}}=\frac{d_{\text{x}}}{s} \tag{7.75}$$

由缺陷产生的脉冲可表示为

$$x(t) = \begin{cases} 1, & u < t < u + p_x \\ 0, & \text{其他} \end{cases} \tag{7.76}$$

由缺陷产生的冲击可表示为式(7.76)中的脉冲与式(7.73)中传统冲击字典函数模型的卷积，其表达式为

$$\varphi_{\mathrm{imp}}(p, u, f, d_x, d, f_r) = \mathrm{conv}[x(t), \varphi_{\mathrm{imp}}(p, u, f)] \tag{7.77}$$

式中，d 为轴承小径，mm；f_r 为转频，Hz；d_x 为故障直径，mm；p 为冲击响应的阻尼衰减特性系数；u 为冲击响应事件发生的初始时刻，s；f 为系统的阻尼固有频率，Hz。

使用该模型绘制故障直径为 2mm 所对应的冲击信号如图 7.30 所示，与图 7.28 相比更接近于真实的冲击信号。

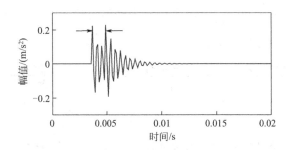

图 7.30　使用新模型获得的故障直径为 2mm 的冲击信号

上述模型充分考虑了轴承运行状态。与传统冲击字典模型相比，使用这种新型冲击字典模型所建立的原子库，可使得所提取出的滚动轴承故障冲击更为接近真实状态。

根据图 7.31 可知，滚动体没有进入故障区域时，处于和轴匀速旋转的过程中，此时法向上的力平衡，故没有法向上的加速度。当滚动体刚进入故障区域的时候，轴承对其的压力突然卸载，使得此时法向上产生向下的作用力，从而产生向下的加速度 a_1。规定此时加速度的方向为正方向。可以理解为，加速度在此时突然出现，即加速度产生了类似于阶跃的效应，其示意图见图 7.32 中 t_1 时刻之前的部分。图 7.32 的 t_1 时刻是加速度重新为零的时刻，即此时法向上的合力为 0，即滚动体与故障后边缘发生撞击的时刻。之后滚动体将要离开故障区域，滚动体重新承载起轴的压力，法向上合力的方向向上，此时产生了向上的加速度 a_2。这一加速度产生的形式与 a_1 相似，只是方向相反，即在加速度的反方向上产生了类似于阶跃的效应，其示意图见图 7.32 中 t_1 时刻之后的部分。

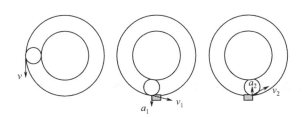

图 7.31　加速度方向整体过程示意图

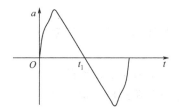

图 7.32　故障区域加速度变化示意图

而当滚动体真正与故障发生撞击的时候，撞击时间非常短，能量非常大，会激起系统的共振，此时共振所反映出来的响应为指数衰减形式的响应，其示意图见图 7.33。

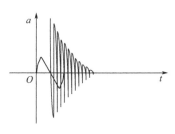

图 7.33 阶跃-冲击响应
原理示意图

因此，滚动体经过故障的过程所表现出的振动形式为类似于阶跃响应的形式和指数衰减形式的叠加，而不是单纯的两次指数衰减响应的形式，第一次碰撞的响应形式为阶跃响应，第二次撞击的响应形式为冲击形式。

本节将单一理想的脉冲作用力优化为类阶跃冲击和指数衰减冲击两种形式，并且推导两次作用力之间的时间间隔大小与故障大小的定量关系。滚动体滚过故障所需时间为

$$\Delta t_0 = \frac{l_0}{\pi D_0 f_c} \tag{7.78}$$

式中，l_0 为故障尺寸（mm）；D_0 为轴承外径（mm），$D_0 = D_p + d$，见图 7.34；f_c 为保持架转频（Hz），$f_c = \frac{f_r}{2}\left(1 - \frac{d}{D_p}\cos\alpha\right)$；$f_r$ 为轴的转频（Hz）；α 为压力角（°）。

因此，滚动体滚过故障所需的时间为

$$\Delta t_0 = \frac{l_0}{\pi(D_p + d)} \times \frac{2}{f_r\left(1 - \frac{d}{D_p}\right)} = \frac{2l_0 D_p}{\pi f_r(D_p^2 - d^2)} \tag{7.79}$$

而若故障直径小于滚动体直径，当滚动体与故障后边缘碰撞时，此时滚动体中心所经过的距离恰好为故障尺寸的一半，因此两次冲击之间的时间间隔为

$$\Delta t = \frac{\Delta t_0}{2} \tag{7.80}$$

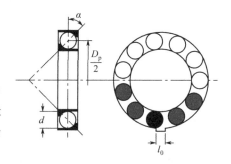

图 7.34 故障轴承截面图
D_p—轴承节径（mm）；d—滚动体直径（mm）

即故障大小与两次冲击之间时间间隔的关系式为

$$l_0 = \frac{\pi f_r(D_p^2 - d^2)}{D_p}\Delta t \tag{7.81}$$

两次冲击分别为阶跃响应和冲击响应，即阶跃响应发生的时刻在冲击响应发生时刻的前 Δt 时间，设冲击时刻发生的时间为 u，则阶跃响应发生的时刻为 $u - \Delta t$。冲击响应的表达式为

$$x_{imp} = e^{\frac{-(t-u)}{\tau}}\sin(2\pi f_n t) \tag{7.82}$$

类阶跃响应的表达式为

$$x_{step} = e^{\frac{-(t-u-\Delta t)}{3\tau}}\left[-\cos\left(2\pi\frac{f_n}{6}t\right)\right] + e^{\frac{-(t-u)}{5\tau}} \tag{7.83}$$

轴承故障信号基函数模型为

$$x = ax_{imp} + x_{step} \tag{7.84}$$

式中，u 为冲击发生的时刻，s；τ 为系统阻尼系数，s；f_n 为系统固有频率，Hz；a 为冲击成分与阶跃成分幅值比。

将式(7.84)作为阶跃-冲击字典的基函数模型，变量 D_0、D_p、d 和 f_r 根据轴承尺寸以及设备运转情况设置，参数变量 (u, τ, f_n, l, a) 进行离散化赋值，同样采用遗传算法构造新型阶跃-冲击原子库。其中，u 取值 $(1/f_s \sim N/f_s)$，步长为 $(N/1024f_s)$，N 为待分析信号的长度，f_s 为采样率；τ 取值 0.0001～0.0016s，步长为 0.0001s，共 16 个点数，4

位编码；f_n 取值 9000~11048Hz，步长为 1Hz，共 2048 个点数，11 位编码；l 取值 0.02~1.28mm，步长为 0.02mm，共 64 个点数，6 位编码；为了简化计算，$a=20$。通过本基函数模型构造出的原子库原子示意图见图 7.35。

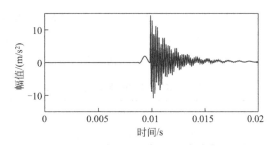

图 7.35　阶跃-冲击原子示意图

7.4.2　阶跃-冲击字典匹配追踪定量诊断

在建立新型稀疏表示算法定量字典基础上提出了基于阶跃-冲击字典匹配追踪算法的滚动轴承故障定量诊断方法。首先按照 7.4.1 节所述步骤构造阶跃-冲击原子库，应用遗传算法寻优功能选取最匹配原子，重构信号，在重构信号中找出类阶跃响应发生时刻和冲击响应发生时刻，求取时间间隔，然后计算该时间间隔所对应的故障尺寸。其具体步骤：

① 初始化残差和能量。将待分解信号 f 赋给残差信号，得到初始残差信号 R_0。

② 选取最匹配原子。首先，定义原子库

$$D(u,\tau,f_n,l_0)=\{g_i,\ i=1,2,3,\cdots,m\} \tag{7.85}$$

式中，$D(u,\tau,f_n,l_0)$ 为阶跃-冲击原子库；g_i 为原子，$\|g_i\|=1$，是经归一化处理后具有单位能量的原子；m 为原子个数。

随后，应用遗传算法选取最匹配原子 g_{0j}，其中 $j=1,2,3,\cdots,K$，K 为迭代次数。

③ 更新残差信号。残差信号 R_j 减去残差信号在最匹配原子上的投影，即可得到新的残差信号。投影系数为

$$c_j=\langle R_j,g_{0j}\rangle \tag{7.86}$$

新的残差信号为

$$R_{j+1}=R_j-c_jg_{0j} \tag{7.87}$$

④ 终止迭代。选取基于衰减系数残差比阈值的迭代终止条件，满足终止条件则匹配过程结束，否则循环执行步骤②~③。

⑤ 重构信号。将 K 次信号的匹配投影线性叠加，得到近似重构信号

$$f=\sum_{j=1}^{K}c_jg_{0j} \tag{7.88}$$

⑥ 预估故障值。通过 MATLAB 软件标出重构信号中阶跃响应以及冲击响应发生的时刻 u_1、u_2，并求取其时间间隔 $\Delta t'$，根据下式预估故障值 l'

$$\Delta t'=u_2-u_1 \tag{7.89}$$

$$l'=\frac{\pi f_r(D_p^2-d^2)}{D_p}\Delta t' \tag{7.90}$$

7.4.3 仿真及实验验证

（1）仿真信号分析

模拟轴承外圈故障信号，轴承各尺寸信息见表 7.3。设置采样频率为 65536Hz，数据点为 2048，故障宽度为 1.2mm，轴的转速为 800r/min，系统固有频率为 10000Hz，$\tau=0.001$s，两次冲击发生的时刻分别为 0.005s 和 0.02s。染噪的仿真信号时域波形图如图 7.36 所示。

表 7.3 NACHI 2206GK 轴承参数表

轴承参数	d/mm	D_p/mm	α/(°)	滚珠个数
参数取值	7.95	45.15	0	11

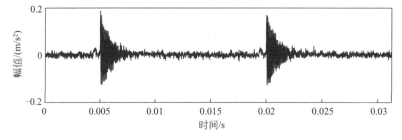

图 7.36 染噪仿真信号时域波形图

从仿真信号波形图中可以看到在大的冲击前有一个小突起的冲击存在，此即为可以反映故障大小的双冲击现象。但是小冲击极易湮没在噪声中。

应用基于阶跃-冲击字典的匹配追踪算法对该染噪仿真信号进行故障特征提取。设置遗传算法参数：遗传算法编码长度为 31，交叉概率为 0.6，变异概率为 0.01，种群规模为 600，进化代数 50。仿真信号的重构波形见图 7.37，两次响应之间的时间间隔以及故障大小见表 7.4，从重构波形与原始波形的对比和表 7.4 数据可以看出，基于阶跃-冲击字典的匹配追踪算法可以实现轴承故障的定量诊断，所求结果与故障仿真信号较为接近。

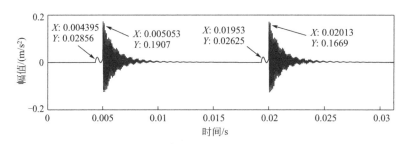

图 7.37 仿真信号重构波形

表 7.4 重构信号时间间隔及故障大小

重构形式	阶跃 1	冲击 1	阶跃 2	冲击 2
响应发生时刻/s	0.004395	0.005053	0.01953	0.02013
时间间隔/s	0.000658		0.0006	
故障大小/mm	1.205		1.099	
平均故障/mm	1.152			
误差率	4%			

（2）实验信号分析

选取新南威尔士大学（the University of New South Wales，UNSW）试验台的实验数据，图 7.38 为外圈故障时域波形图。从图中可以看到双冲击现象的存在，并且第二次冲击能量明显高于第一次冲击的能量。

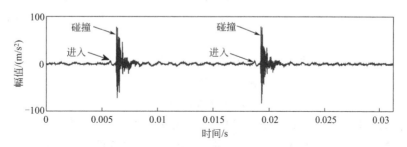

图 7.38　外圈实验信号时域波形

在本实验中所使用的轴承为 NACHI 2206GK，其尺寸为 $d=7.95\text{mm}$，$D_p=45.15\text{mm}$，$f_r=40/3\text{Hz}$，因此，根据式（7.81）可以得到 $\Delta t=\dfrac{l_0 D_p}{\pi f_r (D_p^2-d^2)}=0.00054567l_0\ (\text{s})$。

数据采样频率为 65536Hz，截取 2048 个数据点，字典中原子长度设置为 1024 点。图 7.39 为重构时域波形，重构信号中阶跃响应以及冲击响应发生的时刻以及平均故障大小见表 7.5。

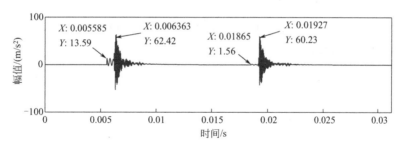

图 7.39　外圈实验信号重构时域波形

表 7.5　重构信号时间间隔及故障大小

重构形式	阶跃 1	冲击 1	阶跃 2	冲击 2
响应发生时刻/s	0.005585	0.006363	0.01865	0.01927
时间间隔/s	0.000778		0.00062	
故障大小/mm	1.425		1.136	
平均故障/mm	1.2805			
误差率	6.71%			

7.5　性能退化趋势预测方法及实例

在定性诊断、定量诊断的基础上，对故障的演变、趋势变化的识别与分析尤为重要，也是评价滚动轴承服役性能的重要因素。本节主要介绍基于卡尔曼（Kalman）滤波算法的轴承性能退化趋势跟踪与预测方法。

7.5.1　开关无迹卡尔曼滤波算法

卡尔曼滤波算法既可用于跟踪滤波，也可用于趋势预测。为解决实际物理系统数学模型的非线性问题，引入无迹卡尔曼滤波（unscented Kalman filter，UKF）算法，其采用线性卡尔曼滤波的框架，但使用无迹变换（unscented transform，UT）处理均值和协方差的非线性传递问题。

定义非线性系统离散随机差分方程和线性测量方程

$$\boldsymbol{X}_k = f(\boldsymbol{X}_{k-1}, \boldsymbol{W}_k) \tag{7.91}$$

$$\boldsymbol{Z}_k = \boldsymbol{H}\boldsymbol{X}_k + \boldsymbol{V}_k \tag{7.92}$$

式中，f 函数对自变量而言是非线性的。$\boldsymbol{X}_k$ 是 k 时刻的 $n \times 1$ 维系统状态向量，n 是状态变量个数；$\boldsymbol{X}_{k-1}$ 是 $k-1$ 时刻系统状态向量；$\boldsymbol{W}_k$ 是 k 时刻的 $n \times 1$ 维过程激励噪声；$\boldsymbol{Z}_k$ 是 k 时刻的状态测量值；$\boldsymbol{H}$ 是 $1 \times n$ 维测量矩阵；$\boldsymbol{V}_k$ 是 k 时刻的测量噪声。假设 $\boldsymbol{W}_k$、$\boldsymbol{V}_k$ 是相互独立、正态分布的白色噪声，过程激励噪声协方差矩阵为 $\boldsymbol{Q}$，测量噪声协方差矩阵为 $\boldsymbol{R}$，即：$\boldsymbol{W}_k \sim N(0, \boldsymbol{Q})$，$\boldsymbol{V}_k \sim N(0, \boldsymbol{R})$。

UT 变换计算 $Sigma$ 点和相应的权值 ω 如下：

$2n+1$ 个 Sigma 点

$$\boldsymbol{X}^i = \begin{cases} \bar{\boldsymbol{X}}, & i = 0 \\ \bar{\boldsymbol{X}} + (\sqrt{(n+\lambda)\boldsymbol{P}})_i, & i = 1 \sim n \\ \bar{\boldsymbol{X}} - (\sqrt{(n+\lambda)\boldsymbol{P}})_i, & i = (n+1) \sim 2n \end{cases} \tag{7.93}$$

这些采样点相应的权值

$$\begin{cases} \omega_m^0 = \dfrac{\lambda}{n+\lambda} \\ \omega_c^0 = \dfrac{\lambda}{n+\lambda} + (1 - \alpha^2 + \beta) \\ \omega_m^i = \omega_c^i = \dfrac{\lambda}{2(n+\lambda)}, & i = 1 \sim 2n \end{cases} \tag{7.94}$$

式中，m 为均值符号，c 为协方差符号，参数 $\lambda = \alpha^2(n+k) - n$ 是缩放比例参数，α 是比例缩放因子，β 是先验分布高阶矩参数。

卡尔曼滤波要实现的功能是利用测量的状态值 $\boldsymbol{Z}_k$ 去估计隐藏在噪声中的系统状态 $\boldsymbol{X}_k$。无迹卡尔曼滤波步骤如下：

利用式(7.93)、式(7.94) 获得一组采样点（$Sigma$ 点集）

$$\boldsymbol{X}_{k-1}^i = [\boldsymbol{X}_{k-1} \quad \boldsymbol{X}_{k-1} + \sqrt{(n+\lambda)\boldsymbol{P}_{k-1}} \quad \boldsymbol{X}_{k-1} - \sqrt{(n+\lambda)\boldsymbol{P}_{k-1}}] \tag{7.95}$$

$2n+1$ 个 Sigma 点集的一步预测

$$\hat{\boldsymbol{X}}_k^i = f(\boldsymbol{X}_{k-1}^i), \quad i = 1, 2, \cdots, 2n+1 \tag{7.96}$$

状态一步预测

$$\hat{\boldsymbol{X}}_k = \sum_{i=0}^{n} \omega^i \hat{\boldsymbol{X}}_k^i \tag{7.97}$$

协方差一步预测

$$\hat{\boldsymbol{P}}_k = \sum_{i=0}^{n} \omega^i [\hat{\boldsymbol{X}}_k - \boldsymbol{X}_k^i][\hat{\boldsymbol{X}}_k - \boldsymbol{X}_k^i]^{\mathrm{T}} + \boldsymbol{Q} \tag{7.98}$$

根据以上一步预测值，再次进行 UT 变换，产生新的 Sigma 点集

$$\boldsymbol{X}_k^i = [\hat{\boldsymbol{X}}_k \, \hat{\boldsymbol{X}}_k + \sqrt{(n+\lambda)\hat{\boldsymbol{P}}_k} \, \hat{\boldsymbol{X}}_k - \sqrt{(n+\lambda)\hat{\boldsymbol{P}}_k}] \tag{7.99}$$

将式（7.99）产生的新 Sigma 点集代入测量方程式（7.92），得到预测的观测量

$$\boldsymbol{Z}_k^i = \boldsymbol{H}\boldsymbol{X}_k^i \tag{7.100}$$

将式（7.100）得到的新 Sigma 点集的观测预测量加权求和，得到预测的均值和协方差

$$\hat{\boldsymbol{Z}}_k = \sum_{i=0}^n \omega^i \boldsymbol{Z}_k^i \tag{7.101}$$

$$\boldsymbol{P}_{\boldsymbol{Z}_k \boldsymbol{Z}_k} = \sum_{i=0}^n \omega^i [\boldsymbol{Z}_k^i - \hat{\boldsymbol{Z}}_k][\boldsymbol{Z}_k^i - \hat{\boldsymbol{Z}}_k]^{\mathrm{T}} + \boldsymbol{R} \tag{7.102}$$

$$\boldsymbol{P}_{\boldsymbol{X}_k \boldsymbol{Z}_k} = \sum_{i=0}^n \omega^i [\boldsymbol{X}_k^i - \hat{\boldsymbol{X}}_k][\boldsymbol{Z}_k^i - \hat{\boldsymbol{Z}}_k]^{\mathrm{T}} \tag{7.103}$$

卡尔曼增益

$$\boldsymbol{K}_k = \boldsymbol{P}_{\boldsymbol{X}_k \boldsymbol{Z}_k} \boldsymbol{P}_{\boldsymbol{Z}_k \boldsymbol{Z}_k}^{-1} \tag{7.104}$$

状态更新

$$\boldsymbol{X}_k = \hat{\boldsymbol{X}}_k + \boldsymbol{K}_k [\boldsymbol{Z}_k - \hat{\boldsymbol{Z}}_k] \tag{7.105}$$

协方差更新

$$\boldsymbol{P}_k = \hat{\boldsymbol{P}}_k - \boldsymbol{K}_k \boldsymbol{P}_{\boldsymbol{Z}_k \boldsymbol{Z}_k} \boldsymbol{K}_k^{\mathrm{T}} \tag{7.106}$$

式中，$\hat{\boldsymbol{X}}_k$ 表示 k 时刻先验状态估计值，这是算法根据前次迭代结果（就是上一次循环的后验估计值）做出的不可靠估计；$\hat{\boldsymbol{P}}_k$ 表示 k 时刻的先验估计协方差，只要初始协方差 $\boldsymbol{P}_0 \neq \boldsymbol{0}$，它的取值对滤波效果影响很小，都能很快收敛；$\boldsymbol{K}_k$ 表示卡尔曼增益，对卡尔曼增益的确定是建立滤波模型的关键步骤之一，它能显著影响滤波的结果；$\boldsymbol{X}_k$，$\boldsymbol{X}_{k-1}$ 表示 k 时刻、$k-1$ 时刻后验状态估计值，也就是要输出的该时刻最优估计值，这个值是卡尔曼滤波的结果；$\boldsymbol{P}_k$，$\boldsymbol{P}_{k-1}$ 表示 k 时刻、$k-1$ 时刻的后验估计协方差。

开关卡尔曼滤波器可以表示为动态贝叶斯网络。每个模型 $\boldsymbol{S}_k$ 都可以使用卡尔曼滤波器表示。开关卡尔曼滤波的计算过程如下。依据贝叶斯估计理论，对于由 1 个卡尔曼滤波器描述的动态系统，模型变换概率

$$\boldsymbol{S}_k^{i|j} = \frac{\boldsymbol{Z}_{ij} \boldsymbol{S}_{k-1}^i}{\displaystyle\sum_{i=1}^l \boldsymbol{Z}_{ij} \boldsymbol{S}_{k-1}^i} \tag{7.107}$$

式中，$\boldsymbol{S}_k^{i|j}$ 表示模型从 $k-1$ 时刻的模型 i 变换到 k 时刻的模型 j 的概率，$\boldsymbol{S}_{k-1}^i$ 表示 $k-1$ 时刻系统是模型 i 的概率，$\boldsymbol{Z}_{ij}$ 表示模型转移概率。

加权状态和协方差估计

$$\widetilde{\boldsymbol{X}}_{k-1}^j = \sum_{i=1}^l \boldsymbol{S}_k^{i|j} \boldsymbol{X}_{k-1}^i \tag{7.108}$$

$$\widetilde{\boldsymbol{P}}_{k-1}^j = \sum_{i=1}^l \boldsymbol{S}_k^{i|j} \{\boldsymbol{P}_{k-1}^i + [\boldsymbol{X}_{k-1}^i - \boldsymbol{X}_{k-1}^j][\boldsymbol{X}_{k-1}^i - \boldsymbol{X}_{k-1}^j]^{\mathrm{T}}\} \tag{7.109}$$

式中，$\boldsymbol{X}_{k-1}^i$ 表示 $k-1$ 时刻模型 i 的后验状态估计值；$\boldsymbol{P}_{k-1}^i$ 表示 $k-1$ 时刻模型 i 的后验估计协方差。

将式（7.108）和式（7.109）计算的加权状态和协方差代入到式（7.95）～式（7.106）的滤波器工作过程中，可得每个模型对应的最优状态估计 $\hat{\boldsymbol{X}}_{k-1}^j$ 和协方差估计 $\hat{\boldsymbol{P}}_{k-1}^j$。

每个滤波器模型的似然估计计算如下

$$L_k^i : N(\boldsymbol{Z}_k^i - \boldsymbol{Z}_k^i, [\boldsymbol{Z}_k^i - \hat{\boldsymbol{Z}}_k][\boldsymbol{Z}_k^i - \hat{\boldsymbol{Z}}_k]^\mathrm{T} + \boldsymbol{R}) \tag{7.110}$$

式中，N 表示高斯分布；k 表示 k 时刻。

将测量残差 $\boldsymbol{V}_k$ 和残差协方差 $\boldsymbol{C}_k$ 代入上式，则 k 时刻每个模型的概率

$$\boldsymbol{S}_k^i = \frac{\boldsymbol{L}_k^i \sum\limits_{i=1}^{l} \boldsymbol{Z}_{ij} \boldsymbol{S}_{k-1}^i}{\sum\limits_{i=1}^{l} (\boldsymbol{L}_k^i \sum\limits_{i=1}^{l} \boldsymbol{Z}_{ij} \boldsymbol{S}_{k-1}^i)} \tag{7.111}$$

更新的加权状态和协方差计算如下

$$\boldsymbol{X}_k = \sum_{i=1}^{l} \boldsymbol{S}_k^i \boldsymbol{X}_k^i \tag{7.112}$$

$$\boldsymbol{P}_k = \sum_{i=1}^{l} \boldsymbol{S}_k^i \{ \boldsymbol{P}_k^i [\boldsymbol{X}_k^i - \boldsymbol{X}_k][\boldsymbol{X}_k^i - \boldsymbol{X}_k]^\mathrm{T} \} \tag{7.113}$$

7.5.2 轴承多状态滤波器模型

在实际的轴承从正常到退化失效的过程中，系统的动态模型一般会随时间发展而产生变化。如轴承从平稳运行，到缓慢退化，再到迅速退化，可以认为系统经历了三种状态模型的变化。

轴承平稳运行阶段，状态监测指标基本不变，可认为是一条水平直线，故应用零阶多项式线性卡尔曼滤波器模型描述。轴承缓慢退化阶段，状态监测指标均匀增加，可认为是一条倾斜直线，故应用一阶多项式线性卡尔曼滤波器模型描述。轴承加速退化阶段，状态监测指标迅速增加，可以用指数非线性卡尔曼滤波器描述。各滤波器模型及相关参数建立如下。

状态方程
$$\begin{cases} x_k^1 = x_{k-1}^1 \\ x_k^2 = x_{k-1}^2 + \dot{x}_{k-1}^2 \Delta t \\ x_k^3 = x_{k-1}^3 \mathrm{e}^{b_{k-1}\Delta t}, \quad b_k = b_{k-1} + q_\mathrm{b} \end{cases} \tag{7.114}$$

状态向量
$$\boldsymbol{X}_1(t) = \begin{bmatrix} x \\ 0 \end{bmatrix}, \boldsymbol{X}_2(t) = \begin{bmatrix} x \\ \dot{x} \end{bmatrix}, \boldsymbol{X}_3(t) = \begin{bmatrix} x \\ b \end{bmatrix} \tag{7.115}$$

式中，x 表示状态监测指标；$\dot{x}$ 表示状态监测指标变化的速度；b 为指数模型的系数；Δt 表示状态监测值的采样间隔；角标 1、2、3 分别代表三种滤波器模型。

状态转移矩阵

$$\boldsymbol{A}_1 = \begin{bmatrix} 1 & 0 \\ 0 & 0 \end{bmatrix}, \boldsymbol{A}_2 = \begin{bmatrix} 1 & \Delta t \\ 0 & 0 \end{bmatrix}, \boldsymbol{A}_3 = \begin{bmatrix} \mathrm{e}^{b_{k-1}\Delta t} & 0 \\ 0 & 1 \end{bmatrix} \tag{7.116}$$

过程噪声协方差矩阵

$$\boldsymbol{Q}_1 = q_\mathrm{s} \begin{bmatrix} \Delta t & 0 \\ 0 & 0 \end{bmatrix}, \boldsymbol{Q}_2 = q_\mathrm{s} \begin{bmatrix} \dfrac{\Delta t^3}{3} & \dfrac{\Delta t^3}{3} \\ \dfrac{\Delta t^3}{3} & \Delta t \end{bmatrix}, \boldsymbol{Q}_3 = q_\mathrm{s} \begin{bmatrix} 1 & 0 \\ 0 & 1 \end{bmatrix} \tag{7.117}$$

式中，q_s 是过程误差，可通过用同工况下其他轴承已知的状态监测数据调试卡尔曼滤波器得到。

测量矩阵 $$\boldsymbol{H}_1 = \boldsymbol{H}_2 = \boldsymbol{H}_3 = \begin{bmatrix} 1 & 0 \end{bmatrix} \tag{7.118}$$

状态转移矩阵 $$\boldsymbol{Z} = \begin{bmatrix} 0.998 & 0.001 & 0.001 \\ 0.001 & 0.998 & 0.001 \\ 0.001 & 0.001 & 0.998 \end{bmatrix} \tag{7.119}$$

状态转移概率的取值是基于系统趋向于保持原来状态的性质，故 $i=j$ 时，$Z_{ij} \approx 1$，$i \neq j$ 时，$Z_{ij} \approx 0$。

初始模型概率 $$\boldsymbol{S}_0 = \begin{bmatrix} 0.99 & 0.005 & 0.005 \end{bmatrix} \tag{7.120}$$

这样选取是认为开始时轴承处于平稳工作状态。

初始状态 $$\boldsymbol{X}_0 = \begin{bmatrix} y_0 \\ 0 \end{bmatrix} \tag{7.121}$$

式中，y_0 是第一次测量值。

初始协方差矩阵

$$\boldsymbol{P}_0 = \begin{bmatrix} 1 & 0 & 0 \\ 0 & 1 & 0 \\ 0 & 0 & 1 \end{bmatrix} \tag{7.122}$$

测量误差 $\boldsymbol{R}$ 是选取轴承加速退化阶段状态监测数据的标准差。

7.5.3　轴承实验数据分析

（1）性能退化数据

采用美国辛辛那提大学公开的滚动轴承加速轴承性能退化实验数据进行验证。实验台如图 7.40 所示。每隔 10min 采集一次数据，每次采样 1s，采样率 20kHz。在一次实验中，测量了四个轴承的振动加速度数据，每个轴承得到 6322 组数据，其中轴承 3 在实验结束后观察到为外圈故障。采用均方根值（root mean square，RMS）作为轴承健康状况的指标，轴承 3 的状态监测数据如图 7.41 所示，轴承存在平稳运行、缓慢退化、加速退化几个阶段，各个阶段之间的界限并不明显。

图 7.40　滚动轴承性能退化实验台

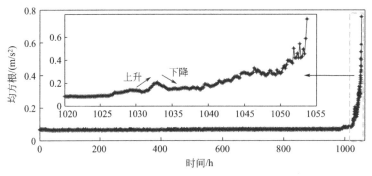

图 7.41　轴承 3 状态监测数据

（2）退化趋势预测

应用所提方法对图 7.41 所示的性能退化数据进行滤波处理，结果如图 7.42 所示，滤波结果相比原始数据变得平滑，且呈现递增的趋势，与预测退化过程相符。

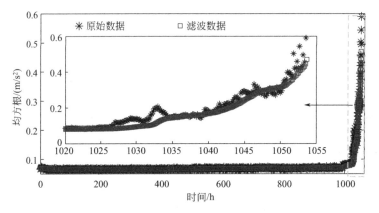

图 7.42　使用所提方法对 RMS 值滤波结果

滚动轴承退化状态估计结果，如图 7.43 所示，轴承退化被划分为健康状态和加速退化两个明显的阶段，符合其真实退化规律。退化预测结果如图 7.44 所示，预测的剩余使用寿命值基本接近真实寿命，且大部分落在 30% 置信限内，开始预测时刻是 1033h，与图 7.43 的退化状态转折点一致。该方法能自适应判断滚动轴承退化状态并实现连续有效的退化状态预测。

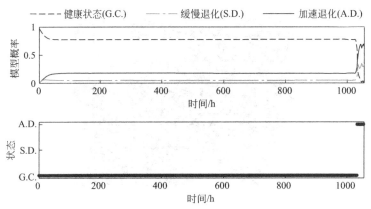

图 7.43　滚动轴承退化状态估计

　　基于卡尔曼滤波的趋势分析与预测方法，可有效实现滚动轴承定量分析与预测，为实现滚动轴承的全生命周期退化性能评估及剩余使用寿命预测提供理论支撑。

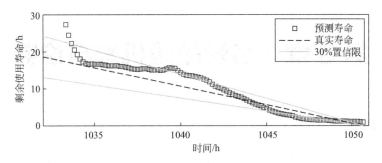

图 7.44　滚动轴承退化预测结果

第8章　齿轮故障机理与诊断

学习目标

1.了解齿轮常见失效形式及其产生原因。

2.了解齿轮振动机理，掌握其振动信号幅值调制与频率调制特性。

3.掌握齿轮典型故障的时域和频域特征。

4.了解倒谱分析、希尔伯特解调等齿轮常用诊断方法的基本原理，并能应用于齿轮典型故障诊断。

齿轮传动具有结构紧凑、效率高、寿命长、工作可靠等特点，在机械系统运动和动力传递以及调速等各方面应用广泛。齿轮箱是各类机械设备常用的变速传动部件，齿轮箱及齿轮工作状态好坏直接影响整个机械系统的工作状态。而齿轮箱的故障中有 60％是由齿轮引起的，因此，开展齿轮振动机理及故障诊断方法研究具有重要意义。本章主要介绍齿轮的失效形式及原因、振动故障机理及特征，以及齿轮常见故障诊断方法与实例。

8.1　齿轮失效形式及原因

8.1.1　齿轮失效形式

齿轮常见失效形式有四种：齿面磨损、齿面疲劳、轮齿断裂和齿面塑性变形。

（1）齿面磨损

齿轮传动中润滑不良、润滑油不洁等均可造成磨损或划痕。磨损可分为磨粒磨损与划痕、腐蚀磨损、烧蚀和齿面胶合等。

① 磨粒磨损与划痕。当润滑油不洁，含有杂质颗粒，或在开式齿轮传动中含有外来的砂粒，或在摩擦过程中产生金属磨屑，都可以产生磨粒磨损与划痕。这些外界的硬质微粒，开始先嵌入一个工作表面，然后以微量切削的形式，从另一个工作表面挖去金属的细小微粒，或在塑性流动下引起变形。通常情况下齿顶、齿根部摩擦较节圆部严重，主要原因是啮合过程中节圆处为滚动接触，而齿顶、齿根处为滑动接触。

② 腐蚀磨损。即由于润滑油中的一些化学物质如酸、碱或水等污染物与齿面发生化学反应造成金属的腐蚀而导致的齿面损伤。

③ 烧蚀。烧蚀是由于过载、超高速、润滑不当或不充分引起的齿面剧烈磨损。其会由磨损引起局部高温，这种温度升高足以引起色变和过时效，或使钢的几微米厚度表面层重新淬火，出现白层。

④ 齿面胶合。大功率软齿面或高速重载的齿轮传动中，当润滑条件不良时会产生齿面胶合现象。一个齿面上的部分材料胶合到另一齿面上，因而在此齿面上留下坑穴，在后续的

啮合传动中，这部分胶合的多余材料很容易造成其他齿面的擦伤沟痕，形成恶性循环。

（2）齿面疲劳

齿面疲劳主要包括齿面点蚀与剥落，由材料的疲劳引起。当工作表面承受交变应力作用时，会在齿面引起微观疲劳裂纹，润滑油进入裂纹后，由于啮合过程可能先封闭入口然后挤压，所以微观疲劳裂纹内的润滑油在高压下使裂纹扩展，结果小块金属从齿面上脱落，留下一个小坑，形成点蚀。如果表面的疲劳裂纹扩展较深、较远或一系列小坑由于坑间材料失效连接起来，造成大面积或大块金属脱落，这种现象则称为疲劳剥落。

实验表明，在闭式齿轮传动中，点蚀是最普遍的破坏形式；在开式齿轮传动中，由于润滑不够充分以及进入污物的可能性增多，因此磨粒磨损总是先于点蚀故障发生。

（3）轮齿断裂

齿轮副在啮合传动时，主动轮作用力和从动轮反作用力都是通过接触点分别作用在对方轮齿上。最危险情况下是接触点某一瞬间位于轮齿的齿顶部，此时轮齿如同一个悬臂梁，受载后齿根处产生的弯曲应力为最大，若突然过载或冲击过载，很容易在齿根部产生过负荷断裂。即使不存在冲击过载的受力工况，当轮齿重复受载后，由于应力集中现象，也易产生疲劳裂纹，并逐步扩展，致使轮齿在齿根处产生疲劳断裂。另外，淬火裂纹、磨削裂纹或严重磨损后齿厚过分减薄时，在轮齿的任意部位都可能产生断裂。

（4）齿面塑性变形

软齿面齿轮传递载荷过大（或在大的冲击载荷作用下）时，易产生齿面塑性变形。在齿面间过大的摩擦力作用下，齿面接触应力会超过材料的抗剪屈服极限，齿面材料进入塑性状态，造成齿面金属的塑性流动，使主动轮节圆附近齿面形成凹沟，从动轮节圆附近齿面形成凸棱，从而破坏正常的齿形。有时会在某些类型齿轮从动轮齿面上出现"飞边"，严重时挤出的金属充满顶隙，引起剧烈振动，甚至发生断裂。

8.1.2 齿轮失效原因

齿轮产生上述故障的原因较多，大量的故障统计与分析结果表明，主要原因有以下几个方面。

（1）制造误差

在齿轮的制造过程中，机床运动误差、切削刀具的误差或刀具与工件、机床系统安装调整不当等因素会引起齿轮偏心、周节误差、基节误差、齿形误差或齿距误差等，这些误差造成的总传动误差参见图 8.1。当这些误差中的一种或几种较严重时，会引起齿轮传动的忽快忽慢，啮合时产生冲击，引起较大的振动和噪声。

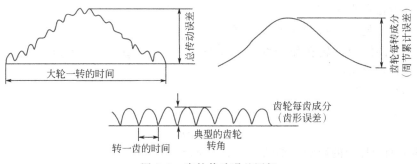

图 8.1 齿轮传动误差图解

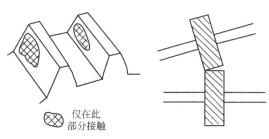

图 8.2　装配不良引起的齿轮磨损

仅在此
部分接触

（2）装配不良

由于齿轮装配技术和装配方法等方面的原因，通常在装配齿轮时造成一端接触和齿轮轴的直线性偏差（不同轴、不对中），会造成齿轮的工作性能恶化。如图8.2所示，在一对齿轮啮合装配不良时，其齿轮轴轴线不平行，在齿宽方向就会有一端接触，或者出现齿轮的直线性偏差等，使齿轮承受的载荷在齿宽方向不均匀，不能平稳地传递动力。个别齿负荷过重会引起早期磨损，严重时甚至会引起齿断裂等。

（3）润滑不良和超载

对于高速重载齿轮，润滑不良如油路堵塞、喷油孔堵塞、润滑油中进水或变质等，会导致齿面局部过热，造成变色、胶合等故障。另外，严重超载时还会产生齿断裂等。

8.2　齿轮振动机理及故障特征

假设齿轮具有理想的渐开线齿形，且轮齿刚度为无穷大时，一对齿轮在啮合运动中不会产生振动。但由于制造、安装存在误差，及轮齿刚度不可能无穷大等方面原因，一对正常齿轮在啮合振动中也会产生振动，因此有必要研究齿轮振动的简化模型并分析振动产生机理，以便了解哪些振动是由故障引起的，哪些振动是齿轮传动过程中固有的。

8.2.1　齿轮振动机理

8.2.1.1　齿轮的力学模型分析

如图8.3所示为齿轮副的力学模型，其中齿轮具有一定的质量，轮齿可看作是弹簧。所以若以一对齿轮作为研究对象，则该齿轮副可以看作一个振动系统，其振动方程为

$$m_r \ddot{x} + c\dot{x} + k(t)[x - e(t)] = (T_2 - iT_1)/r_2 \qquad (8.1)$$

式中　　x——沿作用线上齿轮的相对位移；

　　　　c——齿轮啮合阻尼；

　$k(t)$——齿轮啮合刚度；

T_1，T_2——作用于齿轮上的扭矩，见图8.3；

　　　r_2——大齿轮的节圆半径；

　　　　i——齿轮副的传动比；

　$e(t)$——由于轮齿变形和误差及故障而造
　　　　　成的两个齿轮在作用线方向上的
　　　　　相对位移；

　　m_r——换算质量，为

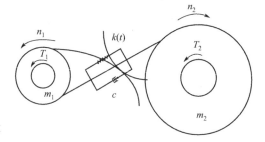

图 8.3　齿轮副力学模型

$$m_r = \frac{m_1 m_2}{m_1 + m_2} \qquad (8.2)$$

若忽略齿面摩擦力的影响，则$(T_2 - iT_1)/r_2 = 0$。

将 $e(t)$ 分解为两部分

$$e(t) = e_1 + e_2(t) \tag{8.3}$$

式中　e_1——齿轮受载后的平均静弹性变形;

$e_2(t)$——由于齿轮误差和故障造成的两个齿轮间的相对位移,故也可称为故障函数。

这样式(8.1)可简化为

$$m_r\ddot{x} + c\dot{x} + k(t)x = k(t)e_1 + k(t)e_2(t) \tag{8.4}$$

由式(8.4)可知,齿轮的振动为自激振动。该公式的左侧代表齿轮副本身的振动特征,右侧为激振函数。由激振函数可以看出,齿轮的振动来源于两部分:一部分为 $k(t)e_1$,它与齿轮的误差和故障无关,所以称为常规振动;另一部分为 $k(t)e_2(t)$,它取决于齿轮的综合刚度和故障函数,这一部分可以较好地解释齿轮信号中边频的存在以及与故障的关系。

式(8.4)中的齿轮啮合刚度 $k(t)$ 为周期性的变量,由此可见齿轮的振动主要是由 $k(t)$ 的这种周期变化引起的。

$k(t)$ 的变化可用两点来说明:一是随着啮合点位置的变化,参加啮合的单一轮齿的刚度发生了变化;二是参加啮合的齿数变化。例如对于重合系数在 $1\sim2$ 之间的渐开线直齿轮来说,在节点附近是单齿啮合,在节线两侧某部位开始至齿顶、齿根区段为双齿啮合(图8.4)。显然,在双齿啮合时,整个齿轮的载荷由两个齿分担,故此时齿轮的啮合刚度较大;同理,单齿啮合时啮合刚度较小。

图 8.4　齿面受载变化

从一个轮齿开始进入啮合,到下一个轮齿进入啮合,齿轮的啮合刚度就变化一次。由此可计算出齿轮的啮合周期和啮合频率。总的来说,齿轮的啮合刚度变化规律取决于齿轮的重合系数和齿轮的类型。直齿轮的刚度变化较为陡峭,而斜齿轮或人字齿轮刚度变化则较为平缓,较接近正弦波(图8.5)。

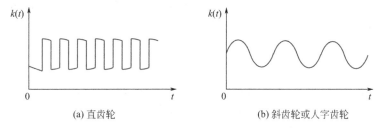

(a) 直齿轮　　　　　　　　　　　(b) 斜齿轮或人字齿轮

图 8.5　啮合刚度变化曲线

若齿轮副主动轮转速为 n_1,齿数为 z_1,从动轮转速为 n_2,齿数为 z_2,则齿轮啮合刚度的变化频率(即啮合频率)为

$$f_c = f_1 z_1 = f_2 z_2 = \frac{n_1}{60} z_1 = \frac{n_2}{60} z_2 \tag{8.5}$$

无论齿轮处于正常还是异常状态,这一振动成分总是存在的。但两种状态下振动水平有差异。因此,根据齿轮振动信号啮合频率分量进行故障诊断切实可行。但齿轮信号比较复杂,故障对振动信号影响也是多方面的,特别是幅值调制和频率调制作用使得齿轮振动频谱上通常存在较多的边频带结构,给利用振动信号进行故障诊断带来一定的困难。

8.2.1.2　幅值调制与频率调制

齿轮振动信号的调制现象中包含有很多故障信息,所以研究信号调制对齿轮故障诊断非常重要。从频域上看，信号调制的结果是使齿轮啮合频率周围出现边频带成分。信号调制可分为两种：幅值调制和频率调制。

（1）幅值调制

幅值调制是由于齿面载荷波动对振动幅值的影响而造成的。比较典型的例子是齿轮的偏心使齿轮啮合时一边紧一边松，从而产生载荷波动，使振幅按此规律周期性地变化。齿轮的加工误差（例如节距不匀）及齿轮故障会使齿轮在啮合中产生短暂的"加载"和"卸载"效应，也会产生幅值调制。

幅值调制从数学上看，相当于两个信号在时域上相乘；而在频域上，相当于两个信号的卷积，如图 8.6 所示。这两个信号一个称为载波，其频率相对来说较高；另一个称为调制波，其频率相对于载波频率来说较低。在齿轮信号中，啮合频率成分通常是载波成分，齿轮轴旋转频率成分通常是调制波成分。

若 $x_c(t) = A\sin(2\pi f_c t + \varphi)$ 为齿轮啮合振动信号，$a(t) = 1 + B\cos(2\pi f_z t)$ 为齿轮轴的转频振动信号，则调幅后的振动信号为

$$x(t) = A[1 + B\cos(2\pi f_z t)]\sin(2\pi f_c t + \varphi) \tag{8.6}$$

式中　A——振幅；

　　　B——幅值调制指数；

　　　f_z——调制频率，它等于齿轮的旋转频率。

上述调制信号在频域可表示为

$$|x(f)| = A\delta(f - f_c) + \frac{1}{2}AB\delta(f - f_c + f_z) \tag{8.7}$$

由此可见，调制后的信号中，除原来的频率分量外，增加了一对分量 $f_c + f_z$ 和 $f_c - f_z$。它们是以 f_c 为中心，以 f_z 为间距对称分布于两侧，所以称为边频带（图 8.6）。对于实际的齿轮振动信号，载波信号、调制信号都不是单一频率，一般来说都是周期函数。由式（8.4）可知，一般情况下，$k(t)e_2(t)$ 可以反映由故障而产生的幅值调制。

设

$$y(t) = k(t)e_2(t) \tag{8.8}$$

式中　$k(t)$——载波信号，它包含有齿轮啮合频率及其倍频成分；

　　　$e_2(t)$——调幅信号，反映齿轮的误差和故障情况。

由于齿轮周而复始地运转，所以齿轮每转一圈，$e_2(t)$ 就变化一次，$e_2(t)$ 包含齿轮轴旋转频率及其倍频成分。

在时域上　　　　　　　　　　$y(t) = k(t)e_2(t) \tag{8.9}$

在频域上　　　　　　　　$S_y(f) = S_k(f) * S_e(f) \tag{8.10}$

式中　$S_y(f)$——$y(t)$ 的频谱；

　　　$S_k(f)$——$k(t)$ 的频谱；

　　　$S_e(f)$——$e_2(t)$ 的频谱。

由于在时域上载波信号 $k(t)$ 和调幅信号 $e_2(t)$ 相乘，所以在频域上调制的效果相当于它们的幅值频谱的卷积。即近似于一组频率间隔较大的脉冲函数和一组频率间隔较小的脉冲函数的卷积，从而在频谱上形成若干组围绕啮合频率及其倍频成分两侧的边频带（图 8.6）。

由此可以较好地解释齿轮集中缺陷和分布缺陷产生的边频的区别。图 8.7（a）为齿轮存在局部缺陷时的振动波形及频谱。这时相当于齿轮的振动受到一个短脉冲的调制，脉冲长度

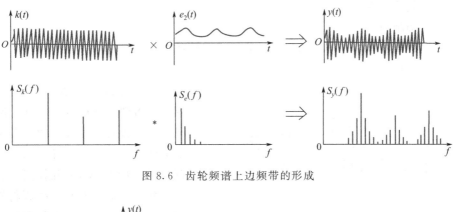

图 8.6　齿轮频谱上边频带的形成

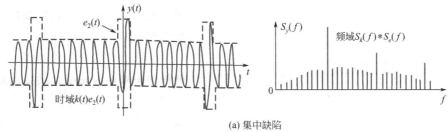

(a) 集中缺陷

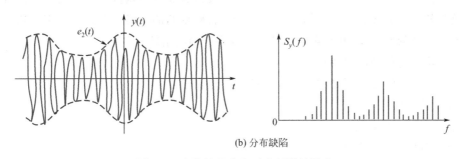

(b) 分布缺陷

图 8.7　齿轮缺陷分布对边频带的影响

等于齿轮的旋转周期。由此形成的边频带数量多且均匀。

图 8.7(b) 为齿轮存在分布缺陷的情形。由于分布缺陷所产生的幅值调制较为平缓，由此形成的边频带比较高而且窄。并且，齿轮上的缺陷分布越均匀，频谱上的边频带就越高、越集中。

（2）频率调制

齿轮载荷不均匀、齿距不均匀及故障造成的载荷波动，除了对振动幅值产生影响外，同时也必然产生扭矩波动，使齿轮转速产生波动。这种波动表现在振动上即为频率调制（也可以认为是相位调制）。对于齿轮传动，任何导致产生幅值调制的因素也同时会导致频率调制，两种调制总是同时存在的。对于质量较小的齿轮副来说，频率调制现象尤为突出。

频率调制中即使在载波信号和调制信号均为单一频率成分的情况下，也会形成很多边频成分。若载波信号为 $A\sin(2\pi f_c t + \varphi)$，调制信号为 $\beta\sin(2\pi f_z t)$，则频率调制后的信号为

$$f(t) = A\sin[2\pi f_c t + \beta\sin(2\pi f_z t) + \varphi] \tag{8.11}$$

式中　A——振幅；

f_c——载波频率；

f_z——调制频率；

β——调制指数，等于由调制产生的最大相位移；

φ——初相角。

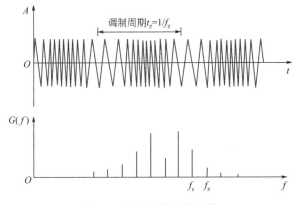

图 8.8　频率调制及其边带

上式可以用贝塞尔（Besser）函数展开，得到调频信号的特性：调频的振动信号包含有无限多个频率分量，并以载波频率 f_c 为中心，以调制频率 f_z 为间隔形成无限多对的调制边带（图 8.8）。

相位调制具有和频率调制相同的效果。事实上，所有的相位调制也可以看作频率调制，反之亦然。

对于齿轮振动信号而言，频率调制的原因主要是齿轮啮合刚度函数由于齿轮加工误差和故障的影响而产生了相位变化，这种相位变化会由于齿轮的旋转而具有周期性。因此在齿轮信号频率调制中，载波函数和调制函数均为一般周期函数，均包含基频及其各阶倍频成分。调制结果是在各阶啮合频率两侧形成一系列边频带。边频的间隔为齿轮轴的旋转频率 f_z，边频族的形状主要取决于调制指数 β。

（3）齿轮振动信号调制特点

齿轮振动信号的频率调制和幅值调制的共同点在于：

① 载波频率相等。

② 边带频率对应相等。

③ 边带对称于载波频率。

在实际的齿轮系统中，调幅效应和调频效应总是同时存在的，所以，频谱上的边频成分为两种调制的叠加。虽然这两种调制中的任何一种单独作用时所产生的边频都是对称于载波频率的，但两者叠加时，由于边频成分具有不同的相位，所以是向量相加。叠加后有的边频幅值增加了，有的反而下降了，这就破坏了原有的对称性。

边频具有不稳定性。幅值调制与频率调制的相对相位关系会受随机因素影响而变化，所以在同样的调制指数下，边频带的形状会有所改变，但其总体水平不变。因此在齿轮故障诊断中，只监测某几个边频得到的信息往往是不全面的，据此作出的诊断结论有时不可靠。

8.2.1.3 齿轮振动的其他成分

齿轮振动信号中除了存在啮合频率、边频成分外，还存在有其他振动成分，为了有效地识别齿轮故障，需要对这些成分加以识别和区分。

（1）附加脉冲

齿轮信号的调制所产生的信号大体上都是对称于零电平的。但由于附加脉冲的影响，实际上测到的信号不一定对称于零线。附加脉冲直接叠加在齿轮的常规振动上，而不是以调制的形式出现，在时域上比较容易区分，如图 8.9 所示。

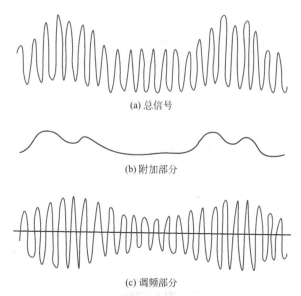

(a) 总信号

(b) 附加部分

(c) 调频部分

图 8.9　将齿轮箱振动信号分解出附加脉冲

在频域上，附加脉冲和调制效应也很容易区分。调制在谱上产生一系列边频成分，这些边频以啮合频率及其谐频为中心，而附加脉冲是齿轮旋转频率的低次谐波。

产生附加脉冲的主要原因有齿轮动平衡不良、对中不良和机械松动等。附加脉冲不一定与齿轮本身缺陷直接有关。附加脉冲的影响一般不会超出低频段，即在啮合频率以下。

齿轮的严重局部故障，如严重剥落、断齿等也会产生附加脉冲。此时在低频段上表现为齿轮旋转频率及其谐频成分的增加。

（2）隐含谱线

隐含谱线是功率谱上的一种频率分量，是由于加工过程中带来的周期性缺陷而产生的。

隐含谱线具有如下特点：

① 隐含谱线一般对应于某个分度蜗轮的整齿数，因此，必然表现为一个特定回转频率的谐波。

② 隐含谱线是由几何误差产生的，齿轮工作载荷对它影响很小，随着齿轮的跑合和磨损它会逐渐降低。

（3）轴承振动

由于测量齿轮振动时测点位置通常选在轴承座上，所以测得的信号中必然会包含轴承振动成分。正常轴承振动水平明显低于齿轮振动，一般要小一个数量级，所以在齿轮振动频率范围内，轴承振动的频率成分很不明显。滑动轴承的振动信号往往在低频段，即旋转频率及其低次谐波频率范围内可以找到其特征频率成分。而滚动轴承特征频率范围比齿轮要宽，所以，滚动轴承的诊断不宜在齿轮振动范围内进行，而应在高频段或采用其他方法进行。

当滚动轴承出现严重故障时，在齿轮振动频段内可能会出现较为明显的特征频率成分。这些成分有时单独出现，有时表现为与齿轮振动成分交叉调制，出现和频与差频成分。和频与差频会随其基本成分的改变而改变。

8.2.2　常见故障信号特征

（1）均匀磨损

齿轮均匀磨损是指由于齿轮的材料、润滑等方面原因或者长期在高负荷下工作而造成大部分齿面磨损。

① 时域特征。齿轮发生均匀磨损时，齿侧间隙增大，通常会使其正弦波式的啮合波形遭到破坏，图 8.10 是齿轮发生磨损后引起的高频及低频振动。

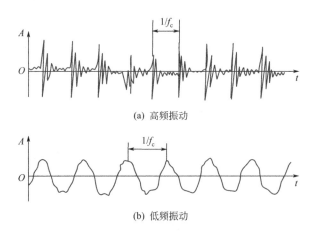

(a) 高频振动

(b) 低频振动

图 8.10　磨损齿轮的高频振动和低频振动

② 频域特征。齿面均匀磨损时，啮合频率及其谐波分量 $nf_c(n=1,2,\cdots)$ 在频谱图上的位置保持不变，但其幅值大小发生改变，而且高次谐波幅值相对增大较多。分析时，要分析三个以上谐波的幅值变化才能从频谱上检测出这种特征。图 8.11 所示反映了磨损后齿轮的啮合频率及谐波值的变化。

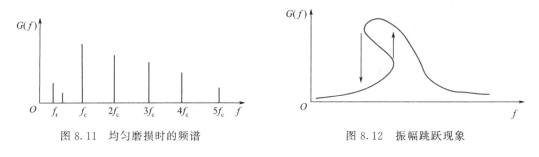

图 8.11　均匀磨损时的频谱

图 8.12　振幅跳跃现象

随着磨损的加剧，还有可能产生 $1/k(k=2,3,4,\cdots)$ 的分数谐波，有时在升降速时还会出现如图 8.12 所示的呈非线性振动的跳跃现象（见箭头处）。

（2）齿轮偏心

齿轮偏心是指齿轮的中心与旋转轴的中心不重合，这种故障往往是由于加工造成的。

① 时域特征。当一对互相啮合的齿轮中有一个齿轮存在偏心时，其振动波形由于偏心的影响被调制，产生调幅振动，图 8.13 为齿轮有偏心时的振动波形。

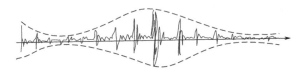

图 8.13　偏心齿轮的振动时域波形

② 频域特征。齿轮存在偏心时，其频谱结构将在两个方面有所反映：一是以齿轮的旋转频率为特征的附加脉冲幅值增大；二是以齿轮一转为周期的载荷波动。第二个方面导致调幅现象，这时的调制频率为齿轮的回转频率，比所调制的啮合频率要小得多。图 8.14 为偏心齿轮的典型频谱特征。

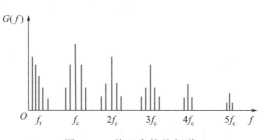

图 8.14　偏心齿轮的频谱

（3）齿轮不同轴

齿轮不同轴故障是指由于齿轮和轴装配不当造成的齿轮和轴不同轴。齿轮不同轴故障会使齿轮产生局部接触，导致部分轮齿承受较大的负荷。

① 时域特征。当齿轮出现不同轴或不对中时，其振动的时域信号具有明显的调幅现象。如图 8.15 所示为其低频振动信号呈现明显的调幅现象。

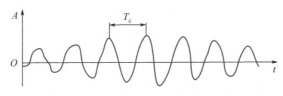

图 8.15　不同轴齿轮波形图

② 频域特征。具有不同轴故障的齿轮，由于其振幅调制作用，会在频谱上产生以各阶啮合频率 $nf_c(n=1,2,\cdots)$ 为中心，以故障齿轮的旋转频率 f_r 为间隔的一阶边频族，即 $nf_c \pm f_r(n=1,2,\cdots)$。同时，故障齿轮的旋转特征频率 $mf_r(m=1,2,\cdots)$ 在频谱上有一定反映。图 8.16 为典型的具有不同轴故障齿轮的特征频谱。

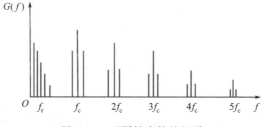

图 8.16　不同轴齿轮的频谱

（4）齿轮局部异常

齿轮的局部异常包括齿根部有较大裂纹、局部齿面磨损、轮齿折断、局部齿形误差等，图 8.17 表示了几种常见的异常情况。

局部异常齿轮的振动波形是典型的以齿轮旋转频率为周期的冲击脉冲，如图 8.18 所示。

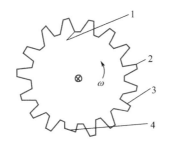

图 8.17　齿轮的局部异常

1—齿根部有裂纹；2—局部齿面磨损；

3—局部齿形误差；4—断齿

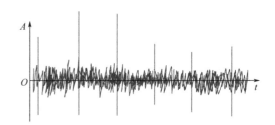

图 8.18　局部异常齿轮的振动波形

具有局部异常故障的齿轮，由于裂纹、断齿或齿形误差的影响，将以旋转频率为主要频域特征，即 $mf_r(m=1,2,\cdots)$，如图 8.19 所示。

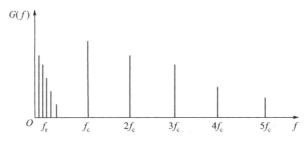

图 8.19　局部异常的齿轮频谱

（5）齿距误差

齿距误差是指一个齿轮的各个齿距不相等，存在误差。齿距误差是由齿形误差造成的。几乎所有的齿轮都有微小的齿距误差。

① 时域特征。具有齿距误差的齿轮，其振动波形理论上应具有调频特性，但由于齿距误差一般在整个齿轮上以谐波形式分布，故在低频下也可以观察到明显的调幅特征，如图 8.20 所示。

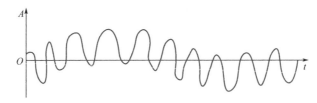

图 8.20　有齿距误差齿轮的振动波形

② 频域特征。有齿距误差的齿轮，由于齿距的误差影响到齿轮旋转角度的变化，在频率域表现为包含旋转频率的各次谐波 $mf_r(m=1,2,\cdots)$、各阶啮合频率 $nf_c(n=1,2,\cdots)$ 以及以故障齿轮的旋转频率为间隔的边频 $nf_c\pm mf_r(n,m=1,2,\cdots)$ 等，图 8.21 表示具有齿距误差的齿轮的频谱特征。

（6）齿轮不平衡

齿轮的不平衡是指齿轮的质心和回转中心不重合，进而会导致齿轮副的不稳定运行和振动。

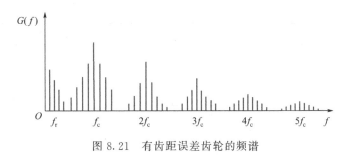

图 8.21　有齿距误差齿轮的频谱

① 时域特征。具有不平衡质量的齿轮在不平衡力的激励下会产生以调幅为主、调频为辅的振动，其振动波形如图 8.22 所示。

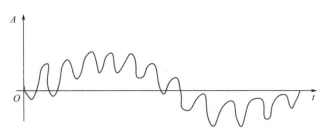

图 8.22　不平衡齿轮的振动波形

② 频域特征。由于齿轮自身不平衡产生的振动，将在啮合频率 f_c 及其谐波两侧产生 $nf_c \pm mf_r (m,n=1,2,3,\cdots)$ 的边频族；同时，受不平衡力的激励，齿轮轴的旋转频率及其谐波 mf_r 的能量也有相应的增加，如图 8.23 所示。常见的齿轮典型故障的振动特征如表 8.1 所示。

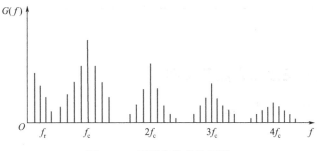

图 8.23　不平衡齿轮的频谱

表 8.1　常见的齿轮典型故障的振动特征表

齿轮状态	时域(低频)	频域	主要频率特征	产生原因
正常			nf_c mf_r	齿轮自身刚度的周期变化
不同轴			nf_c $nf_c \pm f_r$ mf_r	齿轮、轴装配不当

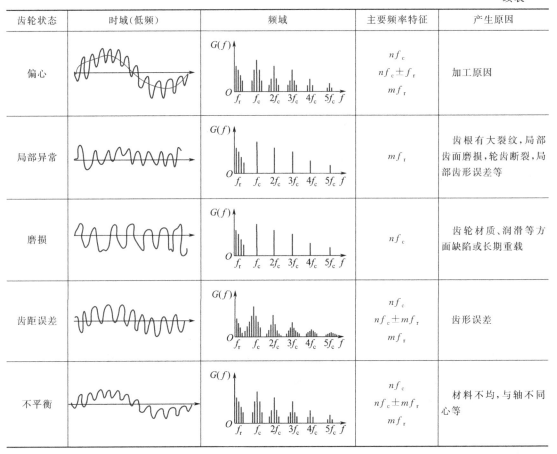

齿轮状态	时域(低频)	频域	主要频率特征	产生原因
偏心			nf_c $nf_c \pm f_r$ mf_r	加工原因
局部异常			mf_r	齿根有大裂纹,局部齿面磨损,轮齿断裂,局部齿形误差等
磨损			nf_c	齿轮材质、润滑等方面缺陷或长期重载
齿距误差			nf_c $nf_c \pm mf_r$ mf_r	齿形误差
不平衡			nf_c $nf_c \pm mf_r$ mf_r	材料不均,与轴不同心等

注:f_c 为啮合频率;f_r 为齿轮转频;$n,m=1,2,3,\cdots$。

8.3 齿轮常见故障诊断方法及实例

8.3.1 齿轮常见故障诊断方法

（1）边带及细化谱分析

边带成分包含丰富的齿轮故障信息,直接利用频谱分析就可以获取边带信息,但此时必须有足够高的频率分辨率。当边带谱线的间隔小于频率分辨率,或谱线间隔不均匀时,都会阻碍边带分析。此时需要对感兴趣的频段进行频率细化分析（细化频谱分析）,以准确测定边带间隔。

某齿轮变速箱的频谱见图 8.24(a),在所分析的 0～2kHz 频率范围内,有 1～4 阶的啮合线,但限于频率分辨率已不能清晰分辨。对其中 900～1100Hz 的频段进行细化分析,细化频谱如图 8.24(b) 所示。图中可清晰地看出边带的真实结构。两边带的间隔为 8.3Hz,它是由于转动频率为 8.3Hz 的小齿轮轴不平衡,引起振动分量对啮合频率调制的结果。

需要指出的是,由于边带具有不稳定性,因此在实际工作环境中,尤其是几种故障并存时,边带错综复杂,其变化规律难以用上述典型的情况表述,但边带的总体水平是随着故障的出现而上升的。

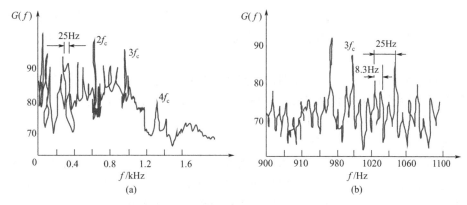

图 8.24 齿轮变速箱振动信号频谱图

（2）倒谱分析法

对于有数对齿轮啮合的齿轮箱振动的频谱图中，由于每对齿轮的啮合频率都将产生边带，几个边带交叉分布在一起，不能仅进行频率细化分析识别边带特征。如偏心齿轮，除了影响载荷的稳定性而导致调幅振动以外，实际上还会造成不同程度的转矩的波动，同时，产生调频现象，结果出现不对称的边带。这时要对它进行分析研究，最好的方法是使用倒谱分析。

倒谱分析将功率谱中的谐波族变换为倒谱图中的单根谱线，其倒频率特征代表功率谱中相应谐波族（边带）的频率间隔，可以检测出功率谱图中存在的难以辨别的周期性成分，从而便于分析故障。

图 8.25 是某齿轮箱振动信号的频谱，图 8.25（a）的频率范围为 $0 \sim 20 \mathrm{kHz}$，频率分辨率为 $50 \mathrm{Hz}$，能观察到啮合频率为 $4.3 \mathrm{kHz}$ 及其二次、三次谐波，但没出现边带。图 8.25（b）的频率范围为 $3500 \sim 13500 \mathrm{Hz}$，频率分辨率为 $5 \mathrm{Hz}$，能观察到很多的边带，但仍很难分辨出边带。图 8.25（c）中频率范围细化为 $7500 \sim 9500 \mathrm{Hz}$，频率分辨率不变，可分辨出边带，但

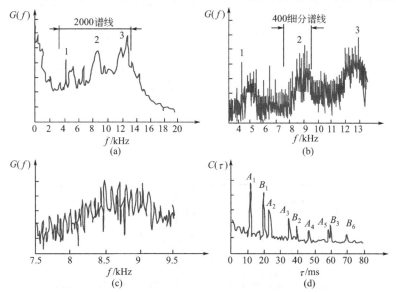

图 8.25 齿轮的边带分析及倒谱

1—啮合频率；2,3—啮合频率及高次谐波；

A_1，A_2—周期 11.8ms 谐波；B_1，B_2—周期 20ms 谐波

还不够明朗。最后进行倒频分析，如图 8.25(d) 所示，能很清楚地表明对应于两个齿轮副的旋转频率（85Hz 和 50Hz）的两个倒频分量（A_1 和 B_1）及各自更高阶次分量（$A_2 \sim A_6$，$B_2 \sim B_3$）。

倒谱分析的另一个优点是对传感器的测点或信号传输途径不敏感，对幅值调制和频率调制的相位关系不敏感。这种不敏感反而有利于监测故障信号的有无，而不看重某测点振幅的大小（这种振幅过大可能是被过分放大）。

（3）希尔伯特（Hilbert）解调法

希尔伯特（Hilbert）解调法是利用希尔伯特（Hilbert）变换性质，构造一个复解析时间信号，进行幅值或频率解调，恢复原调制信号（其基本原理见第 7 章）。对解调后的信号，可直接观察波形，分析故障情况，也可进行频谱分析或其他分析。

① 幅值解调。图 8.26 给出一个齿数比为 23/34 的减速齿轮对的振动实验结果，实验时大齿轮一个齿表面有局部缺陷。从图 8.26(a) 所示的时域波形可以看出周期为 0.237s。以啮合频率为中心带通滤波后的局部频谱图如图 8.26(b) 所示，可以清楚看出其啮合频率为146.5Hz 及其倍频，但是其两侧边带明显不对称，不易识别故障特征。而且，在 1 倍啮合频率和 2 倍啮合频率中间还有连续的调制谱峰群，其调制间隔基本与图 8.26(a) 所示故障冲击间隔对应，可以认为是齿轮啮合冲击引起的结构共振成分。为了进一步分析冲击成分的大小，对图 8.26(b) 的时域信号做了希尔伯特（Hilbert）幅值包络解调分析，见图 8.26(c)。可以清楚看出故障大齿轮的旋转频率为 4.297Hz［约等于图 8.26(a) 所示冲击间隔的倒数］及其倍频。与图 8.26(b) 相比，包络谱中仅包含低频的故障冲击频率，频率成分简单，利于工程技术人员故障判断与识别。

② 频率解调。图 8.27(a) 为某直升机的传动箱齿轮出现故障前的振动加速度信号、解调后幅值调制信号及相位调制信号。此时，从加速度信号中无法辨别是否有故障存在，但幅值调制信号中有一小峰，预测此位置可能发生故障。一段时间后再次测试，结果如图 8.27(b) 所示。三个信号都能判断出有故障发生，事实是该齿轮的某齿根处产生了裂纹。

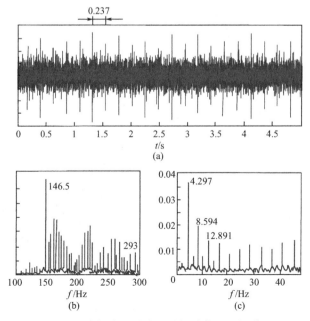

图 8.26　齿轮表面缺陷时的振动信号及频谱图

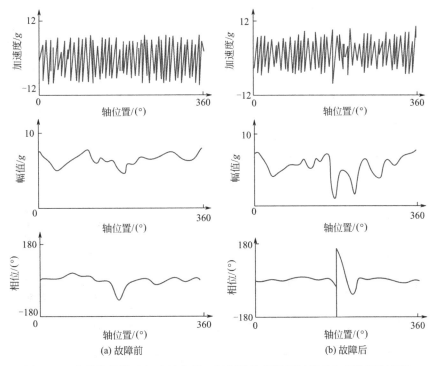

(a) 故障前　　　　　　　　　　　　(b) 故障后

图 8.27　齿轮箱的振动加速的信号、解调后的幅值调制信号和相位调制信号

8.3.2　齿轮常见故障诊断实例

（1）某厂水泥磨机的故障诊断

图 8.28 为某厂一台水泥磨机的结构图。

① 齿形误差故障。图 8.29 为减速器齿形不好时的频谱图、解调谱图。该齿轮副啮合频率为 283.28Hz，转频为 12.27Hz，从解调谱图上可以看出，一阶转频很大，而其倍频幅值较小或没有出现。

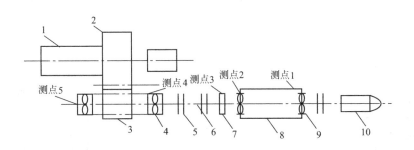

图 8.28　水泥磨机结构图

1—球磨机；2—大齿圈；3—小齿圈；4—磨齿轴承；5—联轴器；6—传动轴；
7—轴承座；8—减速器；9—滚动轴承；10—电动机

② 均匀磨损故障。图 8.30 为水泥磨机减速器在这种故障下的频谱图，均匀磨损后出现了啮合频率（51.76Hz）及其 2 倍频（103.52Hz）、3 倍频（156.25Hz）、4 倍频（208.98Hz）、5 倍频（256.84Hz），根据测试的结果来看，各阶谐波幅值明显增高，高阶增大的幅度大。

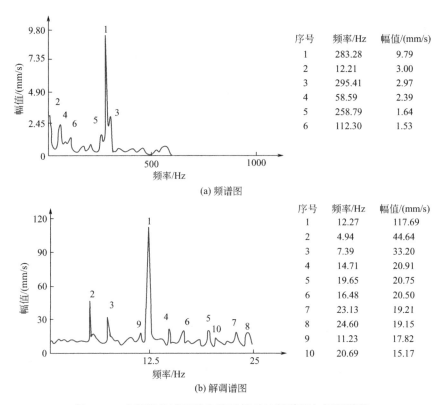

图 8.29　水泥磨机减速器齿形不好时的频谱图与解调谱图

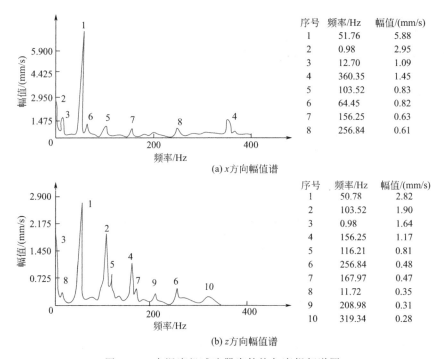

图 8.30　水泥磨机减速器齿轮均匀磨损频谱图

③ 箱体共振故障。图 8.31 为水泥磨机发生箱体共振时的频谱图。从图中可以看出，磨机大齿轮啮合频率 51.76Hz 处（箱体固有频率在 51.76Hz 附近）振动能量很大。停机后进行测试发现，该频率成分由该车间的另一台同型号的水泥磨机通过地基传过来，引起减速器壳共振幅值较大。

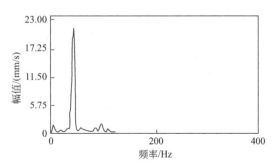

图 8.31　水泥磨机变速器箱体共振频谱图

（2）精轧机齿轮的故障诊断

对齿轮系统的振动信号进行包络解调分析可以解调出低频信号，即主要反映故障齿轮所在轴的振动信号。精轧机示意图如图 8.32 所示，各齿轮与轴的特征参数见表 8.2。

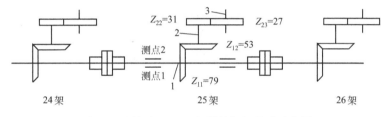

图 8.32　某厂 24～26 架精轧机组传动示意图
1—主轴；2—锥齿轮轴；3—辊轴

表 8.2　齿轮与轴的特征参数　　　　　　　　　　　　　　单位：Hz

项目	基频			啮频	
零件名称	轴 1	轴 2	轴 3	锥齿轮	斜齿轮
数值	57	82.8	95	4389	2566.8

在测点 1 测得时域波形及其频谱，如图 8.33、图 8.34 所示。从图中可以看到，时域图形中有明显波峰存在，频谱图中最大幅值对应频率为 2563Hz，约为斜齿轮的啮合频率，可初步断定该对斜齿轮出现了故障。对时域波形进行带通滤波（2200～2800Hz），其包络信号

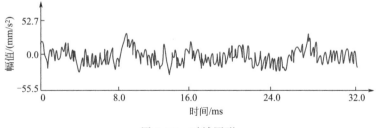

图 8.33　时域图形

频谱如图 8.35 所示，83Hz 处幅值突出，约为轴 2 的基频，由此判定轴 2 齿轮出现了损伤性故障。后续检修发现轴 2 所在的斜齿轮出现断齿。

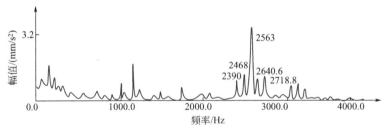

图 8.34　频域图形

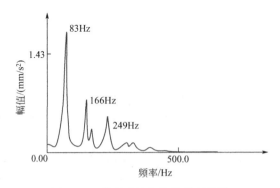

图 8.35　带通滤波包络信号频谱图

第 9 章　新一代人工智能诊断方法

📚 **学习目标**

1.了解新一代人工智能技术的特点。

2.掌握卷积神经网络的基本结构及其主要功能。

3.了解深度置信网络、堆栈自编码网络、循环神经网络等常用深度学习网络的基本结构及特点。

4.了解迁移学习特点及其常见迁移策略。

智能诊断是利用人工智能方法建立诊断模型，通过挖掘数据中隐含的故障特征，实现自动识别故障的过程。早期人工智能诊断算法识别精度受制于输入特征参数，存在泛化性能和鲁棒性有待提高等问题。因此，以深度学习（deep learning）为代表的新一代人工智能诊断技术不断涌现。本章主要概述了人工智能技术发展历程，介绍了典型深度学习和迁移学习的基本原理。

9.1　人工智能技术概述

人工智能（artificial intelligence，AI）早在 1956 年就已经提出，早期人工智能诊断研究主要集中于人工神经网络（artificial neural network，ANN）、支持向量机（support vector machine，SVM）等结构简单、易于训练的传统机器学习（machine learning）模型，其中最具代表性的人工智能算法就是神经网络。神经网络的思想起源于 1943 年的 MP（McCulloch-Pitts）神经网络，即著名的阈值加权模型，该模型提出了神经元的数学描述，首次证明了单个神经元的逻辑执行功能，开创了人工神经网络的时代。1957 年，以 Marvin 为代表的学者在人工神经网络的基础上建立了单层感知机模型，并提出学习的概念，掀起了神经网络的第一次热潮。1969 年美国数学家及人工智能先驱 Minsky 证明感知机本质上是一种线性模型，只能处理线性分类问题，就连最简单的异或问题都无法正确分类，神经网络的研究也陷入了停滞期。早期人工神经网络具有并行分布处理能力强的优点，在特定的应用框架内都能像人一样去解决一些实际问题，使得人们看到人工智能技术应用的曙光，但其容易陷入局部极小且收敛速度慢，只能处理一些简单问题，当面对复杂的实际问题时，无法满足实际需求。20 世纪 80 年代中期，Rumelhart、Hinton 等人提出了适用于多层感知器（multilayer perceptron，MLP）的误差反向传播训练（error backpropagation training，BP），系统解决了多层神经网络隐含层连接权学习问题，并在数学上给出了完整推导，人们把采用这种算法进行误差校正的多层前馈网络称为 BP 网络，引起了神经网络的第二次热潮。1997 年，长短时记忆网络（long short term memory，LSTM）模型被提出，尽管该模型在序列建模上的特性非常突出，但没有引起足够的重视。1998 年，Lecun 等人将反向传播算法应用到包含卷积层、池化层、与全连接层的 LeNet-5 上形成了卷积神经网络（convolutional neural network，CNN）的雏形。2006 年，Hinton 提出了深层网络训练中梯度消失问题的解决方案，至此神经网络方法进入深度学习时代。2011 年，ReLU 激活函数被提出，该激活函数能够有效地抑制梯度消失问题。2012 年，Hinton 课题组为了证明深度学习的潜力，首次参加 ImageNet 图像识别比赛，并通过构建的卷积神经网络 AlexNet 一举夺得冠军。随后 VGGNet、GoogLeNet、ResNet 等多种网络被提出，至此，深层神经网络进入了爆发式发展时期，深度学习也成为新一代人工智能技术的代表。

深度学习是机器学习领域中一个新的研究方向，含多个隐藏层的多层感知机就是一种深度学习结构，通过组合低层特征形成更加抽象的高层表示属性类别或特征，以发现数据的分布式特征表示。2006 年机器学习领域泰斗——多伦多大学的 Hinton 教授在《科学》（Science）上发表论文首次提出了"深度学习"的概念，从而开启了深度学习的研究热潮。常见深度学习模型有卷积神经网络、深度置信网络（deep belief network，DBN）、堆栈自编码网络（stacked auto-encoder network，SAN）与循环神经网络（recurrent neural network，RNN）等。卷积神经网络常用于目标检测、风格迁移和目标追踪；深度置信网络主要用于人脸识别、文本分类及语音识别；堆栈自编码网络的主要应用有图像压缩、文本翻译与图像去噪；循环神经网络的主要应用有天气预测、交通流量预测与股票预测等。

高端装备普遍存在结构复杂、信号微弱等问题，传统的故障诊断方法难以有效完成相应问题下的故障诊断。随着重大装备朝向集成化、复杂化、精密化、智能化方向发展，诊断与运维的装备群呈现规模大、测点多、数据收集历时长等特点，故障诊断进入了大数据时代。以深度学习为代表的新一代人工智能技术在特征挖掘、知识学习与智能化方面表现出显著优势，为解决上述问题提供了新途径。新一代人工智能驱动的机械故障诊断技术以重大装备故障机理为基础，通过快速准确地分析装备大数据，智能表征隐含在装备监测大数据中的故障特征信息，智能识别装备早期故障，并预测故障发展趋势和装备剩余寿命，实现重大装备的监测与诊断。

新一代人工智能是智能制造的关键核心技术之一，但如何融入新一代人工智能技术，实现重大装备的运行安全保障，也面临着巨大挑战。在很多地方还需深入研究，比如监测大数据可靠性评价与质量提升理论与方法，多源数据融合、深度特征提取方法，基于深度学习理论的故障智能诊断，机械系统、高端装备间的迁移学习智能诊断，数字孪生模型驱动的机械系统故障诊断等。

9.2 卷积神经网络及智能诊断应用

卷积神经网络（CNN）是一类包含卷积计算且具有深度结构的前馈神经网络，是深度学习的代表算法之一。本节主要介绍卷积神经网络的基本结构及智能诊断应用。

9.2.1 卷积神经网络

1962 年，受生物视觉感知机制启发，生物学家 Hubel 和 Wiesel 通过对猫脑视觉皮层的研究，提出感受野的概念以及视觉神经系统的层级结构模型。Fukushima 等人根据 Hubel 和 Wiesel 的层级结构模型提出了结构与之类似的神经认知机。随后，Lecun 等人基于前人的研究提出了著名的 LeNet-5 结构，奠定了现代 CNN 的基础。卷积神经网络结构主要由输入层、卷积层、池化层、全连接层和输出层等组成，如图 9.1 所示。

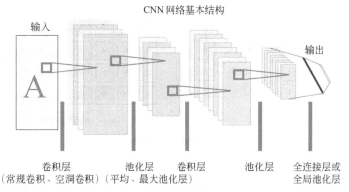

图 9.1　卷积神经网络基本结构

（1）卷积层

卷积层的核心操作即进行卷积运算，包括标准卷积、反卷积、可分离卷积、空洞卷积等多种类型，可根据数据特点和任务目标进行选择。其中，在故障诊断领域，标准卷积和空洞卷积两种方法在提取故障特征上起到了重要的作用。空洞卷积层与一般的标准卷积层相比在卷积核元素之间加入了一些"空洞"，即卷积运算是间隔进行的，其优势在于在下采样的过程中，可以在不损失信息的前提下增加网络的感受野。感受野用来表示网络内部的不同神经元对原始图像的感受范围的大小，神经元感受野的值越大表示其能接触到的原始图像范围就越大，也意味着它可能蕴含更为全局的特征信息、语义层次更高的特征；相反，值越小则表示其所包含的特征越趋向局部和细节。

卷积神经网络的核心即为卷积运算，其相当于图像处理中的滤波器运算。一个标准的二维卷积运算如图 9.2 所示，示例中卷积核每次覆盖原图像的 9 个像素，共滑动 4 次，得到了一个 2×2 的二维图像。对于一个大小为 $n \times n$ 的原始图像，经过大小为 $f \times f$ 的卷积运算后，其输出图像的尺寸为 $(n-f+1) \times (n-f+1)$。

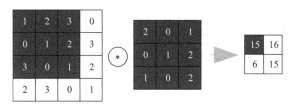

图 9.2　标准的二维卷积运算

（2）池化层

池化层主要包括平均池化（average pooling）与最大池化（max pooling）两种，其主要作用是下采样数据，降低数据的冗余程度。最大池化是从目标区域中取出最大值，平均池化则是计算目标区域的平均值，两种池化操作的示意图如图 9.3 所示。

（3）全连接层

全连接层的作用是映射特征到类别维度，方便模型的输出，也可使用全局池化层代替。全局池化层是池化层的一种特殊形式，其池化核大小与特征图相同，具备特征整合能力，在网络前端特征提取能力较强时可以用来替代全连接层，能有效降低网络参数数量，减少过拟合的发生概率。

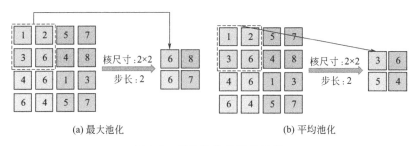

(a) 最大池化   (b) 平均池化

图 9.3　两种池化操作示意图

（4）瓶颈层

常用的卷积神经网络结构还包括瓶颈层。瓶颈层是指通过 1 乘 1 卷积核实现特征先降维后升维的过程，其自身结构像一个瓶颈一样因此得名，其一般用于深度较高的网络，主要的作用就是减少计算的参数量。

卷积神经网络具有局部连接、权值共享、池化操作及多层结构等特点。局部连接使网络能够有效地提取局部特征；权值共享大大减少了网络的参数数量，降低了网络的训练难度；池化操作在实现数据降维的同时，使网络对特征的平移、缩放和扭曲等具有一定的不变性；而深层结构使网络具有更强的学习能力和特征表达能力。卷积神经网络的训练属于有监督学习，开始训练前，需要对网络的权值和偏置随机初始化，训练过程可分为前向传播和反向传播两个阶段。前向传播是将样本输入网络中，经过各层运算后，通过输出层获得样本分类结果；反向传播是指计算网络输出与样本标签之间的误差后，将误差由输出层逐层传播至输入层，并利用各层残差计算训练误差对该层参数的梯度，用来更新参数取值，实现误差最小化。

在网络模型性能评价方面，主要有训练损失与准确率等指标，以及混淆矩阵、t-SNE 等可视化方法。训练损失以及准确率可以展示模型收敛快慢以及诊断总体精度，混淆矩阵可以得到每类样本的预测精度，t-SNE 可以直观地看出各类别特征的聚类效果。

9.2.2　基于卷积神经网络的智能诊断

利用加速度传感器采集多通道振动信号，可获得多源数据彩色特征图像；基于 LeNet-5 构造改进卷积神经网络诊断模型，可用于识别滚动轴承早期故障。改进的卷积神经网络模型通过卷积层和池化层交替提取特征和压缩特征图，瓶颈层在不改变原有网络结构的基础上进一步深化网络，通过可视化全连接层数据的方法进一步评估网络模型性能。基于多源数据的彩色图像模式识别诊断方法的流程图如图 9.4 所示。

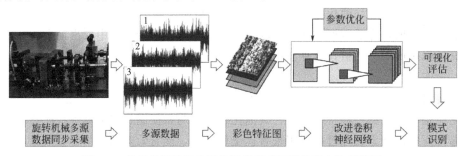

图 9.4　基于多源数据的彩色图像模式识别诊断方法流程图

（1）多源数据彩色特征图像构造算法

为了融合三个方向振动信号特征，获得更丰富的设备状态信息，突出振动源三个方向振动信号的特征，人们提出了一种增强振动冲击特征的信号-彩色图像的转换方法。

多源彩色特征图像构造方法流程如图9.5所示。可以采集三传感器通道的振动数据，随机选取起始点截断原始信号，得到多个信号样本段 $s(k,i)$。通过式（9.1）和式（9.2）计算特征图像的像素值，得到像素矩阵。

$$F_k(m,n)=\text{unit8}\left\{255\times\frac{S[k,(m-1)\times q+n]}{\max S(k,j)}\right\} \tag{9.1}$$

$$S(k,i)=s(k,i)s(k,i) \tag{9.2}$$

式中，$F_k(m,n)$ 是第 k 个通道的特征图，(m,n) 指该特征图上有 m 行 n 列像素；k 是信号采集通道，$k=1,2,3$；i 是信号样本段的数据点坐标，$i=1,2,\cdots,pq$；m 和 n 是特征图像的坐标，$m=1,2,\cdots,p$，$n=1,2,\cdots,q$；S 为构造的多源彩色特征图像；uint8 是将图像数据类型转换为8位无符号整数的运算。该数据预处理方法将数据值范围限定在灰度图像的像素值的范围 $[0,255]$ 内。

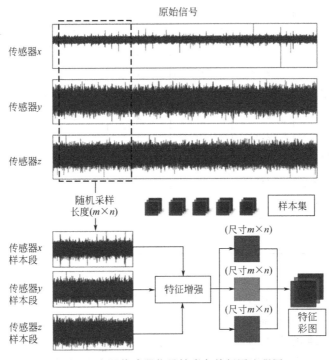

图 9.5　多源传感器信号转彩色特征图流程图

（2）改进卷积神经网络故障诊断模型

基于 LeNet-5 构造改进的 CNN 模型，网络结构如图 9.6 所示。典型 CNN 网络仅通过卷积层和池化层处理数据，在整个连接层聚合之前提取特征，并通过输出层输出预测值。改进的网络结构在全连接层之前添加瓶颈层，进一步挖掘数据特性，选用最大池化层，提取局部特征降低特征图尺寸。与其他网络不同，瓶颈层卷积核通道不承担减少计算量功能，而是通过适当地增加瓶颈层通道数量来丰富数据特征。为减少模型参数计算量，使用边缘补零方法，确保输入图像在卷积后不会改变大小。具体参数如表 9.1 所示，其中瓶颈层 B1 卷积核数量根据经验确定。

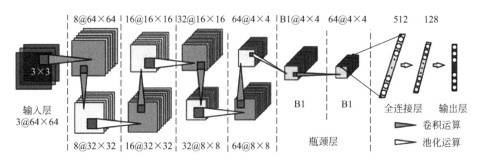

图 9.6 基于彩色图像的卷积神经网络框架结构

表 9.1 改进 CNN 的参数

序号	层	核尺寸	核数量	步长	填充补零	激活函数	输出尺寸
1	输入层	—	—	—	—	—	(64,64)
2	卷积层	(3,3)	8	1	有	ReLU	(64,64)
3	池化层	(2,2)	—	2	—	—	(32,32)
4	卷积层	(3,3)	16	1	有	ReLU	(32,32)
5	池化层	(2,2)	—	2	—	—	(16,16)
6	卷积层	(3,3)	32	1	有	ReLU	(16,16)
7	池化层	(2,2)	—	2	—	—	(8,8)
8	卷积层	(3,3)	64	1	有	ReLU	(8,8)
9	池化层	(2,2)	—	2	—	—	(4,4)
10	瓶颈层 B1	(1,1)	B1	1	—	—	(4,4)
11	瓶颈层 B2	(1,1)	64	1	—	—	(4,4)
12	全连接层	—	—	—	—	—	(512,1)
13	全连接层	—	—	—	—	—	(128,1)
14	输出层	—	—	—	—	—	class

（3）实验验证

为了验证方法有效性，基于风电齿轮箱实验台开展故障诊断试验。实验台由二级齿轮箱、轴承座、电机、电磁制动器和末端风扇组成，如图 9.7 所示。风电齿轮箱实验台故障状态共六类：轴承内圈断裂和齿轮正常（IN），轴承内圈断裂和齿轮齿根断裂（ITF），轴承内圈断裂和齿轮齿根磨损（ITR），轴承外圈断裂和齿轮正常（ON），轴承外圈断裂和齿轮齿根断裂（OTF），轴承外圈断裂和齿轮齿根磨损（OTR）。故障齿轮安装在转速为 1200r/min 的齿轮箱高速轴上，使用三通道加速度传感器采集振动信号，传感器安装在垂直方向（CH1）、水平方向（CH2）以及轴向（CH3），不同状态样本时域波形如图 9.8 所示。

根据上述彩色图像特征样本集制作方法，随机截断信号长度为 4096，确定图像尺寸参数 $m=n=64$ 后合成彩色特征图像。将多通道信号融合方法与只使用单通道数据进行了比较，以展现多源信号融合方法的优势。单通道图像为仅保留 CH1、CH2、CH3 某一单通道数据的灰度图，单通道灰度图及合成的彩色特征图如表 9.2 所示。

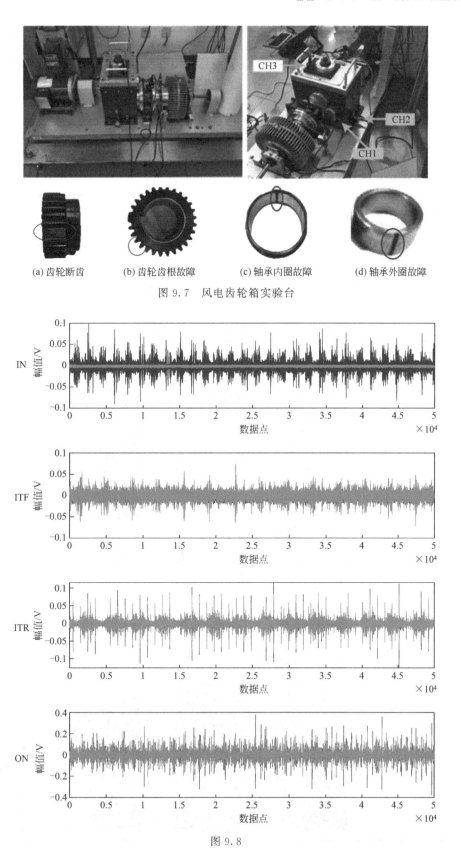

(a) 齿轮断齿　　(b) 齿轮齿根故障　　(c) 轴承内圈故障　　(d) 轴承外圈故障

图 9.7　风电齿轮箱实验台

图 9.8

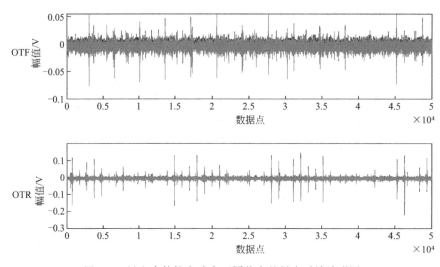

图 9.8　风电齿轮箱实验台不同状态的样本时域波形图

表 9.2　单通道灰度图及三通道彩色特征图

故障类型	通道 1(CH1)	通道 2(CH2)	通道 3(CH3)	彩色特征图
IN				
ITF				
ITR				
ON				
OTF				
OTR				

六种故障状态的信号各包含1200个样本，其中随机选取1000个样本作为训练集，其余200个样本用于测试网络性能。为保证结果有效性，训练集和测试集数据不重叠。在信号转换后的二维图像中，可以发现不同故障条件下的二维灰度图像差异太小，肉眼难以识别。多传感器数据融合后彩色图像的差异较大。

为验证本节所提方法的先进性，将基于多源数据彩色图像模式识别方法与单传感器数据网络模型进行了比较，对比各模型平均预测精度并评估模型稳定性。

卷积神经网络（多源数据输入）：多传感器数据转换后的彩图输入不包含瓶颈层结构增强的卷积神经网络模型。模型中所有卷积核的尺寸为3×3，池化层通过最大池函数降低维度，并使用2×2的最大池化层，其余的具体参数与所提方法均一致。

卷积神经网络（单通道传感器数据输入）：单通道传感器数据转换后的灰度图输入不包含瓶颈层结构增强的卷积神经网络模型。模型中所有卷积核的尺寸为3×3，池化层通过最大池函数降低维度，并使用2×2的最大池化层，其余的超参数与所提方法均一致。

以上两种对比模型与本节所述基于多源数据的彩色图像模式识别诊断方法分别运行10次的平均预测精度对比结果如表9.3所示。结果表明，本节所述彩色特征图样本集相比单通道数据集具有更全面的信息，通过瓶颈层增强后的基于多源数据的灰度图像模式识别方法的平均预测精度高于其他模型，达到了99.79%。

表9.3 模型对比结果

方法（输入类型）	平均预测准确率/%	方差
CNN（多源数据含瓶颈层）	99.79	0.1039
CNN（多源数据不含瓶颈层）	98.96	0.4720
CNN（单通道数据）	83.38	0.6312

图9.9为混淆矩阵的预测精度，纵坐标为样本的实际标签，横坐标为样本的预测标签。本节所述方法混淆矩阵如图9.9(a)所示，预测精度为99.83%，高于其他模型的预测结果。使用本节所述彩色特征图样本集作为输入的模型表现良好，而将单通道数据作为输入的模型的预测结果不佳，同时瓶颈层的添加有利于进一步提高模型的诊断能力。

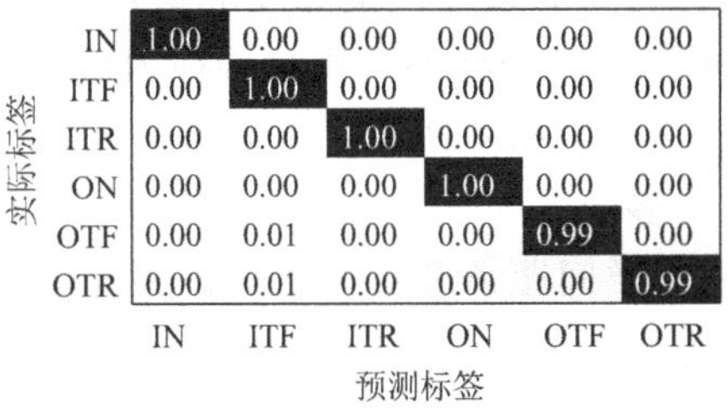

(a) CNN(多源数据含瓶颈层)

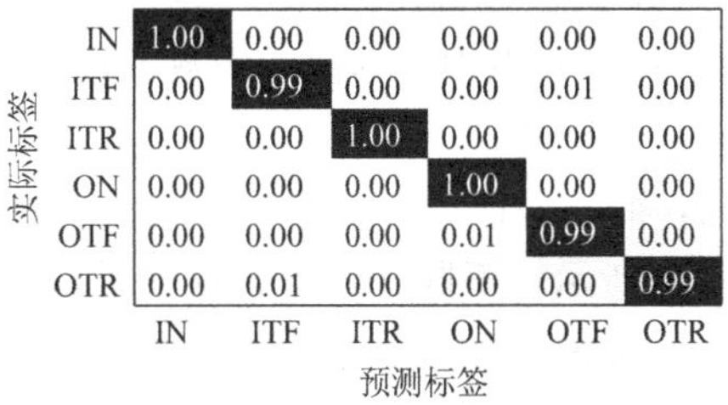

(b) CNN(多源数据不含瓶颈层)

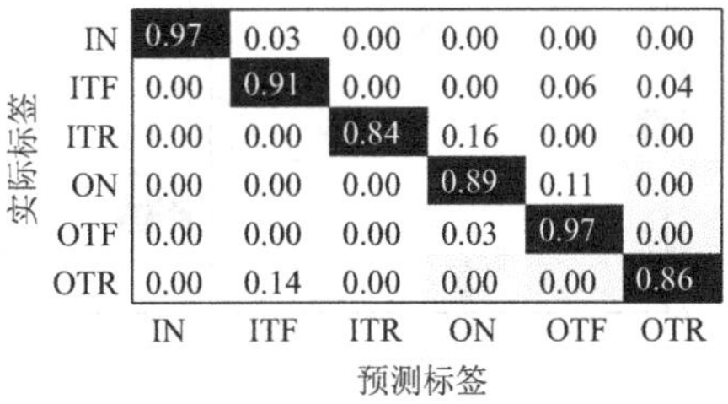

(c) CNN(单通道数据)

图9.9 混淆矩阵

本节所述方法和对比模型的训练环节损失函数曲线如图 9.10 所示，可以看出所提模型有更快的收敛速度。预测准确率对比如图 9.11 所示，可以看出所提方法具有更高的预测精度与预测稳定性。

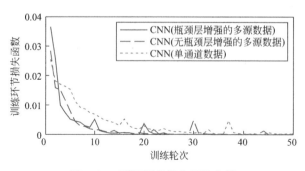

图 9.10 训练环节损失函数曲线

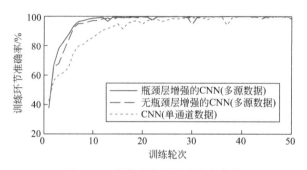

图 9.11 训练环节预测准确率曲线

此外，使用 t-SNE 算法可视化全连接层数据用于评价模型稳定性，可视化聚类图如图 9.12 所示。为保证可视化聚类图的可比性，在不同 CNN 中，t-SNE 参数是相同的。单通道数据 CNN 模型可视化聚类结果如图 9.12(a) 所示，ITF 状态、ITR 状态、ON 状态、OTF 状态和 OTR 状态的聚类特征几乎完全混合，没有明显的边界，正如混淆矩阵表示的一样，仅 IN 状态被正确识别，其他 5 类数据被错误地预测为其他状态。彩色特征图数据集 t-SNE 可视化聚类效果良好，如图 9.12(b) 所示。可见多源数据彩图相比单通道灰度图具有更全面的信息，能够保证模型获得更准确的识别性能。多源数据瓶颈层增强网络模型聚类结果如图 9.12(c) 所示，不同状态的数据聚类具有更大的类间距离和更小的类内距离，获得了更具有分辨性的聚类图，提高了模型的智能诊断能力。

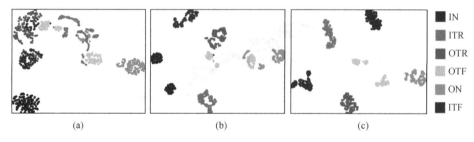

图 9.12 全连接层数据的 t-SNE 可视化聚类图

9.3　其他常用深度学习网络

本节简要介绍深度置信网络、堆栈自编码网络、循环神经网络等常用深度学习网络基本结构和特点。

9.3.1　深度置信网络

深度置信网络（deep belief network，DBN），也是机器学习中深度神经网络的一种，是一个概率生成模型，可建立一个观察数据和标签之间的联合分布。深度置信网络由多个受限玻尔兹曼机（restricted Boltzmann machine，RBM）组成，既可以用于非监督学习，也可以用于监督学习。图 9.13 为 RBM 的基础结构，其中下层神经元组成显层（visible layer），由显元（visible unit）组成，用于输入数据；上层神经元组成隐层（hidden layer），由隐元（hidden unit）组成，用于特征提取。

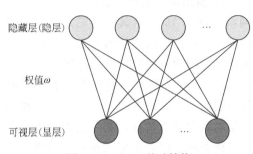

图 9.13　RBM 基础结构

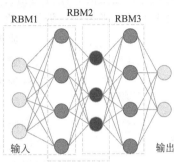

图 9.14　DBN 基础结构

经典的 DBN 网络结构是由若干层 RBM 和一层 BP 组成的一种深层神经网络，图 9.14 中给出了一个含有 3 层结构的 DBN 网络示意图。目前 DBN 模型主要应用于文本分类与语音识别等领域。

DBN 的训练过程是一层一层进行的，如图 9.15 所示，在每一层中，用数据向量来推断隐层，再把这一隐层当作下一层（高一层）的数据向量。DBN 在训练模型的过程中主要分为两步：第 1 步，按照顺序依次训练每一层 RBM 网络，确保特征向量映射到不同特征空间时，能保留尽可能多的特征信息；第 2 步，在 DBN 最后一层设置 BP 网络，同时将最后一个 RBM 的输出特征向量作为 BP 网络的输入特征向量，有监督地训练实体关系分类器。接着 BP 网络将错误信息自顶向下传播至每一层 RBM，微调整个 DBN 网络。

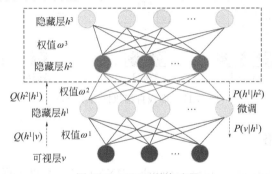

图 9.15　DBN 训练过程

在训练模型中，第1步称作预训练，第2步称作微调。有监督学习的部分不一定必须使用 BP 网络，可以根据需要换成任何分类器模型。

DBN 算法本质可以归纳如下：从其非监督学习的部分来讲，目的是尽可能地保留原始特征的特点，同时降低特征的维度；从其有监督学习的部分来讲，目的在于使得分类错误率尽可能地小。不论是监督学习还是非监督学习，DBN 算法本质都是特征学习的过程，即如何得到更好的特征表达。

9.3.2 堆栈自编码网络

堆栈自编码网络（stacked auto-encoder network，SAN）是指由多个自编码网络堆叠后所得到的，层数较多、网络更复杂的深层神经网络，往往堆叠的层数越多越可以提取到高层次的特征，并且通常会在最后一层加上一个逻辑回归分类层进行分类。

自编码网络是浅层神经网络，它希望尽可能让输入和输出保持一致。自编码训练方式为无监督训练，这里的无监督是指自编码网络的训练集可以是那些没有打上标签的数据，而不是广义上的监督学习中，把样本真实的标签当作期望输出的"监督"过程。

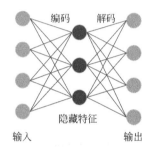

图 9.16　自编码网络示意图

典型的自编码网络如图 9.16 所示其包含三层：输入层、隐层、输出层。其中输入层与输出层的节点数一致。从输入层到隐层称为编码过程，而从隐层到输出层叫作解码过程。

如图 9.17 所示，是一个由 n 层自编码网络堆叠得到的堆栈自编码网络，其中每一层的构造原理与单层自编码网络相同，第二层的输入是由第一层提取得到的特征，第三层的输入是由第二层提取得到的特征，以此类推层层叠加完成编码机的堆栈与特征提取；而顶层分类器需要使用带有已知标签的样本数据，属于有监督的分类方法。整个网络模型的操作步骤主要是预训练与微调：首先，预训练阶段是从第一层开始逐层地训练好模型参数，保证编码机可以最大可能地保留输入数据的特征，该方法属于逐层贪婪训练法，是一种无监督方法；然后利用有标签数据对整个深度神经网络进行微调，属于有监督的过程。目前堆栈自编码网络主要用于各类数据的压缩与去噪。

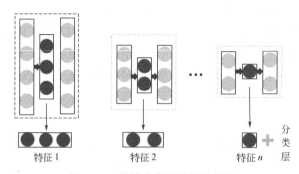

图 9.17　堆栈自编码网络示意图

9.3.3 循环神经网络

循环神经网络（recurrent neural network，RNN）是一类以序列数据为输入，在序列的演进方向进行递归且所有节点（循环单元）按链式连接的递归神经网络。其具有记忆性，参数共享并且图灵完备，因此在对序列的非线性特征进行学习时具有一定优势。循环神经网络在自然语言处理（natural language processing，NLP），例如语音识别、语言建模、机器翻译等领域有应用，也被用于各类时间序列预报。一个典型的 RNN 神经网络如图 9.18 所示。

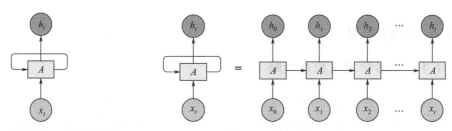

图 9.18　循环神经网络结构图　　　　　　图 9.19　循环神经网络展开图

由图 9.18 可以看出：一个典型的 RNN 网络包含一个输入 x、一个输出 h 和一个神经网络单元 A。和普通的神经网络不同的是，RNN 网络的神经网络单元 A 不仅仅与输入和输出存在联系，与自身也存在一个回路。这种网络结构就揭示了 RNN 的实质：上一个时刻的网络状态信息将会作用于下一个时刻的网络状态。如果图 9.18 的网络结构仍不够清晰，RNN 网络还能够以时间序列展开成如图 9.19 形式。

等号右边是 RNN 的展开形式。由于 RNN 一般用来处理序列信息，因此下文说明时都以时间序列来举例、解释。等号右边的等价 RNN 网络中最初始的输入是 x_0，输出是 h_0，这代表着 0 时刻 RNN 网络的输入为 x_0，输出为 h_0，网络神经元在 0 时刻的状态保存在 A 中。当下一个时刻 1 到来时，此时网络神经元的状态不仅仅由 1 时刻的输入 x_1 决定，也由 0 时刻的神经元状态决定。以后的情况都以此类推，直到时间序列的末尾 t 时刻。

图 9.20 是一个 RNN 神经网络的时序展开模型，中间 t 时刻的网络模型揭示了 RNN 的结构。可以看到，原始的 RNN 网络的内部结构非常简单。神经元 A 在 t 时刻的状态仅仅是 $t-1$ 时刻神经元状态与 t 时刻网络输入的双曲正切函数的值，这个值不仅仅作为该时刻网络的输出，也作为该时刻网络的状态被传入到下一个时刻的网络状态中，这个过程叫作 RNN 的正向传播。

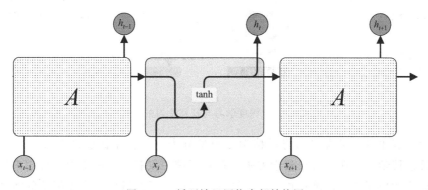

图 9.20　循环神经网络内部结构图

常规循环神经网络通常存在一个问题，即在反向传播期间，循环神经网络会面临梯度消失，特别是当处理的序列过长时，会遗忘较前时间段内的信息，这将极大影响网络的训练效果。因此，在此基础上发展了长短时记忆网络（long short term memory network，LSTM）。长短时记忆网络实质上也是一种循环神经网络，只不过相比于常规循环神经网络，它的神经元做出了改进。增加了遗忘门、输入门和输出门。遗忘门的功能是决定应丢弃或保留哪些信息，输入门的功能是更新神经元状态，输出门用来确定下一个隐藏状态的值。三个门结构有效地控制了网络训练过程中的梯度弥散和梯度爆炸现象。

9.4 迁移学习

9.4.1 迁移学习思想及策略

传统深度学习包含两个基本假设：一是用于学习的训练样本与新的测试样本是独立同分布的；二是需要有足够多的训练样本训练出一个好的分类模型。这就导致了深度学习无法学习时效性强的数据，同时含标签样本数据匮乏也是制约深度学习发展的一大因素。为了解决这一问题，研究人员提出了迁移学习（transfer learning，TL）的概念。迁移学习是深度学习中一种新的学习范式，旨在解决目标领域中只有少量甚至没有标记样本的问题。简单地说，迁移学习就是把一个领域（即源领域）的知识迁移到另外一个领域（即目标领域），使得目标领域能够取得更好的学习效果。

领域（domain）是进行学习的主体，主要由特征空间和生成这些数据的概率分布两部分构成。因为涉及迁移，所以对应于两个基本的领域，即源领域（source domain，又称源域）和目标领域（target domain，又称目标域）。任务（task）是学习的目标，主要由标签空间和标签对应的函数两部分组成。

迁移学习的目标是在源领域不等于目标领域或源任务不等于目标任务的情况下，用源领域和源任务的知识，来提升目标任务学习函数的预测效果。

深度学习和迁移学习的区别如图 9.21 所示。与深度学习任务相比，迁移学习是利用以往任务中学到的"知识"，比如数据特征、模型参数等来辅助新领域中的学习过程，获得迁移模型。

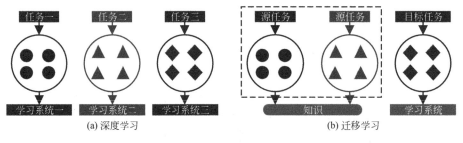

图 9.21　深度学习与迁移学习的区别

从有无监督角度上考虑可以将迁移学习模型分为三类：监督迁移学习、半监督迁移学习、无监督迁移学习。在监督迁移学习中，在目标域中仅有一些标签数据可用来训练，并且不使用未标注的数据进行训练；在无监督迁移学习中，目标域中只有无标签的数据可用；在半监督迁移学习中，在目标域中可获得足够的无标签数据和一些有标签数据。

迁移学习常见算法主要有基于样本的迁移、基于模型的迁移、基于特征的迁移和基于关系的迁移等。

① 基于样本的迁移，即迁移的知识对应于源样本中的权重，样本迁移需要对不同样本

加权，需要用数据进行训练，给比较重要的样本较大的权重，进行迁移的前提是源域和目标域样本存在相似关系。

② 基于特征的迁移，是先观察源域与目标域之间的共同特征，然后利用观察所得的共同特征在不同层级的特征间进行自动迁移。

③ 基于模型的迁移，即源域和目标域共享模型的部分参数，将迁移的知识嵌入目标域模型的一部分，只需用更少数据微调模型权重。目前广泛使用的基于深度学习的迁移学习的预训练技术就是一种基于模型的方法。

④ 基于关系的迁移，比较关注源域和目标域的样本之间的关系，其中迁移的知识对应于源域中实体之间特定的规则。

迁移学习注重不同领域的知识转化能力，而深度学习注重模型的深度和自动特征提取，逐层地由高到低进行特征学习，具有较高的特征提取和选择能力。迁移学习对事物的表达能力不如深度学习，而深度学习对事物的转化能力不如迁移学习。迁移学习作为一种进化的机器学习，本质上还是单层分类器，它所描述世界的变量数是有限的。深度学习的深度虽然也有限，但其多层的复杂度极大地加大了对客观事物的描述能力。深度学习本质上属于传统机器学习，所描述的世界也是单一的，模型与事物是一对一的。深度学习的模型难以像迁移学习模型那样适应不同的环境，难以满足不同的对象。

将深度学习和迁移学习相结合，建立深度迁移学习模型，会同时提升模型对事物的表达能力和转化能力，深度迁移学习也成为当前的研究热点。

在故障诊断领域，剩余使用寿命预测已成为保证机械平稳、高效运行的关键技术。近年来，将数据分析与人工智能方法相结合，通过挖掘设备运行信号的隐藏信息实现剩余使用寿命（remaining useful life，RUL）预测已成为领域研究热点。多任务学习（multi-task learning，MTL）是迁移学习领域的一种新策略，下面以多任务学习结合深度学习网络，介绍一种深度智能算法在 RUL 预测应用案例。

9.4.2　基于多任务学习的寿命预测

多任务学习方法的核心思想在于使用多个模型在多个数据源上共同学习，然后借助合适的迁移方法使多个任务之间共享学习结果，从而更好地实现目标学习。在处理时间序列问题时，常常使用循环神经网络（RNN）及其变种作为基础结构，但是由于循环神经网络顺序计算的特性，在处理复杂的设备运行信号时将带来庞大的计算量，会降低剩余寿命预测的效率和准确性。同样是处理序列问题，Google 团队在 2017 年提出了 Transformer 模型，由于其带有自注意力机制的特殊并行计算结构，在机器翻译任务中的表现远超 RNN 和 CNN。

结合深度学习和迁移学习的核心思想，本书提出了一种基于多任务学习、自注意编码器以及空洞卷积神经网络的寿命预测方法（multitask learning-based self-attention encoding atrous convolutional neural network，MSA-CNN）。MSA-CNN 由一个实现寿命预测的主任务网络和一个实现故障特征提取的辅助任务网络组成。辅助任务网络的基础结构是空洞卷积神经网络（ACNN），任务目标为实现故障状态和正常状态的二分类。主任务网络的结构为空洞卷积神经网络和自注意力编码器（ACNN-SAE），任务目标为实现剩余使用寿命（RUL）预测。通过预训练辅助任务网络，可以为主任务提供故障特征信息，从而帮助主任务更好地实现 RUL 预测。两个任务间的信息传递过程是通过一个特殊的损失函数设计来完成的。MSA-CNN 网络结构示意图如图 9.22 所示。

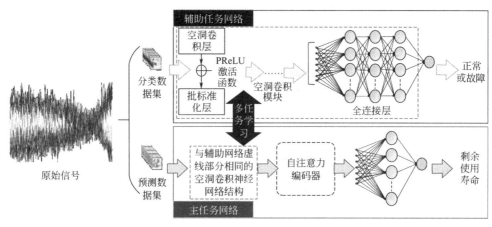

图 9.22　MSA-CNN 网络结构示意图

（1）滑动时间窗制作时序样本

为方便输入至神经网络学习，原始数据需要按时间顺序截断为多个样本。由于时间序列数据的每一部分都是直接相互关联的，所以为保留这种关联性，在制作样本的时候需要通过滑动时间窗的形式捕获序列信息。假设同一时刻有来自 M 个传感器的信号，时间窗大小为 N，则每个对应的样本大小为 $N \times M$。当滑动窗口的大小过大时会带来冗余信息，增加计算量，而太小时则会导致信息不足，因此时间窗大小的设定往往需要根据经验选择或者另外使用寻优方法。

（2）基于空洞卷积神经网络的辅助任务网络

当输入为一维信号 $x(i)$ 时，通过一个长度为 l 的空洞卷积层 $w(l)$ 后获得输出 $y(i)$ 的过程可以用式（9.3）表示，其中参数 l 对应卷积核内相邻节点之间的距离。

$$y(i) = \sum_{i=1}^{l} x(i + l^2 d) w(l) \tag{9.3}$$

与标准卷积相比，空洞卷积通过扩大感受野，可以有效地提高输出特征图的分辨率，从而在保证效率的前提下提高训练的准确性。辅助任务网络的训练目标为实现机器正常与故障的二分类，因此采用分类任务中常用的交叉熵损失函数作为训练时的损失函数，具体如式（9.4）所示。

$$\mathrm{loss}(x, \mathrm{class}) = -x[\mathrm{class}] + \lg\Big\{ \sum_{j} \exp[x([j])] \Big\} \tag{9.4}$$

其中，class 指诊断类别。

（3）自注意力编码器

自注意力编码器由 a 多个相同的模块组成，其中一个模块的基本结构如图 9.23 所示，每一个模块内都含有多头自注意力机制、全连接层和标准化处理层。由于该模型在训练时为不包含递归操作的并行计算模式，因此必须提前嵌入位置信息，才能识别时间序列的顺序。因此需要在数据输入自注意力编码器前使用如式（9.5）、式（9.6）中所示方法表示位置信息。

$$\mathrm{PE}(\mathrm{pos}, 2i) = \sin(\mathrm{pos}/10000^{2i/d_{\mathrm{model}}}) \tag{9.5}$$

其中，PE 为位置编码，d_{model} 为输入向量的维度。

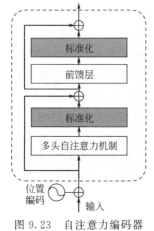

图 9.23　自注意力编码器
结构示意图

$$\text{PE}(\text{pos}, 2i+1) = \sin(\text{pos}/10000^{(2i+1)/d_{\text{model}}}) \tag{9.6}$$

其中，pos 代表位置索引，i 代表维度索引。由上式可以看出，每个维度的位置编码都可以用一个正弦信号来表示。当网络拟合当前时刻的数据时，自注意力机制可以检查、联系其他时间位置的信息，以获得更好的编码效果，这就是自注意力机制。当输入为 $f = \{f_i\}_{i=1}^t (f_i \in \mathbf{R}^d)$ 时，f 可以转换为相应 D_k 维度的三个参量，分别是 $\mathbf{Q}_p$、$\mathbf{K}_p$ 和 $\mathbf{V}_p$，如式 (9.7)~式 (9.9) 所示，这三个参量是通过输入与三个可训练的矩阵获得的。$\mathbf{W}_p^q$、$\mathbf{W}_p^k$、$\mathbf{W}_p^v$ 分别为对应参数 q、k、v 进行训练的矩阵，p 表示不同位置的输入向量。

$$\mathbf{Q}_p = f\mathbf{W}_p^q \tag{9.7}$$

$$\mathbf{K}_p = f\mathbf{W}_p^k \tag{9.8}$$

$$\mathbf{V}_p = f\mathbf{W}_p^v \tag{9.9}$$

有了这些参数，再利用 softmax 函数就可以获得注意力

$$\text{Attention}(\mathbf{Q}, \mathbf{K}, \mathbf{V})_p = \text{softmax}\left(\frac{\mathbf{Q}_p \mathbf{K}_p^{\text{T}}}{\sqrt{D_k}}\right)\mathbf{V}_p$$

softmax 函数公式如下

$$\text{softmax}(x_i) = \frac{\text{e}^{x_i}}{\sum_{j=1}^T \text{e}^{x_j}}$$

其中 x_i 为第 i 个节点的输出值，j 为输出节点的个数，即分类的类别个数，通过 softmax 函数就可以将分类的输出值转换为范围在 $[0,1]$ 和为 1 的概率分布。

在此基础上，将输入投影到多个低维空间后分别计算注意力，再将这些注意力综合起来，这样模型的学习能力和潜力就会大大提升，这就是多头自注意力机制。假设一共有 h 组权重矩阵，并对每个位置进行 h 次自注意力计算，多头注意力（multi-head attention，MHA）的表达式如下

$$\mathbf{head}_p = \text{Attention}(\mathbf{Q}\mathbf{W}_p^q, \mathbf{K}\mathbf{W}_p^k, \mathbf{V}\mathbf{W}_p^v) \tag{9.10}$$

$$\mathbf{MHA}(\mathbf{Q}, \mathbf{K}, \mathbf{V})_p = \text{Concat}(\mathbf{head}_1, \cdots, \mathbf{head}_h)\mathbf{W}^O \tag{9.11}$$

式中，Concat 指矩阵拼接，$\mathbf{W}^O$ 为用于训练的新矩阵。

由于输出的形式只能为一个矩阵，所以用与式 (9.7)~式 (9.9) 同样的方法定义一个可训练的权值矩阵，然后将 h 个权值矩阵加权和后乘新的矩阵，就得到了用一个矩阵表示的最终注意力结果。截至目前，编码器内的操作均为线性变换，因此需要引入非线性单元增强网络的拟合能力。含有激活函数的全连接层表达式如式 (9.12)、式 (9.13) 所示

$$\text{ReLU}(x_i) = \begin{cases} x_i, & x_i > 0 \\ 0, & x_i \leqslant 0 \end{cases} \tag{9.12}$$

$$\text{PFN}(x) = W_2 \text{ReLU}(W_2 x + b_1) + b_2 \tag{9.13}$$

式中，PFN 为全连接输出层；b_1，b_2，W_2 均为网络训练时的参数。

（4）多任务学习训练过程

与两个网络相对应，训练也分为两个过程。首先是对辅助任务网络进行预训练，损失函数即为式 (9.4) 中介绍的交叉熵损失函数。在第一阶段中，辅助任务网络完成了对于设备状态分类的任务，此时可以认为辅助任务网络已完成了故障特征提取，接下来需要将已提取的

特征信息迁移至主任务网络中。因此，第二阶段即为对主任务网络进行多任务训练。在多任务训练中，首先需要让主任务网络的输出趋近于真实的剩余寿命，其次需要让主任务网络的空洞卷积神经网络部分的特征向量趋近于辅助任务网络相同部分的特征向量。因此，在第二阶段，主任务网络的损失函数由两部分组成，一部分是故障特征损失，一部分是剩余寿命损失。将辅助任务网络的特征向量设为 f_{pre}，将主任务网络的特征向量设为 f_{main}。主任务网络的输出为 r，真实的剩余寿命标签为 R。第二阶段的训练损失函数如式（9.14）、式（9.15）所示

$$\text{MSELoss} = \frac{1}{N}\sum_{i}^{N}(x_i - y_i)^2 \tag{9.14}$$

$$\text{Loss}_{main} = a_1\text{MSELoss}(f_{pre}, f_{main}) + a_2\text{MSELoss}(r, R) \tag{9.15}$$

式中，a_1 和 a_2 分别为两部分损失的权重，可以根据训练结果微调。

（5）实验验证

使用由美国国家航空航天局（NASA）提供的航空涡扇发动机模拟退化数据集验证了 MSA-CNN 的效果。该数据集的详细信息如表 9.4 所示。

表 9.4　航空涡扇发动机模拟退化数据集信息

数据集	FD001	FD002	FD003	FD004
发动机数量	100	260	100	249
工况	1	6	1	6
故障数量	1	1	2	2

数据集包含四个子集 FD001、FD002、FD003、FD004，不同的子集对应不同的工况和故障类型。其中，第 2 和第 4 子集的工况比较复杂，第 3 和第 4 子集的故障较多。每个数据集都有来自 21 个传感器的多通道信息，但是在不同的传感器数据中，有些值在整个生命周期中是不变的，不能代表故障的程度，因此是无效信息。在去除了无效信息之后，选取 21 个传感器的 14 个传感器测量值作为原始输入特征，标号分别为 2、3、4、7、8、9、11、12、13、14、15、17、20、21。由于故障不会在设备生命周期的一开始的阶段就发生，因此在进行剩余寿命预测时往往还需要结合一些故障监测算法。在本节的介绍中，由于样本数量较多，且每个样本故障发生的起始时间是随机的，因此采用分段线性函数来作为剩余寿命的真实标签。根据前人的经验，将这一数据集的最大剩余寿命值设定为 125。表达式如式（9.16）所示

$$\text{RUL} = \min\{125, T_i - t\} \tag{9.16}$$

式中，t 代表当前时刻，T_i 代表第 i 个轴承的完整寿命。

从四个数据子集中分别中随机选取一个单元，预测结果分别如图 9.24 中（a）～（d）所示，对应的发动机单元分别是 FD001-100、FD002-65、FD003-24、FD004-135。

使用均方根误差（RMSE）来评估预测的效果，将真实值 r_{label} 和预测值 r_{pre} 的差值记为 $d_i = r_{label}(i) - r_{pre}(i)$，RMSE 可以由式（9.17）得出。$M$ 为训练数据的总数。

$$\text{RMSE} = \sqrt{\frac{1}{M}\sum_{i=1}^{M}d_i} \tag{9.17}$$

对于该指标，绝对值越小，预测效果越好。用 RMSE 评估 MSA-CNN 应用在航空涡扇发动机数据集上的预测效果的测试结果如表 9.5 所示。

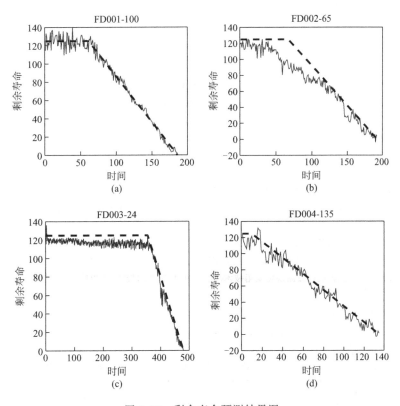

图 9.24　剩余寿命预测结果图

表 9.5　航空涡扇发动机剩余寿命预测的均方根误差

数据集	预测结果的均方根误差	数据集	预测结果的均方根误差
FD001	9.42	FD004	19.92
FD002	18.41	平均值	14.66
FD003	10.87		

从表 9.5 给出的 RMSE 值可以看出，MSA-CNN 模型可以有效地实现剩余寿命预测，且误差值较小，预测值具有实际参考价值。对比四个数据子集，其中 FD001 的预测效果最好，FD004 的效果劣于其他三种，证明剩余寿命预测的效果与故障及工况的复杂度也紧密相关。

◆ 参考文献 ◆

[1] 高金吉.机械故障诊治与自愈化.北京:高等教育出版社,2012.
[2] 屈梁生,张西宁,沈玉娣.机械故障诊断理论与方法.陕西:西安交通大学出版社,2009.
[3] 何正嘉.机械故障诊断理论及应用.北京:高等教育出版社,2010.
[4] 钟秉林,黄仁.机械故障诊断学.北京:机械工业出版社,2007.
[5] 国家自然科学基金委员会工程与材料科学部.机械工程学科发展战略报告(2021~2035).北京:科学出版社,2022.
[6] 陈大禧,朱铁光.大型回转机械诊断现场实用技术.北京:机械工业出版社,2002.
[7] 陈雪峰.智能运维与健康管理.北京:机械工业出版社,2018.
[8] 张金玉,张炜.装备智能故障诊断与预测.北京:国防工业出版社,2013.
[9] 祝海林.机械工程测试技术.北京:机械工业出版社,2017.
[10] 焦敏品,何存富.传感与测试技术.北京:中国铁道出版社,2021.
[11] 房立清,杜伟,齐子元,等.机械振动信号处理与故障诊断.北京:机械工业出版社,2021.
[12] 时献江,王桂荣,司俊山.机械故障诊断及典型案例解析.北京:化学工业出版社,2020.
[13] 盛兆顺,尹琦岭.设备状态监测与故障诊断技术及应用.北京:化学工业出版社,2003.
[14] 张玲玲,肖静.基于MATLAB的机械故障诊断技术案例教程.北京:高等教育出版社,2016.
[15] 沈庆根,郑水英.设备故障诊断.北京:化学工业出版社,2006.
[16] 陆颂元.汽轮发电机组振动.北京:中国电力出版社,2000.
[17] 丁康,李巍华,朱小勇.齿轮及齿轮箱故障诊断实用技术.北京:机械工业出版社,2005.
[18] 黄志坚.机械设备振动故障检测与诊断.2版.北京:化学工业出版社,2017.
[19] 周邵萍.设备健康监测与故障诊断.北京:化学工业出版社,2019.
[20] 崔玲丽,王华庆.滚动轴承故障定量分析与智能诊断.北京:科学出版社,2021.
[21] Cui L L, Wang X, Wang H Q, et al. Research on Remaining Useful Life Prediction of Rolling Element Bearings Based on Time-Varying Kalman Filter. IEEE Transactions on Instrumentation and Measurement, 2020, 69 (6): 2858-2867.
[22] Wang H Q, Lin T J, Cui L L, et al. Multi-task Learning-based Self-attention Encoding Atrous Convolutional Neural Network for Remaining Useful Life Prediction. IEEE Transactions on Instrumentation and Measurement, 2022, 71: 8.
[23] 豊田利夫.回転機械診断の進め方.東京:日本能率協会コンサルティング,1991.
[24] 豊田利夫.予知保全(CBM)の進め方.東京:日本能率協会コンサルティング,1992.